新时代
生态文明与经济增长协调发展研究

基于湖北省黄冈市的调查分析

贾利军　李常青　霍丽娟　等◎编著

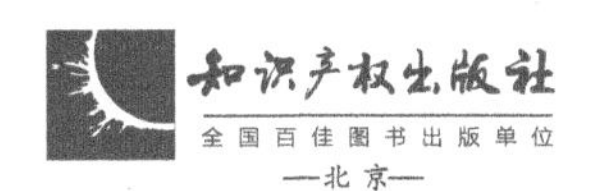
知识产权出版社
全国百佳图书出版单位
—北京—

图书在版编目（CIP）数据

新时代生态文明与经济增长协调发展研究：基于湖北省黄冈市的调查分析/贾利军等编著.—北京：知识产权出版社，2019.12

ISBN 978-7-5130-6704-1

Ⅰ.①新… Ⅱ.①贾… Ⅲ.①生态环境建设—研究—黄冈②地方经济—经济增长—研究—黄冈 Ⅳ.①X321.263.3②F127.633

中国版本图书馆CIP数据核字（2019）第289953号

内容提要

本书系统梳理了国内外关于经济发展与生态文明的经典理论及研究动态，从多维视角分析了经济发展和生态环境的协调程度。进一步深入研究生态文明的产生背景及理论渊源，抽象出生态治理在国内外实践经验中的深刻内涵、存在形式，继而为中国特色生态治理提供借鉴。在理论演绎基础上，本书以扶贫任务繁重的湖北省黄冈市为例，通过问卷调查、文献研究、实地访谈的方式收集资料和数据，既深入考察了黄冈市经济发展和生态环境在宏微观上的特征，也详细剖析了黄冈市推进生态文明建设和经济发展的基本经验和存在的问题，进而提出优化生态文明建设的政策建议。

责任编辑：宋 云 **责任校对**：王 岩
文字编辑：薛晶晶 **责任印制**：刘译文

新时代生态文明与经济增长协调发展研究
基于湖北省黄冈市的调查分析
贾利军 李常青 霍丽娟 等编著

出版发行：知识产权出版社有限责任公司 网 址：http：//www.ipph.cn
社 址：北京市海淀区气象路50号院 邮 编：100081
责编电话：010-82000860转8388 责编邮箱：songyun@cnipr.com
发行电话：010-82000860转8101/8102 发行传真：010-82000893/82005070/82000270
印 刷：北京建宏印刷有限公司 经 销：各大网上书店、新华书店及相关专业书店
开 本：720mm×960mm 1/16 印 张：15
版 次：2019年12月第1版 印 次：2019年12月第1次印刷
字 数：252千字 定 价：65.00元
ISBN 978-7-5130-6704-1

目　录

第1章　绪论

1.1　研究背景

1.1.1　政策背景

党的十八大把生态文明建设纳入中国特色社会主义事业“五位一体”总体布局，首次把“美丽中国”作为生态文明建设的宏伟目标。十八届中央历次全会也都对生态文明建设作出了部署。党的十八届三中全会提出紧紧围绕建设美丽中国深化生态文明体制改革，加快建立生态文明制度。党的十八届四中全会提出用严格的法律制度保护生态环境，加快建立有效约束开发行为和促进绿色发展、循环发展、低碳发展的生态文明法律制度。党的十八届五中全会审议通过“十三五”规划建议，首次将生态文明建设作为经济社会发展的重要内容列入我国五年规划，将绿色发展作为五大发展理念之一，将“生态环境质量总体改善”列入全面建成小康社会的新目标，充分展现了新的五年规划的新内涵和新愿景。❶

2015年，中共中央、国务院出台的《关于加快推进生态文明建设的意见》《生态文明体制改革总体方案》，共同形成今后相当一段时期内中央关于生态文明建设的长远部署和制度构架。中央全面深化改革领导小组审议通过了40多项生态文明领域的重大改革方案，构建了生态文明建设和体制改革“四梁八柱”，解决了生态文明建设的总体布局、战略目标、基本任务、优先领域、制度保障等重大顶层设计问题。

党的十八大以来，党和政府提出把生态文明放在突出地位、建设美丽中

❶ 中共中央文献研究室．十八大以来重要文献选编（上）［M］．北京：中央文献出版社，2014：30－31．

国，强调“五位一体”总体布局及其对经济、社会可持续发展的重要性与科学性。党的十九大、2017 年中央经济工作会议和 2018 年国务院政府工作报告也不断强调要提升生态文明在经济社会发展中的地位。

2017 年 10 月，党的十九大报告把社会主义现代化强国目标从“富强民主文明和谐”丰富为“富强民主文明和谐美丽”，即从物质文明、政治文明、精神文明、社会文明、生态文明的高度，提出推进新时代中国特色社会主义发展的目标，凸显了发展的整体性和协同性。建设美丽中国顺应人民对美好生活的向往，体现了以人民为中心的发展思想。而建设美丽中国需要加强制度建设。制度建设是生态文明建设的重中之重，而我国生态文明制度建设还存在一定的不足。为此，党的十九大报告提出了一系列推进生态文明建设的指导性意见。例如，加快建立绿色生产和消费的法律制度和政策导向，建立健全绿色低碳循环发展的经济体系；构建政府为主导、企业为主体、社会组织和公众共同参与的环境治理体系；严格保护耕地，扩大轮作休耕试点，健全耕地草原森林河流湖泊休养生息制度，建立市场化、多元化生态补偿机制等。通过这些制度设计和制度保障，形成不敢且不能破坏生态环境的高压态势和社会氛围，从而为实现美丽中国提供制度保障。

2017 年 12 月，中央经济工作会议指出，5 年来，我们坚持观大势、谋全局、干实事，成功驾驭了我国经济发展大局，在实践中形成了以新发展理念为主要内容的习近平新时代中国特色社会主义经济思想。只有恢复绿水青山，才能使绿水青山变成金山银山。要实施好“十三五”规划确定的生态保护修复重大工程。启动大规模国土绿化行动，引导国企、民企、外企、集体、个人、社会组织等各方面资金投入，培育一批专门从事生态保护修复的专业化企业。深入实施“水十条”，全面实施“土十条”。加快生态文明体制改革，健全自然资源资产产权制度，研究建立市场化、多元化生态补偿机制，改革生态环境监管体制。

2018 年 3 月，李克强总理所作的《政府工作报告》中提出了坚持人与自然和谐发展，着力治理环境污染，并提及了两项改革措施：一是建立生态文明绩效考评和责任追究制度，推行河长制、湖长制，开展省级以下环保机构垂直管理制度改革试点；二是健全生态文明体制，改革完善生态环境管理制度，加强自然生态空间用途管制，推行生态环境损害赔偿制度，完善生态补偿机制，以更加有效的制度保护生态环境。

此外，2018 年《政府工作报告》也总结了生态文明建设的显著成果。重拳整治大气污染，重点地区细颗粒物（PM2.5）平均浓度下降 30% 以上。加强散煤治理，推进重点行业节能减排，71% 的煤电机组实现超低排放。优化能源结构，煤炭消费比重下降 8.1 个百分点，清洁能源消费比重提高 6.3 个百分点。提高燃油品质，淘汰黄标车和老旧车 2000 多万辆。加强重点流域海域水污染防治，化肥农药使用量实现零增长。推进重大生态保护和修复工程，扩大退耕还林还草还湿，加强荒漠化、石漠化、水土流失综合治理。开展中央环保督察，严肃查处违法案件，强化追责问责。我国积极推动《巴黎协定》签署生效，在应对全球气候变化中发挥了重要作用。

1.1.2　现实背景

1.1.2.1　“环保钦差”铸就中国特色，“回头看”强化长效监督机制

中央环保督察组由环保部牵头成立，中纪委、中组部的相关领导参加，代表党中央、国务院对各省（自治区、直辖市）党委和政府及其有关部门开展环境保护督察。具有中国特色的“环保钦差”自 2016 年 1 月 4 日正式亮相以来，传递出对地方的环境监测与督察越来越严格的信号。

中央环保督察作为党的十八大以来党中央、国务院关于推进生态文明建设和环境保护工作的一项重大制度安排，是打好污染防治攻坚战的重要手段。

2018 年 5 月，习近平总书记在全国生态环境保护大会上强调，“让制度成为刚性的约束和不可触碰的高压线”。中央环保督察制度已成为环境治理工作的斩污利剑。截至 2018 年 6 月，第一批中央环保督察“回头看”6 个督察组已完成第一阶段省级层面督察任务，对个别地方平时不作为、临时乱作为等敷衍应对的行为严厉查处。

制度的生命力在于执行，关键在真抓，靠的是严管。中央环保督察划定了环保红线，一批长期难以解决的环境问题得到解决，一批长期想办而未办的事情得到落实。第一轮督察取得显著成效，推动解决了一大批突出环境问题，提升了地方党委政府环境保护责任意识，并为制度化推进督察工作奠定了扎实基础。

1.1.2.2　不唯 GDP 论英雄，重视绿色 GDP 评价方法

2015 年，在党的十八届五中全会上，习近平总书记提出要树立绿色 GDP 文化，不能把 GDP 作为衡量经济发展的唯一指标。此前，习近平总书记曾指

出："单纯依靠刺激政策和政府对经济大规模直接干预的增长，只治标、不治本，而建立在大量资源消耗、环境污染基础上的增长则更难以持久。要提高经济增长质量和效益，避免单纯以国内生产总值增长率论英雄。各国要通过积极的结构改革激发市场活力，增强经济竞争力。"

中共中央、国务院印发的《关于加快推进生态文明建设的意见》，首次提出"绿色化"概念，并将"绿色化"上升到与新型工业化、城镇化、信息化、农业现代化并列的高度。2015 年，环保部宣布重新启动搁置了 11 年的绿色 GDP 研究工作。中共中央办公厅、国务院办公厅于2016 年底印发了《生态文明建设目标评价考核办法》，将"绿色 GDP"纳入干部考核体系。2017 年以来，领导干部自然资源资产离任审计及环境保护责任离任审计逐渐推行，这预示着绿色 GDP 推行的政策障碍已经扫清，绿色 GDP 核算再次进入了公众视野。

1.1.2.3　设立首批 3 个国家生态文明试验区，制度探索示范全国

党的十八届五中全会提出，设立统一规范的国家生态文明试验区，重在开展生态文明体制改革综合试验，规范各类试点示范，为完善生态文明制度体系探索路径、积累经验。

2016 年 8 月，中共中央办公厅、国务院办公厅印发了《关于设立统一规范的国家生态文明试验区的意见》，在综合考虑各地现有生态文明改革实践基础、区域差异性和发展阶段等因素后，选择生态基础较好、资源环境承载能力较强的福建省、江西省和贵州省，设立首批国家生态文明试验区。《国家生态文明试验区（福建）实施方案》当时同步印发。2017 年 10 月，《国家生态文明试验区（江西）实施方案》和《国家生态文明试验区（贵州）实施方案》也相继印发。至此，我国首批 3 个生态文明试验区实施方案全部获批并发布，标志着我国生态文明试验区建设进入全面铺开和加速推进阶段。2018 年 11 月，首批国家生态文明试验区自然资源资产负债表发布，结果显示，江西（2016 年）净资产价值最高，福建次之，贵州第三。

福建、江西、贵州这 3 个试验区共针对 38 项制度开展创新试验，充分体现了国家生态文明体制改革综合试验平台的定位和作用。此外，3 个试验区还结合各自实际，提出了自行开展的改革试验任务合计 28 项。比如，福建省完善环境资源司法保障机制、开展生态系统价值核算试点，江西省探索绿色生态农业推进机制、建立生态补偿扶贫机制，贵州省开发利用生态文明大数据、建立生态

文明国际合作机制等，这些将极大地调动地方的主动性，发挥地方的改革首创精神。

1.1.2.4 推进环境保护市场化和转型长效治理

党的十九大报告提出，要使市场在资源配置中起决定性作用和更好发挥政府作用。在环境领域，市场机制对环境资源配置起决定性作用，但是环境具有公共物品性质，环保产业与其他一般竞争性产业相比，市场机制调节作用的发挥有一定的局限性，因此在一些情况下需要政府提供政策支持。为平衡政府调节和市场调节的关系，在环境保护领域引入市场机制，通过市场机制与命令控制性手段相互弥补缺陷，协调发挥作用，使政策合力最大化，共同调配环境资源，达到保护环境的目的。

2015年以来，《生态文明体制改革总体方案》《中华人民共和国国民经济和社会发展第十三个五年规划纲要》《“十三五”生态环境保护规划》《“十三五”节能减排综合工作方案》等重要文件相继出台，都对环境市场机制提出了明确要求。关于环境保护市场机制的政策越来越多，国家层面出台了环境财政政策、绿色税费政策、绿色价格政策、绿色信贷政策、绿色采购政策等。过去10年来，环保投融资、环保PPP项目、环境金融、环境税费、生态补偿、排污权交易等环境市场政策取得了积极进展，环境保护市场机制政策体系基本建立。

1.2 研究意义

从文明演进的角度来看，原始文明、农业文明和工业文明构成了人类文明不同的发展阶段。而在工业文明阶段，在“人类中心主义”世界观和价值观的主导下，人类过度攫取生态环境资源，破坏生态环境，严重威胁到人类的生存和经济社会的发展。现实要求人类必须对工业文明进行反思，开创一个新的文明形态来改善现状，于是催生了生态文明。

从国际来看，马克思、恩格斯关于人与自然的辩证关系、物质变换的合理过程以及人口、资源和经济协调发展的思想，确立了马克思生态文明的基本观点。然而，真正唤醒人类环保意识的是美国著名女科学家蕾切尔·卡逊于1962年发表的一本揭示生态环境问题的小说《寂静的春天》，这本书如同长夜中的一声春雷，引起了美国各界的强烈反响。1972年，联合国首次召开了人类环境会议，会议通过了《人类环境宣言》，提出了“只有一个地球”的口号。

从国内来看，生态理念早已根植于古人心中。“天人合一”“道法自然”等思想，都是中国古代人敬畏自然、在与自然界相处过程中寻求秩序与和谐、寻求与自然共存共荣的高度智慧的结晶。20 世纪 70 年代，随着我国社会经济的发展，资源枯竭、环境污染和生态失衡等问题日益严重，国内开始对工业文明进行深刻反思，并初步探索生态文明建设的伟大实践方向。20 世纪 80 年代，基于全球资源枯竭、生态环境日益恶化、人类工业病蔓延的状况，可持续发展的理念被提出，并很快在全球范围内得到认同。1987 年世界环境与发展委员会发表的《我们共同的未来》、1992 年在联合国环境与发展会议上发表的《里约环境与发展宣言》，更是指引和要求人们走上可持续发展的实践征程。[1] 从 20 世纪 90 年代开始，世界各国都把可持续发展作为本国的社会发展目标和模式，并倡导建设生态文明。

可见，对生态环保问题的关注和致力于生态文明建设的研究，已被纳入社会经济发展的全链条。那么，今天我们为什么仍要开展生态文明建设助力经济发展经验的学术探讨？原因主要有两方面：①在科学技术与经济范式不断发展的现代社会中，生态环境及其主要特征已经发生了巨变，不同技术水平或产业结构背景下的生态现状解读必须充分彰显新时代特点，因而过去的思想理论已经不能完全作为新阶段的行动指南；②社会科学的研究实验强调样本单元的独特性，那么就不能生搬硬套，而应将一个区域的生态现状和经济发展道路纳入生态经济协调性分析的基本框架，因而在西方社会制度土壤中孕育的可持续发展思想与生态治理经验并不一定对我国适用。

当前，我国正处于深化生态文明体制改革和加快建立生态文明制度的关键时期，以创新、协调、绿色、开放、共享的发展理念和全面建成小康社会、全面深化改革、全面依法治国、全面从严治党的战略布局为统领，正在推动绿色发展和建设美丽中国的深刻变革。由此可见，本书的研究具有重大的理论价值和现实意义。

---

[1] 兰明慧，廖福霖，罗栋燊．生态文明研究综述［J］．绿色科技，2012（12）：88.

1.3　研究思路与研究方法

1.3.1　研究思路

本书按照“理论指导实践”“普遍性寓于特殊性之中”的思路构建框架，共由 8 章内容构成。

第 1 章为绪论，包含研究背景、研究意义、研究思路和研究方法。

第 2 章介绍经济增长与经济发展的概念界定、经济增长与经济发展的理论演进、生态文明概念界定及理论、经济发展与生态环境协调性研究综述。

第 3 章主要介绍发达国家和新兴工业化国家的经典河湖污染治理案例，分别选取英国治理泰晤士河、德国治理莱茵河、美国治理密西西比河、日本治理琵琶湖，以及韩国治理清溪川、印度治理恒河的案例。每一个案例简要介绍河湖的地理概况、河湖的污染情况以及污染原因，重点介绍各国的具体治污措施，再结合中国现状，分析成功或者失败原因及特色经验。

第 4 章主要梳理从古到今中国经济发展的实践过程，分析我国经济实践对生态环境的影响，并总结党的十八大以来关于生态文明的重要论述和实践。

第 5 章旨在通过现状与实证的相互关系，研究黄冈市生态文明与经济发展。首先，从整体上介绍黄冈市的经济发展状况。其次，重点介绍黄冈市的三大产业现状及特征，分析黄冈市的特色混合产业——农业生态旅游业的优势和劣势。再次，从政策环境、生态环境和经济环境三个角度总结概括黄冈市推进生态文明建设的总体环境。最后，从多个方面总结概括黄冈市生态文明建设的现状。

第 6 章分别从实证分析和案例研究的角度对黄冈市生态文明与经济发展之间的关系进行研究。一方面，从实证分析的角度，首先介绍了环境库兹涅茨曲线的来源、背景、文献研究综述等，然后分别以黄冈市农业、工业的发展状况为研究对象，通过验证农业与工业的环境库兹涅茨曲线，探讨黄冈市生态文明与经济发展之间的关系。另一方面，通过案例分析，先从整体上对黄冈市旅游产业进行 SWOT 分析，再分别从罗田县森林生态旅游业、乡村生态旅游业、水域生态旅游业三个方面进行更加细致的探讨，包括现状、具体实践、存在的问题与经验总结等。

第7章聚焦分析经济发展和生态环境的协调性。通过构建耦合性协调模型，分析黄冈市旅游经济与生态环境的协调程度，再结合案例分析黄冈市经济生态协调发展的实践经验。

第8章介绍黄冈市生态文明建设的主要任务与基础任务，提出关于黄冈市推进生态文明建设的对策和建议。

1.3.2 研究方法

（1）文献研究法。本书对前人研究文献进行了搜集、鉴别、整理。在对文献的集中梳理中，一方面结合前人研究的具体内容明确本书的研究背景及核心关键词的概念界定；另一方面通过回顾相关的基础理论提出研究问题，并结合区域特性进行科学的研究设计。

（2）历史研究法。本书通过对历史资料的挖掘分析，按照文明演进规律研究我国生态文明建设的发展和演进的不同阶段，进而在历史归纳中总结国内外生态文明建设的基本经验和存在的问题。

（3）案例分析法。从一般性的前提出发，通过推导和演绎，得出个别结论。本书在可持续发展思想与国内外关于环境质量和经济发展协调程度的研究基础上，深入研究生态文明建设的内涵、模式和实现路径，进一步结合黄冈市的具体情况，研究黄冈市生态与经济发展现状、经济发展和生态环境如何协调等关键性问题。

（4）实证研究法。本书通过构建环境库兹涅茨曲线和耦合模型，在选取一定指标和规范数据的前提下，运用计量软件对黄冈市生态与经济发展现状展开统计量分析，构建黄冈市经济发展水平与生态环境质量的协调性模型，揭示客观现状的影响因素及内在联系。

第2章　经济增长、经济发展与生态文明

2.1　经济增长与经济发展的概念界定

2.1.1　经济增长的概念

经济增长是经济学家研究的经典主题之一，同时也是各国政府和民众最为关注的问题之一。美国经济史学家查尔斯·P.金德尔伯格（Charles P. Kindleberger）将经济增长定义为："更多的产出，不仅包括由于投资而获得的增产，同时包括更高的生产效率所导致的产品的增加。"❶ 德国经济学家鲁迪格·多恩布什（Rudiger Dornbusch）和以色列经济学家斯坦利·费希尔（Stanley Fischer）在合著的《宏观经济学》中指出："经济增长是生产要素积累和资源利用的改进或要素生产率增加的结果。"❷ 美国经济学家西蒙·史密斯·库兹涅茨（Simon Smith Kuznets）提出："一个国家的经济增长，可以定义为给居民提供种类日益繁多的经济产品的能力长期上升，这种不断增长的能力是建立在先进技术以及所需要的制度和思想意识之相应的调整的基础上的。"美国经济学家保罗·萨缪尔森（Paul A. Samuelson）给经济增长下的定义是："一个国家潜在的国民产量或GNP的扩展，即生产可能性边界随时间向外推移。"❸

由此可见，不同学者对于经济增长的观点有所差异，但整体来说，可以从狭义和广义两个层面给出定义。狭义的经济增长是指在较长的时间跨度内一个经济体生产商品和劳务能力的增长，通常是指一个国家或地区的国民生

---

❶ 查尔斯·P.金德尔伯格．经济发展［M］．上海：上海译文出版社，1986：5.

❷ 鲁迪格·多恩布什，斯坦利·费希尔．宏观经济学［M］．北京：中国人民大学出版社，1997：293.

❸ 保罗·萨缪尔森．经济学［M］．北京：中国发展出版社，1996：1320.

产总值（GNP）等指标的增长。国民生产总值是用来衡量总产出的综合经济指标，等于国内生产总值加上来自国内外的净要素收入。广义的经济增长不仅是数量上的增长，同时还是质量上的增长，它体现在四个方面：第一，经济增长不能依靠单一资本和劳动的投入，技术和组织方式创新发挥着越来越重要的作用；第二，要素产出效率的提高较其投入总量的增加对经济增长而言越发重要；第三，单一经济量的增长已经不能满足经济增长的要求，经济增长向人力资本的积累和人的全面发展拓展；第四，人与自然和谐共生的生态文明理念赋予经济增长以新的内涵，在经济增长过程中自然生态的地位日益凸显。一般来说，经济增长被定义为数量的增长，本书中的经济增长主要是指狭义的经济增长，与经济发展相区别。

2.1.1.1　经济增长的特征

根据库兹涅茨的观点，经济增长有六个特征。

一是产量高增长率、人均产量高增长率和人口高增长率，这是经济增长最为突出的特征，经济增长必然伴随着产量增长率、人均产量增长率和人口增长率的提高；二是高生产率，生产率包括劳动生产率和其他生产要素的生产率，高生产率代表着技术进步，技术进步带来经济的高速增长；三是经济结构的高速变革，随着经济的增长，经济结构不断调整，向更加适应经济增长的方向转化，反过来又带来了经济增长；四是社会结构和意识形态的高速变革，社会结构和意识形态为经济增长提供更有利的环境，随着经济的高速增长而呈现出高速的变化态势；五是经济增长的范围高速扩大，一个经济体的产量增加会影响其他经济体，从发达国家向欠发达国家蔓延，最终整个世界都卷入增长之中；六是地区增长不平衡，虽然世界形成一个经济增长的共同体，但不同国家不同地区的经济增长水平是有差距的，生产力、技术等落后的国家的经济增长水平远远低于其他国家。

在这六个特征中，前面两个是总量数值上的变化特征，中间两个是内外部结构的变革特征，最后两个是世界范围的总体特征。把握这些特征有助于更全面地理解经济增长的内涵。

2.1.1.2　经济增长的政策

为实现持续稳定的经济增长，各国政府制定了一系列扩张性的经济政策，主要包括利息政策、税收政策、财政政策和汇率政策。

扩张性的利息政策是通过降低中央银行利率来降低商业银行的存贷款

利率。存贷款利率降低能够减少公司和企业的贷款成本，从而鼓励公司和企业贷款。公司和企业会运用这一部分贷款来进行投资或资金周转，即消费，贷款增加便意味着消费增加，从而有利于经济增长。扩张性的税收政策是指降低个人或公司、企业的税率。税率的降低能够减少个人或公司、企业的成本，从而拉动个人消费和公司、企业的投资；同时，个人消费的增加又创造了需求，促进公司和企业的生产发展，进而促进经济增长。扩张性的财政政策是指增加国家的财政支出。政府通过增加支出来进行投资，创造就业机会和增加对其他行业的需求，这些新的就业者又会产生新的需求，消费不断增加，可以创造数倍于政府投资本身的经济增长，为经济增长提供源源不断的动力。扩张性的汇率政策是指降低本国货币的汇率。本国汇率降低使得本国产品比世界市场上的产品更便宜，可以刺激出口。出口的增加进而带来生产者投资的增加和就业机会的增多，从而促进消费，推动经济增长。

2.1.1.3 经济增长的方式

经济增长方式是指一个国家或地区实现经济增长的模式。为了实现又好又快的经济增长，恰当选择经济增长方式是至关重要的，必须遵从的准则有：第一，有利于提高单位要素投入带来产出效益；第二，有利于全面协调可持续；第三，有利于优化经济结构、改善社会福利、保护生态环境。

按照经营方式来划分，经济增长可分为粗放型经济增长方式和集约型经济增长方式。粗放型经济增长方式是一种在保持除生产要素数量以外的质量、效率、技术水平等其他条件相对不变的情况下，仅依靠加大投入生产要素的量来实现经济增长的经济增长模式。它的实质是通过改变生产要素的投入量这种数量上的变化来影响经济增长。这种方式片面追求社会生产总量的增加，会造成高能源消耗、高生产成本、低产品质量、低经济效益，也意味着高环境污染，不适用于可持续的经济增长。集约型经济增长方式是一种通过生产要素质量、使用效率和劳动者素质的提高以及技术进步来优化生产要素的组合，从而实现经济增长的经济增长模式。这种方式的实质是质量和效率的提高，以低能源消耗、低生产成本、高产品质量、高经济效益为特征，受资源的约束较少，不以破坏生态环境为代价，更适用于持续健康快速的经济增长。

2.1.2 经济发展的概念

经济发展是指一个经济体人均福利的增长过程，它是建立在经济增长的基础之上的，不仅包括经济总产量、经济规模等数量上的增长，还包括经济质量和生活质量的提高，以及经济结构、社会结构的变革等质量上的增长。

可以从三个层面来理解经济发展：一是经济总量的增长，即狭义的经济增长，一个国家或地区生产商品和劳务能力的增长为经济发展提供了最初的物质基础，这是最为低级的但也是必不可少的；二是经济结构的优化，这种优化综合体现在人口结构、产业结构、消费结构、技术结构等多个方面内部以及相互之间的协调发展；三是经济质量和效率的提高，主要表现为稳定持续高效的经济增长、社会生活水平和质量的改善、人类与生态环境的和谐关系，以及最终达到人的全面发展的自我追求。这三层由浅入深，层层递进，可见经济发展的内涵之丰富。

2.1.2.1　经济增长与经济发展的区别

经济增长与经济发展在质和量上有着很大的差别。人均产值或收入的增长并不一定意味着经济发展，经济高速增长也不一定意味着经济发展。经济增长只是直接体现在数字上的直观可见的变化，经济发展的内容远远超过了经济增长，后者不仅仅注重数字上的增长，更多关注的是经济体内部发生的质的变化。GDP 等只反映经济增长的数据并不能全面地表现经济的发展水平，GDP 计算的是一定时期内经济活动生产的所有最终产品或完成的劳务服务的市场价值，但是诸如通货膨胀对统计数据的影响、反映实际收入分配公平程度的基尼系数、环境水平与各主要污染物排放指标、经济发展带来的外部性或长期附加效益等都无法单纯从 GDP 看出。所以在一些国家会出现 GDP 持续增长，但是由于贫富差距拉大、环境污染等问题，人民生活水平反而下降的现象。20 世纪中后期，许多发展中国家曾经一度凭借资源获得经济增长，但它们在曾经高速增长的时期没有注重经济转型、生态保护，也没有注重培育可持续发展的机制，在人口红利期和资源红利期过后陷入经济的低增长期甚至倒退期，如希腊、南美洲及非洲众多国家。

历史事实已经证明，片面追求经济增长的数字是没有意义的，经济的发展最终是为了人民生活质量的提高和社会整体的进步，以人为本的经济发展需要我们更加关注数字增长以外的内容，从人与自然和谐共生的思想中寻求经济可持续发展的新动能。

2.1.2.2　经济发展的度量

经济发展一般可以用 GNP（或 GDP）来度量，但是由于经济发展的含义比较复杂，并不是简单的经济产量的增长，对其的度量也不能局限于GNP（或GDP），许多经济学家并不提倡用GNP（或GDP）来度量经济发展。现在，综合运用多个指标的体系来衡量经济发展水平的主张被越来越多的人接受。一是人类发展指数（HDI），它是由联合国开发计划署在1990年提出的，用来衡量各个国家经济社会发展水平，是对传统的GNP指标挑战的结果。它由预期寿命指数、教育指数和收入指数三个指标组成，反映了人类发展状况，通过分解三个指标可以有针对性地解决社会发展中遇到的问题。二是物质生活质量指数（PQLI），它由美国海外开发委员会提出，在1977年正式被公布为测度贫困居民生活质量的方法。它由婴儿死亡率、预期寿命和识字率三个指标组成，可以用来测度一个国家或地区的物质福利水平，进而测度世界最贫困国家在满足人们基本需要方面所取得的成就。三是购买力平价（PPP），即购买力水平，它由瑞典经济学家古斯塔夫·卡塞尔（Gustav Cassel）在1918年首次提出，根据各国不同的价格水平来计算，用于比较各国GDP。简言之，购买力平价是国家间综合价格之比，即两种或多种货币在不同国家购买相同数量和质量的商品及服务时的价格比率，用来衡量对比国与国之间价格水平的差异。

2.1.2.3 经济发展的方式

经济发展方式是指通过经济产量增长、经济结构变革、经济质量改善等途径，来实现经济发展的经济发展模式。经济发展方式的内容不仅包括经济增长方式的内容，还包括人口结构、产业结构、消费结构、技术结构、居民生活质量、生态环境、人的全面发展等多个方面的内容。党的十七大报告提出了转变经济发展方式的概念，即使原有的不适于发展的经济发展方式向新的适于发展的经济发展方式转变。

一般来说，经济发展方式有三种分类方式。第一，按要素投入来划分，可以分为资本密集型、劳动密集型和技术密集型的经济发展方式。这三种方式分别需要投入大量资本、劳动和技术，对应以资本密集型、劳动密集型和技术密集型为主导的产业。资本密集型产业是指资本和劳动成本在单位产品的成本中占比相对较大的产业，主要分布在基础工业和重加工业，造成的环境污染较为严重。劳动密集型产业是指依靠使用大量劳动力来生产，对设备和技术的依赖程度较低的产业。技术密集型产业指在生产过程中，对技术和智力要素依赖大大超过其他生产要素的产业，这类产业对生态环境较为友好。

第二，按增长主体的功能作用来划分，可以分为市场导向型和政府导向型的经济发展方式。二者的重要区别在于市场导向型经济发展方式的运作模式是“市场—技术—资源”，而资源导向型经济的运作模式是“资源—技术—市场”，不同的运作模式带来不同程度的经济发展水平。第三，按需求要素来划分，可以分为投资拉动型、消费推动型、出口带动型的经济发展方式。

2.2 经济增长与经济发展的理论演进

2.2.1 经济增长理论的演进

经济增长理论研究经济增长的规律及其影响因素，是西方经济学理论的重要组成部分。经济增长理论随着时代的更迭而发展，从研究对象、层次、模型、内容等多个方面不断丰富其内涵，其演进经历了两个阶段——古典经济增长理论阶段和现代经济增长理论阶段。古典经济增长理论阶段是经济增长理论的奠基阶段，现代经济增长理论阶段是经济增长理论的成熟阶段。现代经济增长理论主要包括新古典经济增长理论、新经济增长理论和新制度经济学增长理论。

2.2.1.1 古典经济增长理论

古典经济增长理论认为决定经济增长的三要素为土地、劳动力和资本，由于土地是固定的，劳动力和资本相对可变，所以最终对经济增长起决定作用的要素是劳动力和资本。简单来说，劳动力需求、资本积累与经济增长之间的联动关系可以这样理解：财富的出现引起了资本积累，资本积累促进了对劳动力需求的增加，进而在扩大就业规模的同时促进了社会生产规模的扩大；而社会生产规模的扩大直接导致财富的增加，从而在更高的起点上重复以上过程。如此反复，最终带动了经济的增长。古典经济增长理论以亚当·斯密（Adam Smith）、大卫·李嘉图（David Ricardo）、托马斯·罗伯特·马尔萨斯（Thomas Robert Malthus）等为代表人物，他们的经济增长理论共同构成了经济增长理论的基础。

（一）亚当·斯密的经济增长理论

对经济增长的研究最早可以追溯到前古典时期，古希腊历史学家色诺芬（Xenophon）在《经济论》和《雅典的收入》中指出货币是积累财富的手段，哲学家柏拉图（Plato）论述了分工对经济增长的作用。而斯密则正式提出经济增长理论，其思想理论标志着经济增长理论的开端。

斯密认为有两种方法可以促进经济增长。第一，加大生产性劳动的投入。他把最终生产出价值的劳动称为生产性劳动，把最终不生产出价值的劳动称为非生产性劳动。之所以这样区分开来，是因为他认为只有生产价值的劳动才能创造财富，而不生产价值的劳动只是消耗财富。因此，为了促进经济增长必须增加生产性劳动在总的劳动投入中的比重。第二，提高劳动生产的效率。斯密认为劳动生产效率主要由分工程度和资本积累数量决定。首先，关于分工程度，他在《国富论》中提出“分工促进经济增长”，分工可以增加单位劳动的产出，进而扩大总产出，最终带来收益的增加。而分工程度取决于交换水平，交换水平取决于交换的能力，交换能力的大小又受制于市场容量。如此一来，分工程度就受到市场容量的影响。因此，他认为扩大市场容量可以加深分工程度，而分工程度的加深进而又可以促使劳动效率的提高，并最终带来经济增长。其次，关于资本积累对经济增长的影响作用，斯密认为资本积累可以扩大资本存量，从而增加与之相联系的劳动投入，直接促进经济增长。不仅如此，资本积累往往还与分工和专业化有关，也会借助于分工间接地促进经济增长。上述两种方法中，斯密更侧重于劳动生产效率的提高对经济增长的促进作用，他最主要的观点就是分工和资本积累促进经济增长。

（二）大卫·李嘉图的经济增长理论

斯密的《国富论》激发了李嘉图对经济学问题的兴趣，他的经济研究和经济理论由此展开。李嘉图认为财富区别于价值，二者在本质上是不一样的。财富是一个国家所生产的商品总量，取决于商品数量的多少，而价值则取决于生产商品所需要的劳动的多少。提高劳动生产率会减少单位商品的价值，却会带来商品数量的倍数增加。因而，财富取决于商品数量，而非价值。至于经济增长的方法，他认为有两种：一是通过增加劳动投入即增加劳动者数量来增加商品的数量和价值，进而促进财富的增加；二是在保持劳动投入不变的情况下提高劳动生产率，这种方法只会增加商品的数量，商品的价值保持不变。二者之中，他更强调提高劳动生产率对经济增长的促进作用。

李嘉图的经济增长理论着眼于收入分配问题，他认为经济增长的过程可以看作财富转移变化的过程，并从财富分割变动和增长主体的联系来研究经济持续增长的条件。他通过对工资、利润和地租的变化之间的联系和相互作用及其分配比例变量等因素的探究，认为长期经济增长趋势受到收益递减规律的抑制而停止。因为土地有限，所以土地上生产的产品也有限。人口增加导致对土地上生产的产品需求增大，过度耕作导致土地上产出的增加越来越小，从而产生边际收益递减现象。边际收益递减趋势会使土地上产出的价值提高，从而导致劳动的成本上涨，利润降低，投资降低，最终导致资本积累减少。由此可见，李嘉图更注重斯密经济增长分析中的劳动投入增加和资本积累的作用。但由于土地边际收益递减的作用，这两个因素对经济增长的贡献越来越小，所以资本主义资本积累对经济增长的作用是有限的。

（三）托马斯·罗伯特·马尔萨斯的经济增长理论

马尔萨斯的经济增长理论和他的人口原理紧密联系。人口原理以两个前提和三个定理为主要内容。两个前提是：第一，生活资料是人类赖以生存的必需品；第二，两性之间的情欲是必然的且几乎会保持现状。从这两个前提可以发现生活资料的增长和人口的增殖是同时持续存在的，且马尔萨斯认为生活资料按算术级数增长，人口按几何级数增长，因而人口的增殖快于生活资料的增长。三个定理：一是人口制约原理，即人口增长必然受到生活资料的制约，说明人口和生活资料之间保持着一定的正比例关系；二是人口增殖原理，即在一定范围内，人口随着生活资料的增加而增加；三是人口均衡原理，即从长期看来，人口和生活资料能够最终实现均衡，因为人口增殖会被战争、饥荒、贫困、罪恶等因素所抑制。第三个定理是马尔萨斯人口原理的核心内容，与前两个定理紧密联系，它表明人口和生活资料最终实现的均衡非自然所为，而是被抑制的结果。

马尔萨斯的人口增长模型表明，人口和产出并不是同步增长的，且人口的增长快于产出的增长。这是因为人口一方面以现有的数量为基数不断增长，另一方面会随着产出的增长而进一步扩大其增长，而产出却没有额外的增长，反而会减少。因为人类以土地上的（农作物）产出来维系生命，而这种产出遵循收益递减规律，即保持其他要素不变，对一定面积的土地连续投入资本和劳动，到达一定限度时，投入等量的劳动和资本带来的收益（土地上的产出）会逐渐减少。于是他认为："人口的增长有超过生活资料增长的经常的趋势。"因而，用人均产出来表示经济增长时，人口增长会抑制经济增长。

2.2.1.2　现代经济增长理论

古典经济增长理论虽然为经济增长提供了最初较为正式的分析工具，但是在整体上局限于静态的均衡分析，随着现实问题的出现越来越不适用于分析经济增长。现代经济增长理论则跳出了古典经济增长理论的范畴，运用更为动态、全面的分析方法来系统地探讨经济增长问题。现代经济增长理论的发展可以分为三个阶段：新古典经济增长理论阶段、新经济增长理论阶段和新制度经济学增长理论阶段。新古典经济增长理论的特点是将技术进步看作经济增长的外生变量，主要包括哈罗德 – 多马模型和索洛 – 斯旺模型；新经济增长理论的特点是将外生变量技术进步内生化，主要包括罗默内生型生产函数模型和卢卡斯两部门人力资本模型；新制度经济学增长理论的特点是将制度因素纳入决定经济增长的因素，主要包括科斯经济增长理论和诺斯经济增长理论。

（一）新古典经济增长理论

（1）哈罗德 – 多马模型

新古典经济增长理论起源于对哈罗德 – 多马模型的修正。哈罗德和多马是两位经济学家，他们的模型只是变量的表达方式的区别，但在经济上的本质都是一致的，因而被统称为哈罗德 – 多马模型。哈罗德 – 多马模型假设：

①社会只生产一种产品（消费品或者是投资品）；

②社会生产只使用劳动力和资本两种生产要素，且两种要素不能互相替代；

③储蓄 S 占国民收入 Y 的一定比例，$S = sY$（s 为储蓄率，即国民收入中储蓄的比例）；

④储蓄 S 等于投资 I，$S = I$；

⑤资本投入产出比 $v = \frac{K}{Y}$ 保持不变（K 为投资，v 即生产 1 单位的国民收入所需要的投资）；

⑥不存在技术进步，不考虑资本折扣。

于是得出经济增长率 $G = \frac{s}{v}$，即一国的经济增长率等于该国经济的储蓄率除以资本投入产出比。因为该模型假设资本投入产出比 v 保持不变，所以经济增长率取决于储蓄率 s，可以通过提高储蓄率来促进经济增长。但是哈罗德 – 多马模型假设社会生产只使用劳动力和资本两种生产要素，且两种要素不能互相替代，这否定了生产要素的可替代性，是无法满足的。该模型还要满足实际增长率等于均衡增长率并等于自然增长率的“刀锋”式均衡经济增长，这是难以实现的。此外，该模型还忽视了技术进步对经济增长的巨大作用。

（2）索洛－斯旺模型

新古典经济增长理论以索洛－斯旺模型为代表，认为外生变量——技术进步对经济增长有重要作用。该模型假设：

①经济社会只有生产和消费两个部门；

②社会生产的三要素为资本 K、劳动 L 和知识 A；

③规模报酬不变；

④劳动力处于充分就业的均衡状态；

⑤储蓄 $S=$ 投资 I。

得出的结论有：第一，无论从哪一点出发，经济最终都会收敛于水平的增长；第二，储蓄率的大小只会在短期内影响经济增长率，而不会产生长期的影响；第三，人均产出的增长由人均资本存量和技术进步两部分组成，但从长期来看，只有技术进步能发挥永久的作用；第四，通过调节储蓄率可以实现以人均最优消费和最优资本存量为特点的“黄金律”增长。

索洛－斯旺模型虽然可以满足竞争性均衡条件，但均衡的增长率仍然等于劳动力增长率。如果不存在外生的技术进步，经济就会收敛于一个人均收入不变的稳定状态，即零增长。这就是说，经济增长依赖于一个自己都无法把握的外生因素——技术进步。这一“不愉快的结果”使得传统经济增长理论陷入了尴尬的局面。其根源在于它们将知识外生于物质生产过程，构造出来的生产函数是收益递减的，致使经济增长仅仅依赖于资本积累或人口积累，因而是收敛的、趋同的和短期的。[1] 索洛－斯旺模型的经济增长理论无法解释各国经济增长率和人均收入水平之间存在的长期而巨大的差别。

（二）新经济增长理论

新经济增长理论又称内生经济增长理论，这种理论认为长期增长率应该由内生因素来解释。专业化的人力资本在劳动投入的过程中因教育、培训等而形成，技术进步在资本积累的过程中因技术研究、创新等而形成，把技术进步这一外生因素内生化，认为技术进步对长期经济增长率的增加有着重要

---

[1] 张德生，傅国华．现代经济增长理论述评［J］．惠州学院学报·社会科学版，2005（2）：14.

作用。这一结论与20世纪60年代以来为大家所熟知的新古典经济增长理论中的结论相反，后者建立柯布－道格拉斯生产函数，并以劳动投入量和资本积累量为自变量建立经济增长模型，把技术进步等当作外生因素来解释经济增长，当要素收益出现递减时，长期经济增长停止。新经济增长理论反对新古典经济增长理论的外生观点，认为经济增长取决于经济系统内部的因素。正因如此，内生增长理论的基本框架和分析方法，仍然被当代的理论分析所采用。新经济增长理论主要包括美国经济学家罗默的罗默内生型生产函数模型和卢卡斯的卢卡斯两部门人力资本模型。

（1）罗默内生型生产函数模型

保罗·罗默（Paul M. Romer）把社会生产划分为研究部门、中间品生产部门和最终生产部门，把知识分为一般知识和专业知识，认为知识是现代经济增长最重要的因素。在模型中，除了劳动和资本，他将人力资本和技术水平纳入了生产要素。这里的劳动和人力资本是两个不同的概念，劳动是指不熟练的劳动，而人力资本是指受到教育或培训的熟练的劳动，用教育（或培训）时间来衡量。

罗默的经济增长理论经历了两个发展阶段，各提出了一个模型。第一个经济增长模型为：

$$F_i = F(K_i, K, X_i)$$

其中，F_i 是厂商的总产出，K_i 是厂商生产某种产品所需的专业化知识，X_i 是厂商的其他生产要素的向量，$K = \sum_{i=1}^{n} K_i$ 表示整个社会的知识总量。在这一模型中，罗默继承了阿罗（Kenneth J. Arrow）“干中学”的思想，把知识作为一个变量直接引入模型，并且认为知识积累是促进现代经济增长最重要的因素。他把知识分为一般知识和专业知识，一般知识可以产生规模经济效益，专业知识可以产生要素的递增收益。两种知识的结合不仅使技术和人力资本本身产生递增的收益，也使资本与劳动等其他投入要素的收益递增。

在第二个经济增长模型中，罗默把经济增长来源在模型中予以明确化，其形式是不同的、专业化的生产投入数量的增长，进一步明确生产要素有四个，即资本、非技术劳动、人力资本（按受教育年限衡量）和新思想（按专利数量衡量）。其中，知识是最重要的，投资促进知识，知识促进投资并能提高投资的收益，因此知识是经济长期增长的驱动力。

罗默的模型较为系统地分析了知识与技术对经济增长的作用，突出了研究与开发对经济增长的实际价值，这与事实相符。但是该模型存在的问题在于忽略了对初始的人力资本状况的研究和对人力资本总量不变的假定。[1]

（2）卢卡斯两部门人力资本模型

在罗伯特·卢卡斯（Robert E. Lucas, Jr.）的两部门人力资本模型中，假设人力资本的增长率与空闲时间（即非工作时间）呈线性关系。人力资本的投入有正的外部效应，投入者不能得到其产生的全部收益，因为被投资的人力掌握的技巧在其他地方也能使用，为其他资本家节省费用。由于人力资本外部性的存在，经济中最优产出增长率高于均衡增长率。此外，整个经济的生产具有规模收益递增的性质，经济可以实现内生的增长。如果不存在人力资本的外部性，经济甚至将以更高的增长率增长。这一结论十分重要，它意味着增长的动力来源于内生的人力资本投资而不是外生的技术进步。人力资本外部性模型可以解释各国持久收入的差异，但不能解释增长率的差异。因为人力资本具有正的外部效应，相同技术水平的工人在人力资本平均水平较高的国家中能够获得较高的工资，因而该模型解释了人口不断从发展中国家向发达国家迁移的原因。

卢卡斯和罗默都不再使用新古典经济增长理论中的两个假设：规模收益不变和技术外生性，而以规模收益递增为假设建立模型。正是因为这一假设，罗默提出越是发达的国家经济增长越快。卢卡斯的经济增长理论指出了人力资本具有正的外部效应，强调人力资本对于经济增长的决定性作用。这种正的外部效应体现在高劳动生产率的劳动力对周围的劳动力有着正向的影响，潜移默化地带动周围劳动力生产效率的提高。

继新古典经济增长理论出现后，卢卡斯和罗默等人的新经济增长理论使得经济增长理论再次复兴。新经济增长理论提出了长期以来主流经济学所忽视的决定经济增长的重要因素，将技术纳入经济系统的内生变量，突破了新古典经济增长理论的研究框架，加入人力资本后拓宽了经济学的研究范围。新经济增长理论提供的理论分析框架较之前更为合理，适用于分析在技术水平和人力资本水平上有差异的国家，因而可以更好地解释世界各国在 GDP 增长率、人均收入水平等指标上存在的巨大差距，从而提出更加适合国情的策

[1] 张德生，傅国华．现代经济增长理论述评［J］．惠州学院学报·社会科学版，2005（2）：13－18.

略。新经济增长理论中技术和人力资本是现代经济增长的决定性因素的观点，有利于我们认识人力资本和技术创新在现代经济增长中所发挥的至关重要的作用。

（三）新制度经济学增长理论

新经济增长理论没有考虑到制度因素对经济增长的影响，和它同一个时代产生的新制度经济学增长理论创新地将制度看作继资本、劳动力和技术进步后决定经济增长的第四个因素。1937年，罗纳德·哈利·科斯（Ronald H. Coase）的《企业的性质》一文标志着新制度经济学的出现，但是当时并没有太多人关注它。近30年后，科斯发表的另一篇论文《社会成本问题》才使得其理论逐步被人们所注意。另一个新制度经济学家道格拉斯·诺斯（Douglass C. North）在此基础上提出制度变迁理论，将制度作为内生变量来进行经济研究，认为“增长比停滞或萧条更为罕见这一事实表明，‘有效率’的产权在历史中并不常见”，表明了制度尤其是其中的有效率产权对于经济增长的重要作用。该理论有三个基本观点：一是过去的经济增长理论忽略了交易成本，为降低交易成本，许多制度应运而生，产权的界定和变化导致制度变迁，产权是决定经济增长的内生变量，有效率的产权可以促进经济增长；二是在保持技术不变的条件下，制度创新也可以发挥与技术进步相同甚至更为基础的作用，促进劳动生产率的提高，进而带来经济增长；三是有效率的产权决定经济增长，但是产权的界定没有足够的技术和组织支撑，只能依靠国家制定制度来界定产权。如果国家能够界定一套有效率的产权，提高资源配置的效率，就能够促进该国的经济增长。

2.2.1.3　小结

从古典经济增长理论到现代经济增长理论，从外生经济增长理论到内生经济增长理论，从单一经济增长模型到多元经济增长模型，经济增长理论的演进记录了经济学家们逐步加深对经济增长问题的探索的历程：从亚当·斯密提出分工和资本积累促进经济增长，大卫·李嘉图注重收入分配对经济增长的作用，马尔萨斯人口增长理论中关于用人均产出表示的经济增长会受到人口增长的限制；到哈罗德－多马模型假定资本投入产出比保持不变，储蓄率决定经济增长，通过增加储蓄率可以促进经济增长；到索洛－斯旺模型考虑技术进步，提出经济增长依靠技术进步这个外生因素；到罗默模型将外生因素技术进步内生化，考虑劳动的知识和教育水平，研究证明知识与技术对经济增长的作用；到卢卡斯在两部门人力资本模型中指出人力资本具有正的外部效应，强调人力资本对经济增长的决定性作用；再到新制度经济学增长理论中诺斯提出制度因素及其创新对经济增长起决定性作用，而其中产权制度的作用最为重要。

每个阶段的经济增长理论都是建立在前人研究的基础上的，在新的时代背景下发现突破口，用新的经济增长理论来弥补原有理论的不足，用更加适应现实发展的经济理论来解释经济现象，更好地为现实经济增长提供切实的理论依据。也可以说，原有理论与现实经济发展之间的差距为新的经济发展理论的产生创造空间。现在，提倡人与自然和谐共生的生态文明理念对经济增长提出了新的要求，无疑也给经济增长理论带来了新的挑战，经济增长理论又有了创新趋势。

2.2.2 经济发展理论的演进

2.2.2.1 环境库兹涅茨曲线理论

（一）环境库兹涅茨曲线理论的形成过程

1955 年，西蒙·史密斯·库兹涅茨（Simon Smith Kuznets）提出库兹涅茨曲线，主要用来说明收入分配的公平程度与人均收入水平的关系问题。研究表明，在经济发展过程中，收入不均的差距随经济发展呈现出先扩大后缩小的趋势，呈现倒“U”型曲线关系（如图 2－1 所示）。

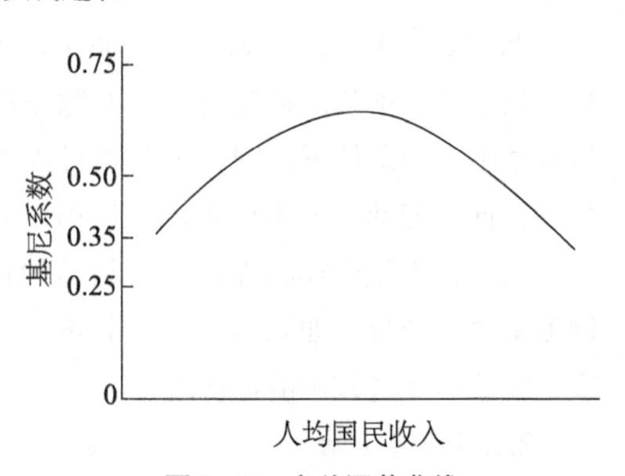

图 2－1　库兹涅茨曲线

1991 年，美国经济学家格罗斯曼（Grossman）和克鲁格（Krueger）在研究北美自由贸易协定对墨西哥和美国环境的影响时，通过对 42 个国家的面板数据进行分析，发现在人均收入水平低的国家，环境污染状况会随着人均收入水平的增长而加剧，而在人均收入水平高的国家，环境污染状况会随着人均收入水平的增长而减轻。[1] 这首次证明了环境污染状况和人均收入水平之间的关系，提出了环境库兹涅茨曲线

[1] G. M. Grossman，A. B. Krueger. Environmental Impacts of a North American Free Trade Agreement [R]. NBER Working Paper，No 3914，1991.

（Environmental Kuznets Curve，EKC）的概念。

1996 年，帕纳尤（Panayotou）借用库兹涅茨的倒“U”型曲线，首次将环境污染状况和人均收入水平之间的关系定义为环境库兹涅茨曲线（如图 2－2 所示）。[1] 环境库兹涅茨曲线表明了环境污染情况和人均收入水平之间为倒“U”型关系，随着一个国家的发展，初期时经济水平较低，环境较好；但随着经济进一步发展，工厂林立，环境污染加重，这时环境污染情况与经济发展变化一致；当成为发达国家或者说经济上升到一定程度后，人民生活水平提高，国家有更多的钱去治理污染，这时，环境质量又得到改善。总之，随着经济发展，环境会先变差，到达临界点后，环境状况又会逐渐好转。

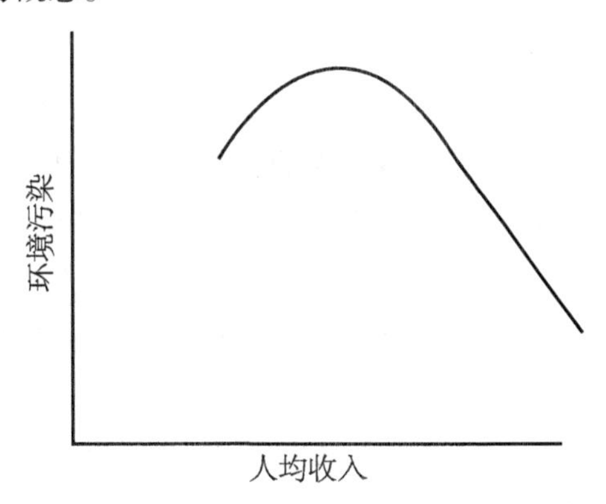

图 2－2　环境库兹涅茨曲线

环境污染指标可以通过污染物的排放进行测量，如总氮、总磷等的排放。当某地区经济增长较慢，工业基础薄弱，以大量手工业为主，人均收入低时，污染排放较少，环境污染程度较低；随着经济社会发展，经济增长速度加快，工业发展迅速，并且由于私人企业在排污时有负的外部性，在政府干预时有大量寻租行为，所以污染排放较多，环境污染程度逐渐升高；经济发展到更高阶段后，环境污染达到最高点后，人们不再一味谋求经济增长，而开始关注自己的生存环境，在可持续发展理论下做长远打算，制度结构等会改变，开始进一步保护环境，维护生态环境，所以环境污染会随经济发展而逐步减轻。

（二）环境库兹涅茨曲线理论的形成原因

证明环境污染情况和人均收入水平之间倒“U”型关系的环境库兹涅茨曲线被提出后，人们越来越关注其理论的形成原因，探讨得出的结果可以分为以下五个方面。

（1）规模效应、技术效应和结构效应

[1] T. Panayotou. Empirical Tests and Policy Analysis of Development [R]. ILO Technology and Employment Program Working Paper，1993（238）.

格罗斯曼和克鲁格认为经济发展对环境质量的影响可以分解为规模效应、技术效应和结构效应三种。规模效应是指当一个国家保持技术水平和经济结构不变时，环境污染情况会随着经济规模的扩大而不断加剧。因为经济规模的扩大意味着产出的增加，产出增加依靠生产要素投入的增加，加大资源使用的同时导致更多污染。技术效应是指随着经济发展，一国用于技术研发的支出增加，进而推动技术进步。技术进步一方面带来劳动生产率的提高，促进资源有效利用，降低单位产出的要素投入，减少对环境的污染；另一方面带来环保技术水平的上升，降低单位产出的污染排放，减轻环境污染情况。结构效应是指保持其他条件不变，一国的经济结构的变化会引起环境污染情况的变化。在经济发展的初期，经济结构从农业向高污染的重工业转变，规模效应的作用超过了技术效应和结构效应，加剧环境污染。随着经济发展，经济结构向低污染的服务业转变，技术效应和结构效应的作用增强，减少环境污染。所以从长期看，环境质量会随着经济发展先恶化后改善。

（2）环境规制

环境污染情况随着经济发展的变化不是自动形成的，尤其是在高人均收入水平时期，环境污染情况之所以能够随着经济发展而减轻，主要是因为环境规制的作用。离开了不断强化的环境规制，环境污染情况是不可能会减轻的。帕纳尤指出："对于二氧化硫排放来说，积极的环境政策在低收入水平下就能显著减轻环境污染的程度，在高收入水平下更是如此。"也就是说，强化的环境规制能够使环境库兹涅茨曲线趋于平缓，减轻经济发展对环境质量的影响，从而降低经济发展的环境代价。在人均收入水平较高的国家，环境规制标准更为严格，因为较高的收入和教育水平使得整个社会更加关注环境污染问题，对环境有更高的要求和标准，同时这些国家的资金和技术水平足以支持环境污染治理，这样就解释了为什么高收入阶段环境污染情况会随经济发展而减轻。

（3）环境质量需求

当人均收入水平较低时，人们最主要的需求是对生活资料的需求，很少会顾及对环境质量的需求。这个阶段资源的使用超过了资源的再生，贫困导致了环境质量的恶化。随着经济发展，当人均收入到达较高水平时，人们越来越关注环境质量，除了对生活资料的基本需求外，还会追求高质量的生活环境。在这个阶段，人们加强环境保护的意识，要求加大环境保护的力度，自觉接受严格的环境规制，倾向于购买对环境友好的产品，进而刺激生产者生产对环境友好的产品，用清洁技术取代肮脏技术，促进整个社会经济结构的转变，改善环境质量。

（4）市场机制

生产要素的价格会影响经济活动的运行，进而影响环境污染状况。在经济发展初期，国家干预和补贴高污染重工业的发展，消耗大量自然资源，造成大量环境污染排放。随着人均收入水平的增长，市场机制不断完善，政府逐步放开经济管制、减少补贴，自然资源不再受价格管制，得以在市场上自由交易，同时自然资源尤其是不可再生资源的价格由于其稀缺性而上升，导致生产者减少自然资源的投入，促进自然资源使用效率的提高，降低单位产出的污染排放，扩大低污染现代服务业的规模，因而促进环境质量的改善。虽然市场机制的转变能够提高生产效率，有效地减少环境污染，但是经济规模的扩大带来的环境污染会超过市场机制对环境污染的减少，必须强化环境规制才能持续抑制环境污染。

（5）环保投资

丁达（Dinda）按资本的用处将资本分为两个部分：一是用于社会生产的资本，导致环境污染排放；二是用于环境保护的资本，有利于减轻环境污染状况。[1] 环保投资的增加对环境质量的改善有积极作用。在经济发展的不同阶段，资本积累程度不同，因而用于环境保护的投资规模也不同。在低收入水平阶段，资本积累不足，环保意识薄弱，几乎所有资本都用于社会生产，导致严重的环境污染；在高收入水平阶段，社会环保意识加强，有足够的资本用来保护环境，加大环保投资用于环境监控和环保技术研发，减少生产带来的环境污染。环保投资随着资本积累的变化从不足到充裕，从基础上解释了环境污染情况与人均收入水平之间的倒“U”型关系。

（三）环境库兹涅茨曲线理论的局限性

（1）EKC 无法揭示存量污染的影响

污染分为存量污染与流量污染，流量污染直接对环境造成破坏，存量污染会在一定时期之后对环境产生污染，而 EKC 只能揭示流量污染，而流量污

---

[1] S. Dinda. Environmental Kuznets Curve Hypothesis: A Survey [J]. Ecological Economics, 2004, 49 (4): 431-455.

染不能代表全部污染，所以在探究污染与经济发展的关系中会有误差。

（2）EKC的长期性问题

时间的长短会影响研究结果，研究结果表明EKC在短期成立时，即显示为倒“U”型，但进一步研究长期关系时未毕也会成立，长期可能显示“N”型曲线。这是因为在经济发展到一定程度后，收入与污染又呈现同向变动趋势。因为当开发的清洁技术被完全开发且利用后，没有再提高的空间，这时降低污染的成本上升，收入与污染开始一起变动。

2.2.2.2　中国特色社会主义经济理论

中国特色社会主义是马克思主义基本原理同中国实际相结合的成果，包括中国特色社会主义发展道路和中国特色社会主义理论体系。中国特色社会主义经济理论是对中国特色社会主义市场经济运行机制和规律的探究，是中国特色社会主义理论的重要组成部分。中国当代经济学家张卓元将中国特色社会主义经济理论总结为多个经济理论，包括社会主义市场经济理论、社会主义初级阶段理论、中国对外开放理论、社会主义基本经济制度理论、按劳分配和按其他生产要素分配相结合理论、中国式经济增长理论、转变经济发展方式理论、渐进式改革理论等。这些理论有助于我们理解中国经济增长的理论背景。

（一）社会主义市场经济理论

1979年11月，邓小平同志最早提出了社会主义市场经济，“社会主义为什么不可以搞市场经济，这个不能说是资本主义”[1]。社会主义市场经济理论的主要内容包括以下几方面。第一，计划和市场都是经济手段，不是社会主义或资本主义的本质特征。计划和市场、计划经济和市场经济都是用来调节和发展经济的手段和方法，它们与社会制度的结合不会影响社会制度的本质。第二，“社会主义与市场经济之间不存在根本矛盾”，社会主义也可以发展市场经济。第三，要结合计划和市场，二者共同发展可以促进生产力的发展、提高经济效益。社会主义市场经济理论一改社会主义与市场经济相对立的传统观念，是中国特色社会主义经济理论与实践的重大创新，为社会主义市场经济体制奠定了理论基础，为我国经济体制改革指明了方向。

（二）社会主义初级阶段理论

---

[1] 邓小平文选（第2卷）［M］．北京：人民出版社，1994：236.

1987 年 10 月，党的十三大系统地阐述了社会主义初级阶段理论。大会指出：正确认识中国社会现在所处的历史阶段，是建设有中国特色社会主义的首要问题，是我们制定和执行正确的路线和政策的基本依据。社会主义初级阶段包含两层含义：第一，中国社会已经是社会主义社会，我们必须坚持而不能离开社会主义；第二，中国的社会主义社会还处在初级阶段，我们必须从这个实际出发，而不能超越这个阶段。并指出，我国进入社会主义初级阶段，“不是泛指任何国家进入社会主义都会经历的起始阶段，而是特指我国在生产力落后、商品经济不发达条件下建设社会主义必然要经历的特定阶段”❶。习近平总书记在党的十九大报告中提出：“我国仍处于并将长期处于社会主义初级阶段的基本国情没有变，我国是世界最大发展中国家的国际地位没有变。全党要牢牢把握社会主义初级阶段这个基本国情，牢牢立足社会主义初级阶段这个最大实际。”❷

（三）中国对外开放理论

邓小平同志最早提出对外开放理论，为中国对外开放指明了道路。其主要内容可以概括为以下几点。第一，对外开放不仅是对外开放，同时也要对内开放，“对内开放就是对内改革”。第二，和平的国际环境是中国对外开放的重要外部条件。“我们的对外政策，就本国来说，是要寻求一个和平的环境来实现四个现代化。”❸ 第三，中国的对外开放以社会主义为前提。“我们执行对外开放政策，学习外国的技术，利用外资，是为了搞好社会主义建设，而不能离开社会主义道路。”❹ 第四，对外开放要坚持独立自主、自力更生。中国必须依靠自己的艰苦奋斗来发展，而不能盲目依靠外国。第五，对外开放是实现社会主义现代化目标的手段。第六，对外开放要注重国内布局。第七，对外开放不是仅仅对发达国家开放，而是对世界上所有国家开放。第八，对外开放要防范风险，反对资产阶级自由化。第九，“一国两制”的构想是对外开放的延续，要处理好“两制”的关系。第十，中国对外开放政策是一项长期的基本国策。

（四）社会主义基本经济制度理论

---

❶ 叶笃初，卢先福．党的建设辞典［M］．北京：中共中央党校出版社，2009.

❷ 习近平．决胜全面建成小康社会　夺取新时代中国特色社会主义伟大胜利——在中国共产党第十九次全国代表大会上的报告［N］．人民日报，2017－10－18.

❸ 邓小平文选（第 2 卷）［M］．北京：人民出版社，1994：241.

❹ 邓小平文选（第 3 卷）［M］．北京：人民出版社，1993：181.

在党的十五大报告中，江泽民同志提出了中国社会主义初级阶段的基本经济制度。该制度是以社会主义公有制为主体、多种所有制经济共同发展的经济制度。公有制是我国社会主义经济制度的基础，公有制经济不仅包括国有经济和集体经济，还包括混合所有制经济中的国有成分和集体成分。社会主义公有制是社会主义区别于其他社会形态的重要标志之一。“公有制的实现形式可以而且应当多样化。一切反映社会化生产规律的经营方式和组织形式都可以大胆利用。要努力寻找能够极大促进生产力发展的公有制实现形式，其中包括多种形式的股份制。”[1] 多种所有制经济则主要包括个体经济、私营经济和外资经济等。

（五）按劳分配和按其他生产要素分配相结合理论

邓小平和江泽民等同志通过考察和分析中国社会主义现代化建设的历史经验以及实践，提出了按劳分配和按其他生产要素分配相结合的理论。按劳分配是指在经过各项必要的社会扣除后，按照劳动者为社会提供劳动的数量和质量分配一定量的个人消费品。按劳分配是由社会主义经济制度的本质所决定的，是社会主义经济中个人消费品分配的基本原则，是社会主义社会的主要分配方式。这种分配方式的前提是劳动者的劳动，只有提供劳动才能分配到个人消费品，这使得人们在分配中处于相对平等的地位。生产要素是指企业进行生产经营活动所需要的各种条件。按生产要素分配是指企业的收入必须作为生产过程中所投入的全部生产要素的报酬，而各种生产要素所获得的报酬与其在生产过程中的作用和贡献大小成正比。按劳分配和按其他生产要素分配相结合作为我国社会主义初级阶段的分配形式，体现了邓小平同志“先富带后富，共同富裕”的思想。

（六）中国式经济增长理论

改革开放40多年来，中国在不断探索中前行，形成了具有中国特色的中国式经济增长理论。就经济结构而言，中国改变了农业落后、重工业太重、轻工业太轻的产业结构，同时劳动力开始不断向第三产业转移，经济结构在经过不断调整后更加合理。就经济增长方式而言，过去主要依靠的高投入、高消费的经济增长方式带来了诸多问题，人民生活水平的提高难以跟上 GDP

[1] 江泽民．高举邓小平理论伟大旗帜，把建设有中国特色社会主义事业全面推向二十一世纪［EB/OL］．［1997－09－12］．http：//www.china.com.cn/chinese/archive/131781.htm.

的增长，中国经济增长方式正在逐步由外延粗放型为主向内涵集约型为主转变。就经济发展战略而言，中国已经从重工业优先发展的赶超战略转变为现代化的发展战略。但是中国经济增长仍存在许多问题，如区域发展不协调、生态环境恶化、就业压力大、能源短缺等。

（七）转变经济发展方式理论

转变经济发展方式是指使原有的不适于发展的经济发展方式向新的适于发展的经济发展方式转变。原有的不适于发展的经济发展方式的特点是资本密集型、劳动密集型、外延粗放型、政府驱动型、外需拉动型、投资驱动型、出口带动型等。而新的适于发展的经济发展方式的特点是技术密集型、内涵集约型、市场导向型、内需驱动型、消费驱动型等。这种划分方式并不是绝对的，现实中往往是各种经济发展方式交叉重叠，进而形成新的发展方式，产生新的发展结果。经济发展方式转变的关键在于要把发展的立足点转移到提高质量和效益上来，优化资源的配置方式，使经济发展更多依靠技术进步和内需拉动。

（八）渐进式改革理论

渐进式改革理论强调改革的过程要先易后难、先表层后里层、先局部后总体，在旧体制内采用渐进的方式一步一步地进行创新。渐进式改革理论主要包括以下几个观点：第一，渐进式改革区别于激进式改革，改革是一个长期的过程；第二，渐进式改革突出生产的稳定性，认为必须维持生产规模，为改革创造动力；第三，改革是在旧体制内已有的资源的基础上进行的，不能够改变已经得到利益的格局，改革者只能走一步看一步；第四，改革不能刻意地追求速度。中国一直走的都是渐进式改革的路径，并且在今后的经济体制改革中仍将以渐进式改革为主。

2.3 生态文明概念界定及理论

2.3.1 生态文明的概念

2.3.1.1 生态文明的内涵

生态文明由生态和文明组成，分别探讨生态和文明的内涵有利于把握生态文明的内涵。

（一）生态的内涵

生态是指一切生物的生存状态，以及它们之间和它们与环境之间环环相扣的关系。生态的产生最早是从研究生物个体开始的，“生态”一词涉及的范畴也越来越广，人们常常用“生态”来定义许多美好的事物，如健康的、美的、和谐的事物均可冠以“生态”修饰。

（二）文明的内涵

文明，是有史以来沉淀下来的，有利于增强人类对客观世界的适应和认知、符合人类精神追求、能被绝大多数人认可和接受的人文精神、发明创造以及公序良俗的总和。文明是使人类脱离野蛮状态的所有社会行为和自然行为构成的集合，这些集合至少包括了以下要素：家族观念、工具、语言、文字、信仰、宗教观念、法律、城邦和国家等。由于各种文明要素在时间和地域上的分布并不均匀，产生了具有显而易见区别的各种文明，具体到现代，就是西方文明、阿拉伯文明、东方文明、古印度文明四大文明，以及由多个文明交汇融合形成的俄罗斯文明、土耳其文明、大洋文明和东南亚文明等在某个文明要素上体现出独特性质的亚文明。

（三）生态文明的内涵

狭义上的生态文明，是自然环境的状态，是人类在生态生产实践中的本质力量的对象化，具体体现为良好的生态环境、和谐的人与自然的关系。而广义上的生态文明是指人类遵循人、自然、社会和谐发展这一客观规律而取得的物质与精神成果的总和；是指以人与自然、人与人、人与社会和谐共生、良性循环、全面发展、持续繁荣为基本宗旨的文化伦理形态。生态文明是人类发展的一个新阶段，是建设与保护生态环境而取得的一系列物质、精神上的成果的综合反映，它贯穿于政治建设、经济建设、文化建设、社会建设的全过程，是一个完整而严密的文明建设系统。它是人与人、人与自然、人与社会的共同关系之和。同时它也是各个国家与政府共同关注的话题，广泛存在于全球各个国家与地区。生态文明是需要全人类共同建设的一部分，其意义广泛而深远。我们应当敬畏自然、顺应自然、尊重自然，维护和建设生态文明有利于促进地区的可持续发展，有利于推进更高层次的经济、政治发展。生态文明是一个和谐相处的过程，是人与自然和谐相依的动态过程，也是人与社会良性循环的发展过程，同时也包含了公平与正义的内涵。[1]

2.3.1.2　生态文明的历史演进

生态文明是经历了原始文明、农业文明、工业文明三个阶段发展而来的。

（一）原始文明

原始文明是人类文明的起源。在原始文明时期，人们的生产方式以狩猎和采集为主，开始发明制造并使用工具。自然是人类所有生活资料的来源，人类尊敬自然、依赖自然、被自然约束，形成了与地理环境相依存的生活方式。

（二）农业文明

在农业文明时期，人类不再完全依赖自然，开始利用自然和改造自然来获得生活资料，生产方式以种植、养殖和小手工业为主，在长期农业生产过程中形成了一套适应农业文明社会运作的封建国家制度、礼乐等级制度、文化教育体系等。这一时期人类虽改造自然但仍敬畏自然，在一定程度上与自然和谐相处。

（三）工业文明

工业文明是以社会劳动分工细化与专业化为前提，以工业生产手段大规模运用、机械化大生产为主要形式的一种近现代社会文明形态。但是，大规模的工业化也导致了人类对自然环境的严重破坏，马克思在《资本论》中就曾经描述过的空气污染、水污染问题至今依然形势严峻。过去的几十年中，由于重工业的发展，世界不少地区都出现了几乎不可逆转的土壤、重金属污染等更隐性、更长期、更有破坏力的污染。工业革命给人类带来了前所未有的生产力的巨大发展，人与自然的关系也发生了巨大变化。“人定胜天”的思想在这一时期表现得最突出。

（四）生态文明

人类可以按照自己的需要去改变自然界的面貌，使之更适应人类的生存需要。人类最终能够战胜自然界带给人类的各种束缚，达到在自然界中自由生存的境界。但是，人类对自然的利用与改造靠的不应该是主观意愿和精神力量，而是要靠自然界的客观规律。人类要在长期生产生活实践中发现自然

[1] 李桂花，张建光．中国特色社会主义生态文明建设的基本内涵及其相互关系［J］．理论学刊，2011（2）：92.

规律、认识自然规律、运用自然规律、顺应自然规律，不能违背自然规律，不能按人的主观意愿任意改造自然，不然就会遭到自然界的报复。这种全新的思想理论与实践方式的集合将引导人类进入以服务业为主体，以农业和工业的生态化为主要特征的生态文明新时代。生态文明是工业文明后的一种崭新的文明形态，“是对现代工业文明的反拨和横跨”，是一种后现代的“后工业文明”。生态文明将超越现代的文明形态，把人类社会带入一个全新的历史阶段。

2.3.1.3 生态文明的特征

关于社会主义生态文明的特征，不同学派的学者观点不尽相同，但就其共同点来说，可以归纳为生态理念、生态行为、生态制度以及生态产品等方面。首先，在生态理念方面，生态文明与中国古代“天人合一”的哲学思想有着共通之处，在生态文明语境下，要认识到人与自然是一个有机整体，人的生存发展依赖人类所生存的自然界，依赖自然界所提供的物质、能量和信息。人类社会经济发展不应该和生态环境进步对立起来，而应利用良好的生态环境实现社会经济的高质量发展，用高质量发展带来的外部盈余去推进生态保护。其次，在经济发展模式的生态化方面，特别是农业和工业，要从整个产业链的源头控制生产，采用天然的、尽量降低人为添加的工农业原材料，运用生态耕作或清洁生产手段，实现生产过程的低污染，并对产生的废料加工改造、重复利用，降低“三废”最终排放量。再次，创建有利于地球生态系统稳定的生态消费方式。创建这种消费方式就要求我们舍弃过去的“消费理念至上”的消费主义、享受主义价值观，建立从资源环境实际出发的适度消费、绿色消费的生态消费观。最后，建立健全严格的有关生态工作的行为标准与规章制度。从国内层面来看，主要是指创建生态化的法律、法规和制度以及生态化的考核评价体系。通过环保立法、严格执法、公正司法及政府在生态保护方面的科学评价体系，来规范公民、企业和政府的行为，逐渐由法律法规的约束变为自觉行为。从国际层面来看，主要是指建立应对生态危机的全球治理机制，倡导全球治理和世界公民理念。倡导世界多国政府共同签署框架协议，在节能减排、湿地森林保护、应对气候变暖、沙漠化防治等方面履行本国应尽的义务。

2.3.1.4 生态文明的地位

文艺复兴运动后人们提倡的人类中心论是现代工业社会所推崇的，然而却被生态文明价值观所推倒；人类与自然应该是和谐共生的关系，而不是统治与被统治、征服与被征服的关系。自然界对人类的优先存在地位是马克思与恩格斯所肯定的，人类生存的各种活动必定会受制于自然界，人类必须认识到可持续发展的自然规律，不能一意孤行企图征服自然。生态文明不仅有利于实现代内公平，还有利于实现代际公平。生态文明建设无形中延长发展了子孙的生态福利，因为它充分考虑了人与自然的关系，求的是和谐相处、共生共存的长远状态。面对当今全球变暖、物种灭绝、臭氧层破坏、空气污染、雾霾严重等现状，生态文明建设是十分必要的，我们应当尊重自然、顺应自然、敬畏自然，在动态平衡的过程中处理好人与自然的关系，从而使自然积极反作用于人类社会的未来发展。❶

生态文明是中国特色社会主义文明体系的不可分割的有机组成部分。我国对文明体系的探索经历了一个不断发展、完善的过程。最初提出以经济建设为中心，建设物质文明；之后，又明确提出社会主义必须在建设高度物质文明的同时，努力建设高度的社会主义精神文明。2002 年，我国又将政治文明与物质文明和精神文明相提并论，并将建设社会主义政治文明确定为社会主义现代化建设的三大基本目标之一。2007 年，正式提出了生态文明概念，生态文明成为中国特色社会主义理论体系的重要组成部分，建设社会主义生态文明成为我国社会主义现代化建设的第四个基本目标。物质文明重在解决社会发展的经济基础问题，精神文明重在解决社会发展的智力支持问题，政治文明重在解决社会发展的政治保障问题，而生态文明重在解决人与自然之间的关系问题，四者互为条件、相互促进、密不可分。2012 年，党的十八大报告在国家发展路径和方式问题上提出了经济建设、政治建设、文化建设、社会建设、生态文明建设“五位一体”的科学论述。五方面建设有机统一、互相依存、不可分割。生态文明建设作为全面建成小康社会、实现社会主义现代化和中华民族伟大复兴总体布局之一，在我国未来的经济发展中起着重要的支撑作用。

2.3.1.5　党的十九大报告对生态文明的要求

习近平总书记所作的党的十九大报告，不但描绘了中华民族伟大复兴的中国梦的宏伟蓝图，而且为建设美丽中国、实现伟大蓝图提供了路径依

---

❶ 崔亚雪．生态文明建设的意义及策略探究［J］．湖北函授大学学报，2015，28（23）：49.

据。生态文明建设作为实现宏伟蓝图的重要组成部分，党的十八大就已经将“美丽中国”的目标写进了政治报告。此后，我国在生态文明建设中不断进行探索，并在理论提出和实践举措上都作出了重大创新。习近平总书记在党的十九大报告中更是全面阐述了加快生态文明体制改革、推进绿色发展、建设美丽中国的重大战略部署。习近平总书记在报告中明确指出，我们要建设的现代化是人与自然和谐共生的现代化，要着重注意提供更多优质生态产品以满足人民日益增长的优美生态环境需要；同时提出了以以下四点为基准的、为未来中国推进生态文明建设和绿色发展指明路线图的创新理论。

一是要不断推进绿色发展。加快促进法律与政策制度建设，建立健全低碳循环发展的经济体系，在制度层面上首先做到环保、做到绿色发展。同时着重强调要推进资源全面节约和循环利用，落实节水政策措施，实施国家节水行动，实现生产生活水系统的链接。并在公民个人层面倡导新型绿色的生活方式，以实现从国家到个人的各个层面一同推进绿色发展，为建设绿色健康的生态环境作出贡献。

二是要着力解决突出环境问题。要积极构建政府为主导力量、企业为解决问题主体、社会组织和公众共同参与的良好环境治理体系，同时激励个体积极参与到环境治理中去，从生活工作的各个方面进行节约水资源的行动。着重注意解决水污染防治问题，重点治理河湖水污染以及近岸水污染等，提升水环境质量。

三是要加大生态系统保护力度。通过建设生态保护区，建立生态保护体系，宣传生态保护理念等措施，真正落实生态系统保护，不断推进生态系统保护工作的加强，建立真正系统有效的生态保护系统。

四是要改革生态环境监管体制。加强对生态文明建设的总体设计，建立适当的生态监管机制，选取真正有利于推进生态监管体系建设的机构领导人，为推进生态体系建设提供保证，同时要不断加强宣传管理力度，使企业以及公民真正拥有主体意识，能够主动参与到生态环境的监管与治理中。

正如习近平总书记所说的，生态文明建设功在当代、利在千秋，我们要具有长远的眼光和坚定的意志，为推动形成人与自然和谐发展现代化建设新格局不断贡献力量，为促进保护生态环境建设作出属于我们这代人的努力。

2.3.2　生态文明的理论

本书从马克思主义生态自然观和中国特色社会主义生态文明观两个维度，探究生态文明建设的理论基础。其中，马克思主义生态自然观是最为基础的理论，中国特色社会主义生态文明观是具有现实意义的理论，它是马克思主义生态自然观在中国运用的理论成果。

2.3.2.1　马克思主义生态自然观

马克思主义生态自然观是我国进行生态文明建设的理论基础，也是中国特色社会主义生态文明观的理论源头。19世纪中叶，马克思主义生态自然观提出，“人类社会是区别于自然界但是又牢牢依赖于自然界的一部分，人与自然和谐统一”。马克思认为人类社会源于自然，自然为人类提供其赖以生存的生活物质资料。人类在自然中进行实践并对其改造始终要与自然相协调，绝不能与自然为敌，人与自然应该是互利共赢的伙伴关系。马克思主义生态自然观不同于以往的自然观，这种生态自然观不仅仅是哲学层面的理论，更是从人的实践出发的，人与自然的关系不是抽象层面上的人与自然的关系，而是现实层面上的人与自然的关系。它突出人与自然的内在统一，用生态自然的意识来引导人们形成生态文明的价值理念，创造和谐的生态环境系统，最终实现人的自由全面发展。这种观点告诉我们在社会主义社会和共产主义社会，人与自然必将和谐共生。马克思主义生态自然观所揭示的这种人与自然辩证统一的关系对当代生态文明建设理论有着启发作用，对当代社会的发展也有着重要的现实意义。

2.3.2.2　中国特色社会主义生态文明观

中国特色社会主义现代化是以人与自然和谐共生为前提的现代化，不仅仅要创造出满足人民日益增长的美好生活需求中的物质与精神财富，更要注重我国的生态文明建设以满足人民日益增长的优美生态环境需要。中国历任国家领导人的生态文明观是中国特色社会主义生态文明观的重要组成部分，探究他们的理论思想有助于理解中国特色社会主义生态文明观。

（一）毛泽东的生态文明观

毛泽东的生态文明观最早可以追溯到20世纪初，其早期著作中就有对生态环境的关注。之后许多文件和政策多次提到了生态环境保护，注重人与自然之间的和谐关系。但是，由于中华人民共和国成立之初，社会生产力水平和经济发展程度较低，我国一味地追求生产力的发展和经济建设，而忽视了生态环境问题。到20世纪50年代，我国生态环境问题逐渐显露，对生态环境问题的关注度也逐渐加强。1956年3月，毛泽东同志提出了“绿化祖国”，其内含包括“在一切可能的地方，均要按规格种起树来”“要做出森林覆盖面积规划”“真正绿化，要在飞机上看见一片绿”“用二百年绿化了，就是马克思主义”。1958年8月，毛泽东同志强调，“要使我们祖国的河山全部绿化起来，要达到园林化，到处都很美丽，自然面貌要改变过来”。面对当时生态环境恶化的局面，毛泽东的生态文明观提供了最基本的方法论。这个阶段是中国特色社会主义生态文明观的萌芽时期，生态文明建设的内容主要是“绿化”这方面，还未形成较为系统的社会生态文明理论。

（二）邓小平的生态文明观

改革开放以来，我国进入社会主义现代化建设的全新阶段，为解决经济社会发展与生态环境之间的矛盾问题，以邓小平同志为主要代表的中国共产党人总结得出初步的生态文明观，主要体现在以下两个方面。

一是人与自然和谐的关系。邓小平同志主张用中国特色社会主义理论来解决发展中遇到的问题。面对生态环境问题，他认为生态环境是制约经济发展的重要因素，一方面对生态环境的保护有利于经济发展，另一方面经济发展为生态环境保护提供技术等支持。因而在重视经济发展、以经济发展为中心的同时不能忽视生态环境的保护，要协调二者之间的关系。1983年，在国务院第二次全国环境保护会议中，环境保护被正式确立为我国的一项基本国策，生态文明建设开始初具雏形。

二是提倡发展科技和教育来保护生态环境。邓小平同志提出“科技是第一生产力”，明确科学技术在现代生产力发展中的重要地位。在其生态文明观中，他也强调科技发展在生态环境保护中的重要作用，生态环境保护离不开现代化的科学技术。教育为科技发展提供不竭动力，邓小平同志明确“教育要面向现代化，面向世界，面向未来”。在生态环境保护的过程中，必须把科技发展和教育发展结合起来，共同促进人与自然和谐相处。

（三）江泽民的生态文明观

江泽民的生态文明观在邓小平的生态文明观的基础上加以改进，对生态文明建设予以高度重视并提出具体实施路径，推动中国特色社会主义生态文明观的进一步发展。他虽然没有正式提出“生态文明”这一概念，但是他的很多重要讲话和报告都涉及生态环境保护和建设这些方面的内容，在本质上就是其生态文明观的充分体现。江泽民的生态文明观主要由以下三个部分组成。

一是可持续发展战略。以江泽民同志为主要代表的中国共产党人在探索和推进社会主义现代化建设的过程中特别关注经济发展过程中人口、资源、环境之间的关系问题，将实施可持续发展摆在社会主义现代化建设全局的战略地位，“始终要强调对于人口进行控制，对资源作出节约，对于环境进行保护，并且要让人口增长满足在社会生产力发展上产生的相应要求，并且平衡在经济建设与资源、环境之间所存在的关系，并以此来达到一种良性循环”❶。江泽民同志从我国实际情况出发，提出：“可持续发展，是人类社会发展的必然要求，现在已经成为世界许多国家关注的一个重大问题。中国是世界上人口最多的发展中国家，这个问题更具有紧迫性。”❷ 因而中国在经济发展过程中必须坚持实施可持续发展战略。

二是教育和科技优先发展战略。1992 年，江泽民同志在党的十四大报告中深刻指出，“要将教育放在最主要的发展战略地位，并花费更多资金和时间来提高整个民族的思想道德和科学文化水平，而这些方面也是让我国真正实现现代化的基本战略”❸。1995 年，科教兴国发展战略在全国科技大会上被正式提出。教育是社会发展的基石，科技为社会发展创造动力，教育发展和科技进步不仅能够促进社会发展，而且提供了生态文明的思想和实现生态文明的高新技术，对生态文明建设起着有力的推动作用。

三是走新型工业化道路。过去，我国粗放式的经济增长方式依靠高投入、高消耗发展经济，严重破坏了生态环境，造成大量环境污染。2002 年，江泽民同志在党的十六大报告中确定了新型工业化道路。新型工业化道路区别于传统的工业化道路，通过信息化来促进工业化，再以工业化来推动信息化，是一条“科学技术水平高，经济附加值高，生产资料利用率高，生态环境良好，将其人力资源上所存在的优势进行最大程度上发挥”❹ 的工业化道路，有利于实现经济与生态文明的协调发展。

---

❶ 江泽民文选（第1卷）［M］. 北京：人民出版社，2006：463.

❷ 江泽民论有中国特色社会主义（专题摘编）［M］. 北京：中央文献出版社，2002：279.

❸ 江泽民文选（第1卷）［M］. 北京：人民出版社，2006：233.

❹ 江泽民文选（第3卷）［M］. 北京：人民出版社，2006：545.

（四）胡锦涛的生态文明观

随着我国经济社会的持续发展，社会生产力、人民生活水平日益提高，生态环境问题日益凸显，胡锦涛同志针对我国实际提出了一系列生态文明理论，为生态文明建设提供了一套较为系统的理论框架。胡锦涛的生态文明观主要体现在以下两个方面。

一是科学发展观。党的十六大以来，以胡锦涛同志为主要代表的中国共产党人从我国国情、具体实际和国际形势出发，创新地提出科学发展观。2007年，党的十七大把科学发展观写入党章，全面深入地阐述了科学发展观的内涵，指出："科学发展观，第一要义是发展，核心是以人为本，基本要求是全面协调可持续，根本方法是统筹兼顾。"2012年，党的十八大报告强调科学发展观是党必须长期坚持的指导思想。科学发展观坚持以马克思主义世界观方法论为指导，要求统筹人与自然和谐发展，充分体现了生态文明的思想，丰富了中国特色社会主义生态文明观。人的全面发展与生态环境息息相关，在社会经济发展的过程中必须牢牢把握科学发展观，重视并落实生态环境保护，才能实现持续、健康、科学、高速的经济增长，最终实现人的全面发展。

二是"生态文明"的理念。"生态文明"这一术语在党的十七大报告中首次被正式提出，是对党的十六大所提出的"全面建设小康社会"的创新发展，并成为实现全面建设小康社会奋斗目标的五大发展新要求之一。中国的经济发展要改变以前盲目学习西方工业"先污染后治理"的发展模式，加快转变社会生产方式，创新绿色清洁技术，积极倡导建设"资源节约型、环境友好型"社会，促进人与自然和谐相处。在党的十八大报告中，胡锦涛同志再次强调生态文明建设，提出要大力推进生态文明建设，"当前和今后一个时期，要重点抓好四个方面的工作：一是要优化国土空间开发格局；二是要全面促进资源节约；三是要加大自然生态系统和环境保护力度；四是要加强生态文明制度建设"。生态文明建设的地位被提到了新的高度，充分体现了我国对生态文明建设重要性的认识的进步，进一步拓展了中国特色社会主义生态文明观，并对习近平的生态文明观有启示作用。

（五）习近平的生态文明观

习近平新时代中国特色社会主义思想中的社会主义生态文明观从社会发展需要出发，结合中国国情和社会实践，从理论和实践层面进一步证明了社会主义是全面发展的社会主义。其生态文明观主要体现在以下三个方面。

一是绿色发展理念。2015 年，习近平总书记在十八届五中全会上首次提出创新、协调、绿色、开放、共享五大发展理念，突出“绿色发展理念”关系我国发展全局的重要地位，后将五大发展理念纳入“十三五”发展规划之中，作为指导我国社会经济发展的重要理论。第十二届全国人民代表大会第五次会议和政协第十二届全国委员会第五次会议分别于 2017 年 3 月 5 日和 3 月 3 日召开，大会上代表提交了关于如何适应经济发展新常态，推进绿色发展理念的议案。2017 年 3 月 29 日，以习近平总书记为代表的党和国家领导人积极参与首都义务植树活动，用实际行动来推进绿色发展理念。

二是“绿水青山就是金山银山”的生态文明理念。2017 年 5 月 26 日，习近平总书记在中共中央政治局第四十一次集体学习中再次提出，要推动形成绿色发展方式和生活方式，把生态文明建设放在全局工作的突出位置，实现经济社会发展和生态环境保护协同共进。2017 年 10 月 18 日，在中国共产党第十九次全国代表大会上，习近平总书记再次强调“坚持人与自然和谐共生。建设生态文明是中华民族永续发展的千年大计。必须树立和践行‘绿水青山就是金山银山’的理念……坚定走生产发展、生活富裕、生态良好的文明发展道路”[1]。由此可见以习近平同志为核心的党中央对生态文明建设的高度重视。

三是把生态文明建设纳入社会主义建设事业“五位一体”总体布局和“四个全面”战略布局。在继承的基础上不断发展马克思主义生态观，创造性地将生态文明建设纳入社会主义建设事业“五位一体”总体布局和“四个全面”战略布局，形成了较为系统全面的习近平新时代中国特色社会主义思想中的社会主义生态文明观。

该生态文明观坚持以人为本的宗旨，注重人与人、人与自然、人与社会之间的和谐关系，认为必须协调好人类的利益、生态自然的利益和社会的利益，增强生态文明意识，改造自然的同时保护自然，为人的全面发展提供有力的生态环境，从而最终实现人与人、人与自然、人与社会的和谐统一全面发展。强调人与自然的和谐统一，主张经济发展不能以牺牲和破坏生态环境为代价，从思想层面实现了从“先污染后治理”的传统发展模式向“绿水青

[1] 习近平．决胜全面建成小康社会　夺取新时代中国特色社会主义伟大胜利——在中国共产党第十九次全国代表大会上的报告［N］．人民日报，2017－10－18.

山就是金山银山”的生态文明发展模式的转变。

党的十九大提出建成富强民主文明和谐美丽的社会主义现代化强国，着眼于建设美丽中国，大力推进社会主义生态文明建设，实现中华民族永续发展。“中国要成为全球生态文明建设的重要参与者、贡献者、引领者”，这一向全世界的承诺更是表明了我国坚定地推进绿色发展、加强社会主义生态文明建设力度的决心。总的来看，习近平新时代中国特色社会主义思想中的社会主义生态文明观与时代精神相结合，拓展了马克思主义生态自然观的内涵，进一步使经济建设和生态建设的关系趋于紧密，使中国特色社会主义生态文明观的水平达到新高度。

2.3.2.3 小结

中国特色社会主义生态文明观立足于每个阶段的国情，随着时代的发展而不断发展，“顺应时代潮流，体现时代要求，具有时代特色”。中国特色社会主义生态文明建设可以分为物质建设和意识建设两个方面。物质建设主要是指现实层面的建设，包括制定生态文明建设相关的法律法规和政策，提供生态文明建设所需的条件设施，创新改善生态环境的技术等。意识建设主要是指思想层面的建设，包括提高人们改善生态环境的生态文明意识等。中国特色社会主义生态文明观的发展同时包括这两个方面，有助于推动物质建设和意识建设取得进步。在推进中国特色社会主义生态文明建设的过程中，物质与意识建设应该双管齐下，牢牢把握中国特色社会主义生态文明观，最大限度地发挥其在建设良好的生态文明中的作用。

2.4 经济发展与生态环境协调性研究综述

2.4.1 不同派别的生态经济系统理论

关于生态经济系统理论的观点主要可以分为三个派别：悲观派、乐观派和可持续发展派。

2.4.1.1 悲观派

悲观派认为如果现在的经济增长和人口增长的趋势一直持续下去，资源的使用量达到极限，生态经济系统在百年以内就会全面崩溃。为了防止崩溃，最终的出路只有减慢经济增长和人口增长，达到平衡。悲观派的代表作有美国教授丹尼斯·米都斯（Dennis L. Meadows）带领17人小组创作的报告《增长的极限》，以及英国生态学家爱德华·哥尔德史密斯（Edward Goldsmith）所著的《生存的蓝图》。《增长的极限》研究人口、经济、粮食、环境和资源这五个因素之间的重要关系，认为地球的有限性会导致增长到达极限，必须减缓增长趋势以达到全球均衡状态，解决危机。《生存的蓝图》提出加速发展的工业化、人口剧增、粮食短缺和普遍营养不良、不可再生资源枯竭、生态环境恶化这五个发展趋势相互影响，阻止经济社会的增长，一旦这五个趋势达到极限，经济社会极易崩溃。

2.4.1.2　乐观派

相对于悲观派，乐观派认为有关人口、资源、环境的问题只是工业化带来的结果，通过技术进步等方法可以慢慢解决这些问题。而经济社会发展过程中真正的问题在于科学技术的利弊问题、经济社会运行管理的问题、世界各国是否愿意学习美国超工业经济模式的问题等。乐观派的代表作有美国未来学家赫尔曼·卡恩（Herman Kahn）的著作《世界经济的发展——令人兴奋的1978—2000年》，以及美国教授朱利安·林肯·西蒙（Julian Lincoln Simon）的著作《最后的资源》。前者提出世界经济发展有着无限的机会；后者认为生态经济系统中的资源是可替代的，因而资源是无限的，不会阻碍经济社会的发展，同时生态环境恶化只是暂时的现象。

2.4.1.3　可持续发展派

悲观派过于强调经济增长和人口增长趋势对生态经济系统的破坏，而乐观派夸大了技术进步等对生态经济系统的积极作用。经过十几年的争论，双方学者都认识到了自身观点的不足，观点逐渐趋同，派生出较为合理、适应现实的可持续发展派。该派主张人类通过经济、法律、行政等正当手段干预生态经济的发展，引导技术革命，使人口、资源、环境、经济朝着协调的方向发展，追求社会经济可持续稳定增长。可持续发展学派的代表作有美国莱斯特·R.布朗（Lester R. Brown）所著的《建立可持续发展的社会》，以及罗马俱乐部主席奥雷利奥·佩切伊（A. Peccei）所著的《未来的一百页》。

可持续发展的思想一直在延续。1972年，联合国人类环境会议通过《人类环境宣言》，首次正式提出发展与环境的相互依存关系。1978年，美国经济学家哈泽尔·亨德森（Hazcl Henderson）在其所著的《创造可供选择的未来》一书中指出人类依赖自然，必须与自然和平共处。1980年，《世界自然保护大纲》的制定标志着可持续发展思想的首次正式提出。1987 年，由挪威前首相布伦特兰夫人领导的世界环境与发展委员会发表了《我们共同的未来》这一报告，阐述了可持续发展的内涵。1992 年，联合国环境与发展大会通过了《21 世纪议程》，确立了可持续发展战略，成立了联合国可持续发展委员会和世界可持续发展工商理事会。在我国，可持续发展这一概念首次出现，是在《中国 21 世纪议程——中国 21 世纪人口、资源、环境与发展白皮书》中，该文件成为我国制定国民经济和社会发展中长期计划的指导性文件。

2.4.2 生态经济系统协调性的研究方法

国外学者对生态环境和经济发展协调问题的研究较少，而国内学者对生态经济系统的协调性进行了大量研究。范胜龙等（2008）运用熵权法和多因素综合评价法建立生态和经济发展评价指标体系，并通过功效函数模型和协调度模型，对福建省长汀县 1985—2015 年的生态建设与经济发展的协调状况进行分析。周甜甜、王文平（2014）运用 Lotka – Volterra 模型分别对全国 30 个省域内产业经济和产业生态化的共生关系和共生协调度进行测算，并分析其影响因素。陈晓红等（2016）以黑龙江省齐齐哈尔市为研究对象，构建县域环境—经济—社会系统评价体系，运用熵值法和耦合协调度模型，对协调性进行评估，同时运用 ArcGIS 可视化对比 2015 年生态文明指数和内部协调性。张静（2017）以甘肃省为研究对象，运用主成分分析法设计生态系统与经济系统的综合指标，并基于协调度模型对甘肃省生态环境与经济系统协调度进行评价和预测。

2.4.3 生态经济系统协调性指标的构建原则

为了对生态经济系统中生态环境质量、经济发展水平的协调关系进行科学客观的评价，许多学者构建并不断丰富协调性指标。指标的构建是对其评价的关键所在，因而构建科学合理的生态经济系统协调性指标是十分重要的，必须遵循以下原则。

一是科学性原则。生态经济系统协调性指标的设计必须遵循生态规律和经济规律，强调生态环境保护，坚持科学发展的原则，统筹兼顾，能够客观真实地反映出生态环境和经济发展的特点和状况以及二者之间的关系，从而真实地作出评价，有利于科学决策。

二是系统性原则。要求把生态建设和经济发展看作一个系统，从生态经济系统的整体角度出发，通过多指标的衡量，较为综合全面地评估影响生态环境质量和经济发展水平的各要素的特征以及各要素之间的相互作用。

三是层次性原则。生态经济系统受到多层次的综合影响，设立一级指标的同时应设立多个有一定逻辑关系的子指标。不但能够从不同的方面反映生态环境和经济发展的真实状况，而且能够全面清晰地反映生态经济系统内部的关系。

四是动态性原则。生态环境演化和经济发展都是动态的过程，它们随着时间和其他条件的变化而动态发展，生态经济系统的协调性关系在动态中呈现。因而指标的选取不仅要求反映生态经济系统静态的发展现状，还要反映其在一段时间内动态变化情况。

五是可量化原则。为保证评价结果的真实可靠，生态经济系统协调性指标必须以可比、可操作、可量化为原则，选取能够直接查到或运用统一计算方法能够得到的指标数据，对于定性指标应采用一定量化手段将其定量化。

第3章 生态文明视角下国外河湖治理实践回顾

黄冈市位于长江经济带，长江是我国国土空间开发最重要的东西轴线。习近平总书记在重庆主持召开推动长江经济带发展座谈会时，着重强调推动长江经济带发展，必须从中华民族长远利益考虑，走生态优先、绿色发展之路，使青山绿水产生巨大生态效益、经济效益、社会效益，使母亲河永葆生机活力，❶ 这强调了长江经济带的核心发展理念是绿色发展。2016年9月，中共中央印发实施的《长江经济带发展规划纲要》中，也明确指出要把长江经济带打造成为生态更优美、交通更顺畅、经济更协调、市场更统一、机制更科学的黄金经济带。❷ 近年来，长江的生态环境问题日趋严峻，长江流域的社会经济发展与生态环境之间的矛盾日益尖锐：东部地区虽然经济比较发达，但是面临着自然资源贫乏、生态环境压力大的发展瓶颈；中西部地区虽然自然资源丰富，但是其经济发展比较迟缓，生态环境脆弱；随着一轮又一轮的产业转移，东部污染转移到西部。治理长江，推进长江经济带的生态文明建设，以生态文明促经济发展，已经成为目前亟待解决的问题。本章拟通过对国外河湖治理经验的回顾与总结，为长江生态问题的解决、黄冈市生态文明的进一步推进提供参考。

3.1 发达国家河湖治理实践回顾

3.1.1 英国治理泰晤士河的经验

3.1.1.1 *泰晤士河概况*

泰晤士河是英国的“母亲河”，也是英国第二长河。该河发源于英格兰西

---

❶ 新华网．习近平：走生态优先绿色发展之路让中华民族母亲河永葆生机活力[EB/OL]．[2016-01-07]．http：//news.xinhuanet.com/politics/2016-01/07/c_1117704361.html.

❷ 中国政府网．推动长江经济带发展领导小组办公室负责人就长江经济带发展有关问题答记者问[EB/OL]．[2016-09-11]．http：//www.gov.cn/xinwen/2016-09/11/content_5107449.html.

南部的科茨沃尔德丘陵地带，全长346千米，❶ 河水自西向东，至牛津转向东南方向，过雷丁后转向东北，至温莎后再次转向东，流经伦敦，最后在邵森德注入北海。泰晤士河水网复杂，支流众多，流域面积1.3万平方千米，是英国工业化过程中地区贸易、经济发展的黄金水道。❷

3.1.1.2 泰晤士河的水环境问题

19世纪初，随着英国“工业化”进程的迅猛推进，泰晤士河水质出现了恶化的迹象。

19世纪中期，泰晤士河的水污染愈演愈烈，到1857年，泰晤士河每天都会吸纳250吨左右的排泄物，这使1858年作为“大恶臭”年而留在了英国人的历史记忆之中。❸

导致泰晤士河出现水污染问题的因素有很多，但主要还是以下两个原因。

第一，工业革命使英国的工业发生“质”的飞跃，受此影响泰晤士河两岸工厂林立，工厂主们一味地追求利益，环保意识在当时的整个社会“缺位”，再加之当时没有比较先进的污水处理技术，大量未经处理的工业废水直接从工厂源源不断地排入泰晤士河。

第二，在英国工业化大步前进时，该国的“城市化”也在不断加快步伐。大量农村人口涌入城市，城市人口急剧膨胀。这时房地产商迅速瞄准商机，大肆建房，为了降低成本，房地产商建房时往往会省去房屋的排污设施。当时抽水马桶得到了广泛应用，于是当地居民的排泄物就被直接排放到河中。此外，当时也没有对生活垃圾进行处理的意识和行动。这些都最终导致大批未经处理的生活污水和垃圾直接排放到泰晤士河中。

3.1.1.3 泰晤士河的治理

泰晤士河的治理可以分为两个阶段：第一阶段为19世纪中期至20世纪60年代，第二阶段为20世纪60年代至今。从两个阶段的治理效果来看，第一阶段是比较失败的，治污措施非但没有遏制水污染恶化的趋势，反而导致泰晤士河彻底沦为“臭水沟”；第二阶段的河流治理取得了比较好的效果，堪称河流治理史上的成功范例。

---

❶ 陈福义，等. 中国主要旅游客源国与目的地国概况［M］. 北京：清华大学出版社，2007：103.

❷ 高俊峰，等. 中国五大淡水湖保护与发展［M］. 北京：科学出版社，2012：266－267.

❸ 梅雪芹. “泰晤士老爹”的落魄与新生［J］. 国际瞭望，2007（7）：68.

（一）第一阶段：19 世纪中期至 20 世纪 60 年代

（1）主要措施

这一阶段英国政府为治理泰晤士河主要采取出台一系列法案、成立“大都市排污委员会”等措施。

英国政府在这一时期出台了《公共卫生法案》《有害物质去除法》《河流污染防治法》，其中《河流污染防治法》影响深远，一直沿用到 1951 年。《河流污染防治法》于 1876 年出台，这部法案不仅是英国历史上第一部防治河流污染的国家法案，同时也是世界历史上第一部关于河流污染治理的法案。该法案明确规定污染河流是违法行为，一旦违法将会被处以一定的罚款。

“大都市排污委员会”是一个专门负责治理水污染的机构，英国政府建立该机构的初衷就是为了方便统一管理治污事宜。“大都市排污委员会”历史上一共存在过六届，每一届存在的时间都比较短，每一届组成成员的背景差异也比较大，因此其政策主张、治理措施往往千差万别，每一届实行的治污措施一般都会半途而废。但是总的来说，“大都市排污委员会”也为后世留下了一定的成果——城市排污系统不断升级。

（2）治理效果

这一阶段的泰晤士河水污染治理是比较失败的，非但没有控制住污染继续加重的趋势，反而出现了污染愈加严重的颓势。20 世纪 60 年代初，泰晤士河的水污染情况一度达到了历史上最严重的程度：水中溶氧度创史上新低纪录，夏季部分河段黑臭频发。

（3）失败原因分析

为什么这一阶段英国政府对泰晤士河的治理措施收效甚微？究竟是治理措施本身不恰当，还是有其他因素限制了治理措施效能的发挥？其实二者兼有。

首先，对于 19 世纪的英国人来说，“治理污染势必会牺牲经济增长”是一句常识。在这种想法的支配下，无论是需要工厂交税来补充财政的地方政府，还是以工厂收入为生活来源的工厂主与工人，都不愿意因为治理污染而导致工业生产受损，影响自己的生存。所以，他们百般阻挠甚至破坏议会出台的各种反污染措施，而实际上他们的抗议也得到了高层统治阶级的默许。反污染法案被推迟了 10 年后勉强出台，而且该法案漏洞百出，对于治污来说只是一个“摆设”。

其次，19 世纪的英国自由放任之风盛行，中央权威往往受到民众抵制，民众更愿意尊重和执行地方政府对社会经济事务的决策。这样一来，就出现了水污染治理由地方分散管理的局面。当时还盛行一种“谁污染，谁治理”的污染治理原则，在这种原则下，被污染的地方承担治理本地污染的费用，产生污染的地方无须为自己的行为付出代价。这种理念加上地方分散管理，直接导致各地纷纷转嫁污染，造成了河流管理的“无秩序”状态，结果河流污染更严重。此外，有些污染是许多地区共同造成的，最后却只由其中一个地区来承担后果，这就加深了地区之间的矛盾，导致地方保护主义盛行，这对于河流污染治理来说无疑是“雪上加霜”。

再次，泰晤士河本身实行分散管理，多个不同的部门同时拥有对泰晤士河的管辖权，例如泰晤士河管理委员会、泰晤士河管理局、地方政府、下水道管理委员会等。各个管理部门管辖范围存在重叠现象，其自身所代表的利益集团又存在利益冲突，各种治理措施给各管理部门造成的影响也有好有坏，所以管理部门之间根本不可能达成高度一致，也不会贯彻执行中央的水污染治理措施。反而可能出现一个部门因为忽视污染而获取更高的经济利益，其他部门纷纷效仿，导致污染朝着更加不可控的方向发展的情况。

最后，虽然自 18 世纪以来，工业生产技术的发展取得了长足性的突破，但是 19 世纪的科学技术相对来说还是比较落后的，尤其是水污染治理以及污水处理方面的科学技术相对单一，仅有的一些技术缺陷也很多。例如，一种做法现在看来有些荒谬但在当时却经常使用：将污水直接当作农作物生长的肥料用于农业灌溉。此外，当时的人们虽然向议会或皇家委员会抱怨河流污染、水质恶化等问题，但仅限于此，并未为此付出更多的努力，公众普遍接受了污染的事实。正如当时制造业和矿业利益集团的代言人所指出的，要公众在繁荣和纯净的河水之间作出选择时，他们接受了污染。[1]

（二）第二阶段：20 世纪 60 年代至今

（1）主要措施

泰晤士河水污染导致霍乱等疾病横行，民众痛苦不堪，社会出现了不稳定因素。迫于多方面压力，英国政府在 20 世纪 60 年代下定决心全面整治泰晤士河。

---

[1] 梅雪芹．“泰晤士老爹”的落魄与新生［J］．国际瞭望，2007（7）：70.

第一，在立法方面，英国出台了新的《河流污染防治法》《污染控制法》《公共卫生法》《水资源法》《水法》等。这些法案相比于上一阶段漏洞百出的法案，具有完整、明确、详细等显著特点，健全了英国河流污染防治法律体系。其中1974年出台的《污染控制法》对英国的水污染治理产生了重要的影响，其本身也是亮点十足，对世界各国的流域污染治理也产生了深远的影响：明确建立排污许可证制度。这一制度目前依然被许多国家在治理防控污染时使用，且屡试不爽。此外，《水资源法》促使英国的水业管理体制发生了重大变革，该法明确提出英国的地表水和地下水均实施用水许可证制度，英国政府也依照该法案的相关精神成立了河流管理局。

第二，在治理目标方面，泰晤士河分区实行不同的环境质量目标。区域1为Tedidngton到伦敦桥：实行“淡水原则”，全部样品中90%以上的样品的溶解氧不低于空气饱和度溶解氧的40%，水质不能对鱼类产生毒害作用。区域2为伦敦桥到Canvey岛：将“皇家委员会准则”作为环境质量目标，即溶解氧的季节平均值不低于饱和溶解氧的30%，全部样品中95%以上的样品的溶解氧不低于空气饱和度溶解氧的10%。区域3为Canvey岛到海洋：水质适合整个海洋生命圈（包括鱼类）的生存，全部样品中95%以上的样品的溶解氧不低于空气饱和度溶解氧的60%。泰晤士河的治理目标突出保护生物的主题，以溶解氧的浓度作为治理效果的主要评判标准。对治理目标进行分区处理，充分体现了“因地制宜”的原则，避免了个别地区因自身资源禀赋相对落后，为了追求整体目标，而出现“弄虚作假”的恶劣情况。明确治理效果的评判标准，相当于为各地区流域治理指明了具体的方向，有效避免了走弯路而耽误治理进程的现象。

第三，在管理机构方面，英国将之前大大小小上百个对泰晤士河有管理权力的部门合并，建立一个新的水务管理局——泰晤士河水务管理局。此举结束了英国水资源分散治理的历史，开启了流域统一管理的新局面。对流域实行统一管理，一龙治水，权责明晰，避免了之前被交叉管理的河段出现重复建设或者管理部门之间推诿扯皮的现象，大大提高了管理效率。泰晤士河水务管理局隶属于英国环境部，负责对泰晤士河流域进行统一规划与管理，包括水处理、水产养殖、灌溉、畜牧、航运、防洪等。该管理局有三个突出特征：权力比较大，经济独立性强，科技实力雄厚。权力比较大主要是指关于水污染控制方面的政策法令、标准，泰晤士河水务管理局可以在进行科学规划与测量后直接提出并生效，无须上升到议会层面，这对于议会制国家而言，该管理局的权力还是比较大的。经济独立性强主要与英国1989年的私有化改革有关。当时，公共事业民营化改革的浪潮席卷英国，为了充分发挥市场资源配置的作用，泰晤士河水务管理局转变为泰晤士河水务公司，增加了为当地居民供水以及排水的职能，相对地，之前的部分职能也被弱化了。市场机制引入后，其可以向排污者征收排污费，向当地居民收取用水费，发展沿河旅游业，这些使其可以多渠道筹措资金，大大增强了其经济的独立性。科技实力雄厚表现在其成立了专门的科学研究部门，20%的雇员从事研究工作。雄厚的科技实力使其自身能够及时跟踪监测水质变化，从而可以独立且随时处置各种水环境突发事件，进而迅速控制水污染，将危害降到最低。此外，得益于雄厚的科研实力，水务管理局制定的治理目标科学合理，排放指标的分配也与泰晤士河的水环境容量匹配度高。

第四，在污水处理方面，英国建立了完善的城市污水和废水处理系统。在六届“大都市排污委员会”以及英国后续出台的一系列措施的共同作用下，20世纪50年代末，英国国内共有近200个小型污水处理厂。小型污水处理厂在泰晤士河的治理过程中发挥了一定的作用，但是受其自身技术落后的局限，随着20世纪五六十年代英国工业的急剧膨胀，它们已经无法满足英国工业污水的处理需要。在此背景下，污水处理厂迫切需要在技术和规模上升级换代。于是，英国政府在《水资源法》相关精神的指导下，修建了400多座大型技术精良的污水处理厂，从而形成了完善的城市污水和废水处理系统。泰晤士河沿岸的生活污水和工业废水都必须先集中到污水处理厂，经过一系列的工序达到排放标准后才可以排入泰晤士河，生活污水的处理费用计入公民的自来水费中，工业废水的处理费用通过工厂上交相应的排污处理费来解决。

第五，在公众教育方面，增强公众的环保意识，鼓励民众参与污染治理。英国政府在污水处理系统方面投入巨资，这引起了一部分普通民众的不满，这些民众产生不满的根源还是环保意识淡薄，缺乏对治污重要性的清醒认识。在这样的情况下，如果由英国政府出面，进行环保教育普及，很可能导致政府与公众之间的矛盾进一步激化，这时就需要在政府和公众之间找一个中介。英国采取的办法是由污水处理厂来主导环保教育，通过对市民进行积极的宣传，提高公众的环保知识储备，从而使公众了解政府为何在污水处理系统方面投入巨资。此方法缓和了政府与公众的矛盾，为英国政府在治污方面赢得了公众的广泛支持，进一步扫清了治污的障碍。此外，污水处理厂还邀请公众进入污水处理厂参观，了解生活污水处理的全过程，从而使公众意识到，节约用水不仅可以直接减少家庭支出，减轻生活负担，也可以减少污水排放，间接为保护环境贡献一份力量。同时也激励公众自觉响应治理污染、保护环境等一系列政府号召。这既从源头上减少了污染，也减轻了为治理污染筹措资金的压力。在这种卓越的环保教育方式下，英国已经有 30 多个民间环保组织致力于泰晤士河的保护和恢复工作。

（2）治理效果

经过两个阶段的治理，泰晤士河的生物多样性基本恢复：鱼类已有 100 多种，无脊椎动物已有 300 多种，泰晤士河被普遍认为是世界上流经首都城市的水质最好的河流。

3.1.1.4 泰晤士河治理经验总结

英国政治家约翰·伯恩斯曾说：“泰晤士河是世界上最优美的河流，因为它是一部流动的历史。”泰晤士河的治理从初次失败到二次成功，英国在治理的道路上陷入的很多误区，我国也正在经历。因此，研究英国二次成功的经验，对于我们这个正承受着发展与环保双重压力的人口大国来说是很有裨益的。

（一）完善的水污染治理法律体系

从 19 世纪中期开始，英国每次在进行大规模水污染治理行动前，都会先出台一系列法案，如今英国的水污染治理法律体系已经相当完善。出台法案，让治污行动既能有法可依，又能不忘治污初衷，坚持到底，避免半途而废式的资源浪费。目前我国虽然存在 24 种水资源保护标准，但是我国的水污染治理法律体系依然不够完善，法律需要进一步细化，例如关于水质环境的相关法律。此外，我国的治污法律条文内容较宽泛，缺少具体的量化指标。

（二）进行流域统一管理

英国在 20 世纪 60 年代之前治污收效甚微的一个重要原因就是流域分散管理，其在 20 世纪 60 年代建立泰晤士河水务管理局后，对流域实行集中统一管理，一扫之前治理低效率的局面。流域集中管理最明显的优势就是政出一门、权责清晰。目前我国现行的环保管理体制也存在多龙治水、权责不明的问题。我国水污染防治机构实行“1 + N”体制，即生态环境部（原环境保护部）主管，多个部门也包括地方政府参与。在实际运作过程中，经常出现在一个行政区域内，由于负责水污染治理的机构之间普遍缺乏沟通和协调，导致扯皮推诿或者重复建设浪费资源的情况，最后一般出现两种结果：一种是各部门对污染视而不见，导致污染越来越严重；另一种是某一段河流治理投入了大量的人力物力，但是受其他河段污染转移的影响，水污染治理依然毫无起色。这只是在一个行政区内出现的低效率事件，我国很多河流都是跨区域的，区域之间的协调与沟通的难度远远高于一个行政区内部的协调。

我国现行的环保体制还有一个非常突出的问题：表面上，各级环保机构在业务上受生态环境部的领导，但实际上污染治理真正的管理权属于与之同级的各级地方政府。这样就不可避免地出现：地方的环保部门不能独立行使其正当权力，其公务执行必然受到当地领导和其他部门的干预，其公正执法的能力也得不到应有的保证。所以要想提升我国目前的治污能力和治污效果，首先要改革我国的环保体制，可以仿效英国，为一些河流建立专门负责的治理机构，或是将地方环保部门独立出来，使其直接受生态环境部领导。

（三）水污染治理融资模式多样化

泰晤士河的污水处理是由政府投资建设污水处理厂，费用来源于居民的自来水费和企业的排污处理费，这种运行机制使水污染治理融资来源多样化。目前我国的污染治理投资体制不完善，资金来源单一，投资主体有限，成本偏高，运作效率低下，投资效益差。为了丰富水污染治理融资来源，可以借鉴英国的这种模式，政府投资建设污水处理厂，然后引入市场机制进行运作；也可以学习秦淮河的项目法人制等创新制度。

（四）卓有成效的环保教育

英国的环保教育手段别出心裁，成效显著。能够争取广大民众参与治污，好处不言而喻。目前我国的环保教育依然停留在比较落后的阶段，成果收效甚微，例如很多年前就开始倡导购物自带购物袋，直到现在能够真正做到自备购物袋的人寥寥无几；许多城市居民没有自主垃圾分类的概念，更没有为此付出行动。我国环保教育的最大问题是教育手段过于落后，具体体现在：形式过于单一，大部分地区停留在打宣传标语、贴宣传画报的阶段。这种教育方式很难让民众切身体会到环保的重要性，因而也不会把标语画报上倡导的行为付诸实践。为了提升环保效益，争取更多的民众参与环保治污，我国需要改进环保教育手段，可以仿效英国，通过一些特别的方法让民众切身体会到环保的重要性。

3.1.2 德国治理莱茵河的经验

3.1.2.1 莱茵河概况

莱茵河流域覆盖9个国家，干流主要流经瑞士、德国、法国、卢森堡和荷兰，一直以来都以水资源开发和航运为主，是全世界内河航运最发达、欧洲经济地位最重要的流域之一，该流域也是世界上最著名的“链状密集产业带”。[1] 其流域面积为18.5万平方千米，河流全长1320千米。莱茵河发源于阿尔卑斯山脉的沃德和亨特莱茵，由南向北流去，在莱茵河三角洲地区分成几条支流注入北海。[2] 莱茵河流域虽然包括9个国家，但是德国段的流域面积占总流域面积的一半以上，所以下文着重介绍莱茵河德国段的治理情况。

莱茵河被称为德国的“命运之河”。德国境内的莱茵河全长约867千米，流域面积达到德国国土面积的近1/3，是德国境内最长的河流，而且支流众多。它是德国工业的发源地，德国最重要的工业区——鲁尔区、萨尔区就在此河流域内。[3]

3.1.2.2 莱茵河的水环境问题

自1817年“图拉整治”后，莱茵河的经济功能逐渐被人们重视和利用，这一时期人们沿江修建了一系列基础设施，包括码头、铁路和公路等，大力发展航运事业，莱茵河流域成为欧洲重要的交通枢纽。虽然人类对此流域的开发利用活动从未停止，但是直到20世纪50年代初，莱茵河的水质一直处于比较好的状态。

20世纪50年代末，莱茵河水质开始变坏。20世纪70年代是其水质恶化最严重的时期，莱茵河几乎变成了一条“臭水沟”，水中溶氧度为历史最低，鱼类数量急剧下降。

在1988年、1993年以及1995年，莱茵河发生了流域性大洪水，许多沿岸城市被淹没，造成了难以估量的损失。

莱茵河出现水污染问题的原因是多方面的，既有工业污染，又有居民生活污染，也包括一定的历史原因。“二战”时期，莱茵河流域的欧洲各国饱受

---

[1] 蔡守秋．河流伦理与河流立法［M］．郑州：黄河水利出版社，2007：207.

[2] 蔡守秋．河流伦理与河流立法［M］．郑州：黄河水利出版社，2007：3-5.

[3] 韩佳希．德国莱茵河流域生态经济发展的经验对我国长江生态经济发展的启示［D］．大连：东北财经大学，2007.

战争之苦，水土流失严重，继而导致河道淤积，而当时各国忙于战争，根本无暇顾及清理河道之事。“二战”结束后，欧洲各国集中精力进行战后重建与修复，力图复兴欧洲，更是大兴土木，导致进一步的水土流失和河道淤积，但欧洲各国依然无暇顾及此类事件。战后欧洲工业迎来了新一轮产业剧增狂潮，工业的“三废”也随之增加，莱茵河两岸聚集了大量的工厂，大量的工业污水未经处理直接排放到莱茵河中；加之莱茵河岸边的工业区多以重工业为主，莱茵河水体重金属含量严重超标，出现水体重金属污染事件。此外，莱茵河两岸人口稠密，大量的人口必然产生体积庞大的生活垃圾和生活污水，而这些都直接被排放到河流中。而且当时含磷洗涤剂被广泛推广应用，人们尚未认清化肥的副作用，一味追求农业的高产量而过量使用化肥，这些都导致莱茵河水体富营养化。以上种种原因，导致莱茵河的溶氧度急剧下降，许多鱼类绝迹，生物多样性被严重破坏。

3.1.2.3　*莱茵河水污染治理方法*

莱茵河的水污染治理有两个突出的特征：一是德国政府综合运用各种手段；二是国际间紧密合作共治污染。

（一）德国政府综合运用各种手段

德国在治理莱茵河的过程中综合运用各种手段，但是不同手段之间的重要性以及作用效能是有明显区别的。具体来说，就是以可持续发展作为总体指导理念，以经济手段为主，法律手段与经济手段相结合，环保教育和先进的监测手段作为重要补充。

（1）以可持续发展为指导理念

德国在治理莱茵河的过程中，并不是以提高莱茵河水质作为唯一目标，也注重恢复莱茵河的生物多样性，保护和恢复沿岸的森林植被，以期促进河流的可持续发展。德国鸟类保护协会自筹自建自然保护区和“2000年大马哈鱼重返计划”就是两个很好的例证。

20世纪70年代，德国为了控制水位和满足发电的需要，在莱茵河上修建了水坝和河堤。大规模使用水泥破坏了沿河两岸的生态环境：大片的河岸森林消失或森林结构发生异性突变。但是有一片不到10平方千米的森林，因为某些原因被意外保存下来。德国鸟类保护协会在知晓此情况后，自筹资金将其购买下来，建立自然保护区。经过几十年的不懈努力，这片自然保护区现在生机盎然，动植物种类丰富，成为当地人观光休闲的好去处。

“2000年大马哈鱼重返计划”是莱茵河保护国际委员会于1991年颁布的，主要目的就是通过一定手段使莱茵河中重现大马哈鱼。大马哈鱼原本是莱茵河中非常常见的一种鱼，但是由于水污染和洄游路线被阻断，大马哈鱼在短短10年左右的时间里在莱茵河中消失了。为了完成此计划，德国主要从两方面入手：一是恢复莱茵河干流与众支流的生态，二是进行莱茵河重要河段区生态保护与重建。具体措施包括在大坝上装过鱼措施、在挡水堰上建过鱼通道、清除流动阻碍等。该计划实施后不久，大马哈鱼重新出现在莱茵河中。目前莱茵河中无论是大马哈鱼还是其他种类的鱼，数量都极其可观。

（2）以经济手段为主

造成莱茵河水污染的主要原因是各种污水未经处理就直接排放到河流中，所以在治理莱茵河的过程中，首要任务就是有效处理污水，控制住污染源。德国的污水由各乡镇负责处理，除了个别偏远经济落后的地区会得到州政府的一些财政帮助外，处理污水的资金基本上由各乡镇自筹。为了有效处理污水，德国较大的乡镇都配有三级污水处理设施，这些设施处理污水的能力较强，不但能清除有机物，而且能清除磷酸盐和硫化物。

作为产生污水的主要主体——德国厂商，根据政府的规定，他们需要按照实际排放量向州政府交税，也要遵循许可证政策。值得注意的一点是，德国政府为了鼓励厂商通过技术进步减少污水排放量和提高污水排放质量，规定如果实际排放符合政府的相关标准，费率可以减少至原本金额的25%。这项政策的鼓励效果显著。此外，德国的企业本身也具有高度的环保意识，社会责任感很强。

以汉高公司为例。德国汉高公司是一家历史悠久、享誉盛名的老企业，主要生产胶水和成型的密封胶条等汽车部件。汉高的企业文化认为：企业的首要任务是赚钱，而做好环保工作是企业赚钱的动力，环保和赚钱之间是“唇亡齿寒”的关系。将环保作为企业发展的第一要义渗透到企业文化中，足以见得该企业的环保意识很强。汉高人也做到了知行合一，他们把减少垃圾、节约能源同企业效益挂钩，每年环保投入占投资总额的10%甚至更高。并且，汉高企业的场区布局合理，将环保理念贯彻到底。可以毫不夸张地说，汉高既是一家成功的现代化大型企业，又是一座环境优雅舒适的大花园。其在环保方面的具体措施具有重要的借鉴意义：企业除了对产品质量、安全生产等基本内容有详细的规定外，对环境保护也有明确的规章制度。企业非常注重研发对环境有利的产品，每年投入大量科研经费，目前大部分产品均能有效利用能源而不会对环境产生负面影响。为了保障员工和物资的安全，每个工厂都会建有一定的消防设施。一般来说，消防用水污染土壤和地下水的情况比较常见。汉高也考虑到了这个问题，为此他们修建了消防专用蓄水池和大量的槽形水箱，一旦发生火灾事故，消防后被污染的消防用水几乎可以全部被回收再利用。

德国污水处理厂的建设模式对其他国家进行城市污水处理有很强的借鉴意义。在大部分中国人的观念里，建设污水处理厂是一项明显会亏损的“生意”。但是，德国的企业热衷建污水处理厂，而且污水处理厂的经济效益很好。德国污水处理厂的运作模式是：假设在一个小区域内，有五家污染非常严重的企业，如果各自筹建本公司的污水处理系统，由于污水处理设备本身很昂贵，而且购进污水处理设备后，需要雇用相应的职工操作设备，设备还需要定期进行维护，仅上述几项所需要的费用就是非常巨大的。此外，在一定范围内，污水越多，每次单位污水的处理成本就越低。在这种情况下，如果五家企业联合投建一家污水处理厂，就可以大大节约企业各自筹建污水处理设备的资金，对于企业来说也可以减少其流动资金压力。那建好后的污水处理厂由谁来管理呢？是由出资最多的企业来管理，还是轮流管理呢？其实都不是，五家企业联合建成的污水处理厂是一个独立运营的企业，任何一家企业都无权对其日常运行进行干涉，五家企业只是作为股东享有分红权利，这就避免了很多矛盾的出现。污水处理厂对五家企业排污实行统一的收费标准，股东的股份只和分红及承担的风险有关，不存在区别对待。此外，建厂合同中规定了如果企业偷排污水，将会受到严厉的惩罚，即年终红利被没收，当作多余红利分配给其他没有违规的企业。这种做法从根本上杜绝企业既想从污水处理厂分到红利，又不想交污水处理费用的不利于污水处理厂运营的行为。此外，其他企业和居民排放的污水也可以到污水处理厂处理，所以一般情况下，污水处理厂的经济效益较好。在利益的驱使下，德国许多地区纷纷兴办污水处理厂，许多地方因污水处理厂数量过多，现已停止申办污水处理厂了。

（3）法律手段与经济手段相结合

从20世纪70年代开始，随着一系列环保政策出台，为了保证政策能够有效施行，德国政府出台了一系列相关的法律制度。例如在治污前，需要污染的相关数据，为的是制订切实可行的行动计划和行动目标，德国的《环境统计法》对有关环境污染和环境保护措施的相关数据统计进行了明确的规定。再例如，德国决定对工厂排污实行排污税和排污许可制度，德国为此也制定了相应的法律，对税收的收取标准、收取对象、逃税惩罚等都有明确的条例规定。在德国众多的环保法案中，《垃圾处理法》和《用水规划法》格外引人注目。于1972年出台的《垃圾处理法》是德国的第一部环境保护法，它的出现意味着德国的法律体系揭开了新篇章，新篇章中环保系列法案大放异彩。至今，德国的环境保护法体系堪称世界上最完备详细的环保法体系。《用水规划法》是保护水源的一系列法律中最重要的一部法律，确定了政府管理水源的重要原则和措施，[1] 对水源保护和利用、废水处理、防洪等方面作出了规定。此外，对废水收费、肥料使用、农药使用、洗涤剂使用、饮水清洁、垃圾堆放影响地下水、地下水监测等都作出了法律规定。

德国还设立了直属联邦内政部管辖的环保警察，环保警察都是经过长达18个月的专业培训才能上岗的，受德国完备的环保法体系影响，毫不夸张地说，德国的环保警察从头到脚都有法律法规的全面“武装”。他们主要负责现场执法，包括取缔不卫生食品销售、环境污染的应急补救等。据说，任何一条小溪泛起泡沫，环保警察都会前往取样。同时，刑事警察、森林警察、水域警察在其管辖范围内，也具备环保执法权力。

德国各级地方政府都建有自己的环保机构。由于德国境内存在很多跨区域河流，因此德国也存在很多跨区域性环保机构。德国政府本身非常重视环保工作，为此也付出了大量的努力，每年的环保投资和环保贷款高达上百亿欧元。此外，德国政府还扶持了一个近百万人就业的环保产业。

（4）环保教育和先进的监测手段作为重要补充

德国的环保教育实行“社区教育＋学校教育”的教育模式。社区教育主要是运用各种手段进行宣传，促进民众环保意识觉醒，增强其环保参与意识，这方面与大部分西方国家的环保教育方式没有太大的差异。但是德国让环保教育进入学校这种正规教育场所，是一大创举。德国的学校会在学生报到的第一天，给每位学生发放一册环保记事本，鼓励孩子们在记事本上记录自己

---

[1] 韩佳希．德国莱茵河流域生态经济发展的经验对我国长江生态经济发展的启示［D］．大连：东北财经大学，2007.

的环保活动。环保记事本的设计也颇为用心，每一页左上角都印有精美的自然风光图片，仿佛是在鼓励孩子们热爱自然、自觉维护环境。❶ 据说，德国有多个森林幼儿园，其在森林中搭建简易住房，让孩子生活在大自然中，从小认识大自然的奇迹，同时意识到自己有保护大自然的责任。德国的环保教育别出心裁，且成效卓著，据联邦环保部公布的民意调查显示，85% 的人把环保问题视为仅次于就业的国内第二大问题，75% 的人希望德国能够在环境政策上继续维持在欧盟中的领先地位。德国民众不仅环保意识强，实践能力也很突出：德国的再生纸使用普及率超过 60%；去超市自带购物袋的德国人比比皆是；德国的环保组织多达上千个，而且这些环保组织对德国环保事业的巨大贡献是公认的。

德国重视基础水资源管理，尤其是水环境监测，按照莱茵河流经国家达成的统一规划中的水质监测断面和监测技术要求，定期进行采样监测。各州和行政区向联邦递交的报告中必须要包含水质量和数量的信息，以供联邦进行基础水资源管理参考。联邦会定期将这些基础信息汇编出版，既尊重公众对周边水环境质量的知情权，又能够提高公众这方面的常识。此外，德国拥有世界上最先进的水环境监测技术，这主要与水方面的研究在德国得到高度重视和长足发展有关。德国境内的多所大学，如慕尼黑大学、柏林大学等，都设立了与水方面研究关系密切的院系。此外，德国的一些科研机构以及比较大的水供给公司和废水处理公司也长期对水方面的一些内容集中研究。

（二）国际间紧密合作共治污染

莱茵河流经多个国家，是欧洲工业的生命线，所以它的成功治理离不开流域内各个国家之间的紧密合作。各个国家为了团结一致治理污染，成立了许多国际委员会，这些国际委员会在莱茵河的治理中功不可没，主要包括莱茵河保护国际委员会、莱茵河国际水文委员会、莱茵河航运中央委员会等。下面将对这三大委员会进行详细的介绍。

（1）莱茵河保护国际委员会

莱茵河保护国际委员会（International Commission for Protection of the Rhine River，ICPR）成立于 1950 年，它的成立奠定了国际间共同治理莱茵河的合

---

❶ 韩佳希．德国莱茵河流域生态经济发展的经验对我国长江生态经济发展的启示［D］．大连：东北财经大学，2007.

作基础。

① ICPR 的概况

ICPR 每年召开一次的流域各国部长级会议是其最高决策机构，每次会议主要对下一年的流域重大问题进行讨论表决，表决的最终结果将由流域各国分工实施，共同完成。这期间所需要的费用由各国相应的部门来承担。委员会主席由各成员国轮流担任，每届任期 3 年。为了方便开展日常工作，委员会下设一个常设机构即秘书处，由其代理行使委员会的部分职责。此外，还设有由政府间组织和非政府间组织组成的观察员小组，主要负责监督各国工作计划的实施进度。委员会还下设许多技术和专业协调工作组，以期加强流域各国技术交流，能够对技术落后地区施以援手。

根据 1999 年签署的《新莱茵河公约》，莱茵河保护国际委员会的目标是寻求莱茵河流域的可持续发展，以清洁泥沙、防洪、生态保护以及改善北海水环境来保障莱茵河作为饮用水水源的质量。莱茵河保护国际委员会的工作领域涉及莱茵河流域、与莱茵河有关的地下水、水生和陆生生态系统、污染和防洪工程等。其工作的基本原则有预防、源头治理优先、污染者付费和补偿、可持续发展、新技术的应用和发展、污染不转移等。[1]

② ICPR 的主要任务

根据 ICPR 多年的实践，ICPR 的主要任务体现在四个方面。第一，根据每年部长级会议讨论出的预定目标，规划出相应的管理对策和行动计划，对莱茵河流域各国的行动计划进行优化，对实践效果进行评估。第二，配合以及协调流域各国实施行动计划。第三，每年向莱茵河流域国家提出年度评价报告。第四，定期向莱茵河流域的各国公众披露环境质量和环境治理的相关信息。

③ ICPR 的独特之处

ICPR 的工作人员仅有 12 人，而且这个组织没有制定法律的权力，也无权对成员国进行任何惩罚。可以说这个组织规模小，人员松散，权力几乎为零，但是就是这样一个状况，两岸超过 3000 家工厂，流经 9 个国家，流域面积广阔的莱茵河在其管理下，生态环境越来越好，一切都在有条不紊地进行着。这主要得益于以下四个方面：第一，各成员国对污染有着清醒的认识，

---

[1] 韩佳希．德国莱茵河流域生态经济发展的经验对我国长江生态经济发展的启示［D］．大连：东北财经大学，2007.

德国位于河流的上游，它没有将治污的责任推卸给下游国家，它认为治理污染是自己的责任，是为了维护自身生存的需要；第二，各成员国的民众环保觉悟高，自愿加入环保活动，愿意为了改善生态环境无私奉献；第三，这个组织本身注重提高自身的执行力，执行效率高；第四，各成员国都具有强烈的环保羞耻感，因此无须任何实质性惩罚，仅建议和批评就能引起很大的反响。

莱茵河保护国际委员会在发挥自己职能的同时，也促使许多国际公约、国际行动计划签署和实施。1963年莱茵河沿岸国家签订了《伯尔尼公约》，在此公约下成立了莱茵河防治污染国际委员会，这个组织主要对莱茵河流域进行污染防治和污染控制。1976年签署《莱茵河防治化学污染公约》和《防治氯化物污染公约》主要是为了改善水质，进一步提高饮用水和工业用水的质量。1987年签订的《莱茵河2000年行动计划》是针对恢复莱茵河生物多样性的。1999年签署的《新莱茵河公约》以及2001年签署的《莱茵河2020计划》都旨在促进莱茵河的可持续发展。

（2）莱茵河国际水文委员会

莱茵河国际水文委员会成立于1951年，在联合国教科文组织国际水文计划和世界气象组织应用水文计划的框架下开展工作，主要负责促进莱茵河流域的水文机构合作和数据信息交流；收集和整理莱茵河流域文献；开展和促进莱茵河流域的科研工作；建立莱茵河水文地理信息系统等。该国际水文委员会是流域各国水文机构的依托，对莱茵河流域的可持续管理十分重要。[1]

（3）莱茵河航运中央委员会

1815年成立的莱茵河航运中央委员会主要负责沿岸国家的航运合作、航道维护和制定标准化技术和政策指南[2]，其制定了一些关于防治碳氢化合物对河水污染及禁止或者限制运输某些危险产品的有约束力的规则，并于1996年制定了一个关于在莱茵河航行中收集和处理废弃物的公约。该委员会主要针对的是航运方面水域功能使用和水道维护的管理。[3]

3.1.2.4　莱茵河的治理效果

经过莱茵河沿岸各个国家的共同努力，现在的莱茵河被称为“欧洲最干

---

[1] 董哲仁．莱茵河——治理保护与国际合作［M］．郑州：黄河水利出版社，2005：184－186.

[2] 董哲仁．莱茵河——治理保护与国际合作［M］．郑州：黄河水利出版社，2005：182.

[3] 杜娟．构建澜沧江—湄公河流域水域污染防治机制［D］．昆明：昆明理工大学，2010.

净的河流”，其生物多样性也基本恢复，大量的大马哈鱼重现莱茵河。

3.1.2.5　莱茵河治理经验总结

莱茵河环境治理花费了近50年的时间，其中耗费了巨大的人力、物力，才初步达到治理目标。所以河流一旦被污染，治理的过程十分漫长，治理费用十分昂贵，河流生态系统短时期内难以恢复。莱茵河是一条跨国性河流，它的治理离不开流域各国的共同努力，我国的黑龙江、澜沧江等也是跨国性的河流，所以莱茵河的部分治理经验对于我国部分河流来说颇具借鉴价值。

（一）表述具体的治理目标

在莱茵河治理的过程中，治理目标一直表述得很明确，例如：“让大马哈鱼重返莱茵河”“到莱茵河洗澡”。明确的治理目标，为实践措施及效果提供了明晰的评判标准。明晰的评判标准可以有效避免基层环保人员为自己渎职而找借口，也可以鼓励公众参与监督，降低了公众监督的门槛。反观我国一些环保治理目标，有的过于空泛，有的技术性指标过多、专业性过强。带有这些弊病的目标，会使得环境治理工作很难得到公众的支持，很难使公众广泛参与，也导致基层环保工作者一头雾水。在这种情况下，环保工作很难取得突破，更别说污染根治之类的更加宏远的目标。

（二）政府与公众的合作与互补

德国是一个责任感很强的国家，其位于荷兰的上游，产生的污染很大一部分会被转移给下游的荷兰，但是德国并没有因此推卸治理污染的责任，而是将治理污染看作自身可持续发展的需要，为此制定了一系列的规章条例。德国的民众积极响应政府的号召，垃圾分类、购物自备购物袋成为一种常识。而在我国，“谁污染，谁治理”的偏颇观念根深蒂固，作为污染者的地区往往推卸治污责任，让被污染的地区深受其害。所以，我国应尽快确立“产废付款”的机制，有效利用经济手段和其他面向市场的方法来促进可持续发展，加快循环经济的发展。利用市场机制及市场调节工具，出台以“产废付款”为准则的各项政策措施，以期对废物减量、节约型社会的建设及循环经济的发展起到积极的推动作用。我国民众目前环保觉悟较低，垃圾分类、自备购物袋等基础的环保意识较弱。提高我国居民的环保意识，要引导环保教育进校园，也就是“教育要从娃娃抓起”，公众的环保意识提高后，会在很多环境治理问题上与政府保持一致，甚至尽可能地贡献自己的力量。与此同时，厂商也是公众的一部分，厂商如果有很高的环保觉悟，就会自觉引进污水处理设备，或者采用清洁技术生产。

（三）制定详细的规章条例

德国在循环经济的发展中，首先对垃圾的分类及处理作出了详细而明确的规定。企业在生产过程中往往会有副产品，若副产品可循环利用，就不是垃圾；若企业内部不可再循环利用，但可在不同的企业和地区间进行循环利用，也不是垃圾；若仍不可再循环利用，则为垃圾。按法律规定，垃圾要分类存放，并按照不同的分类进行分别处理。无毒无害的分类垃圾可以由商业公司处理，价格相对便宜；而没有分类的混合垃圾及有害垃圾，则只能由政府统一处理，并被征收高额费用。所以无论是企业还是个人，都会将垃圾进行分类和减量，以降低自己所缴纳的费用。政府通过价格调整可调动企业参与循环经济的积极性。

3.1.3　美国治理密西西比河的经验

3.1.3.1　密西西比河概况

密西西比河是北美洲流程最长、流域面积最广的河流。全长6262千米，为世界第四长河。流域面积322万平方千米，涵盖美国31个州和加拿大的两个省，美国境内的流域面积占美国国土面积的1/3以上。密西西比河干流长3950千米，流经明尼苏达、威斯康星、艾奥瓦、伊利诺伊、密苏里、肯塔基、田纳西、阿肯色、密西西比和路易斯安那等10个州。❶

密西西比河是近1800万人的饮用水源。密西西比河的鱼、虾和水禽具有重要的商业价值，也是当地的食物来源之一。该河也有很高的娱乐和旅游价值，每年约有1200万人来密西西比河观光旅游，创造了12亿美元的直接和间接收入，并解决了18000多人的工作问题。❷ 密西西比河拥有丰富多样的能源与矿产资源，煤炭资源、石油、锌铅矿等资源丰富，因此其两岸工厂林立。密西西比河是美国经济发展的动脉，也是世界上最为繁忙的商业水道之一。

3.1.3.2　密西西比河的水环境问题

密西西比河主要存在三方面的水环境问题：水质恶化、湿地流失、洪泛

---

❶ 张万益，崔敏利，贾德龙．美国密西西比河流域治理的若干启示［N］．中国矿业报，2017－07－03（1）．

❷ 杰弗里·W．雅各布斯，朱晓红．密西西比河与湄公河流域开发经验的比较［J］．水利水电快报，2000（8）：9．

灾害频发。

（一）水质恶化

密西西比河沿岸工厂林立，其沿岸的5个州被列入美国向地表水排放有毒废水量最大的15个州之中。[1] 该河的很多河段达不到1972年颁布的《清洁水法》中有关鱼类、游泳等方面的水质标准。工厂排放的污水对密西西比河的水质构成了极大的威胁。近百年来密西西比河的水污染事件频发，其中有两次情况特别严重。一次是发生在伊利诺伊州的水中溶氧量急剧下降事件，由于该州玉米和大豆处理工业的快速发展，既导致大量的氮和磷流入密西西比河，使水体富营养化严重，又带来了该州人口的激增，从而大量的生活废弃物和工业污水排入河中，使河水污染日益严重，河水溶氧量几乎下降至零。另一次则是密西西比河河口周边地区一度成为死亡区的事件，当地的废水处理厂将大量尚未彻底净化的废水排入河流，废水中的化学物质促使水中的藻类迅速大量繁殖，藻类植物的速生夺走了水中的氧气，致使水中生物大量死亡，同时给当地居民的生活造成不便，对居民的身体健康构成严重威胁。

（二）湿地流失

密西西比河沿岸的每个州都存在湿地减少的问题，湿地自身具有涵养水源、提供生物栖息地等重要作用，对于一个流域的稳定持续发展是至关重要的。造成湿地流失的原因有人为因素，也有不可抗拒的自然因素，但最主要的还是人类活动造成了湿地面积的萎缩。为了给商业和农业的发展创造空间，沿岸的人们对湿地进行了排水和围垦，造成了数百万平方米的湿地消失；为了提高密西西比河的运输能力，流域许多州进行了一系列工程建设，阻止了水沙向沼泽地的漫流，使湿地缺乏维持自身运转的泥沙和有机物；为了开发沿海的天然气与石油，有的州钻油井、布置管线等引起了海水入侵，湿地因此流失退化。

（三）洪泛灾害频发

密西西比河历史上洪泛灾害频繁，最早的洪水记录可以追溯到16世纪中叶，近百年来重大洪灾发生次数更是多达30余次。密西西比河频繁出现洪泛灾害的主要原因有以下几个：春夏季持续降雨或局部暴雨、飓风引起风暴潮、

---

[1] 杰弗里·W. 雅各布斯，朱晓红．密西西比河与湄公河流域开发经验的比较［J］．水利水电快报，2000（8）：8.

春季冰雪消融等。

3.1.3.3　密西西比河水环境问题治理措施

相较于泰晤士河和莱茵河，密西西比河的水环境问题很大一部分是其自身自然条件较差导致的，但人类的不合理活动也加剧了其水环境问题的严峻性。密西西比河的水环境治理措施主要可分为两类：一是工程措施；二是非工程措施。

（一）工程措施

密西西比河干支流河道整治工程种类之全、数量之多，在世界河流整治史上也是屈指可数的。其工程措施主要是：在上游清除暗礁、堵塞支汊、修建梯级闸坝与渠化河道；在中游修建防洪堤、丁坝群、护岸，清障疏浚，以便缩窄河道，提高航深；在干流下游建防洪堤、分洪区、分洪道，裁弯取直，并辅以建设护岸、丁坝以及疏浚等办法以稳定河岸河床；在河口则修建导流堤，治理拦门沙水道等；在各支流则以综合利用水库为主。[1]

（二）非工程措施

工程措施仅是河流治理的基础部分，工程自身是否具备科学性、可实施性，工程是否能顺利实施，工程实施是否能带来预期效果，这些往往取决于相应的管理措施、法律保障等非工程措施。美国政府在治理密西西比河的过程中，在不断突破创新工程技术的同时，采取了一系列行之有效的非工程措施。工程与非工程两类措施相互协调与配合，使密西西比河流域的治理成为世界河流治理史上光辉灿烂的一页。密西西比河治理的非工程措施主要集中在管理机构、法律体系、资金筹措、防洪保险以及科技研发等方面。

（1）管理机构

美国政府在治理密西西比河时采用“一龙治水”的方式，即由陆军工程兵团这一个机构全权负责全国的防洪和航道整治，并且通过1928年出台的《防洪法》，从法律上确立了陆军工程兵团在防洪和航道整治方面的权威地位以及责任范围。陆军工程兵团统一负责美国主要河流的防洪、航道整治、水力发电、城市和工业用水、农田灌溉和环境保护等。即使是在陆军工程兵团成立前就已经存在的水库，只要出现洪灾预警，其防洪任务从设计到实施也均由陆军工程兵团统一指挥安排。陆军工程兵团不受流域各州的管制，直接

---

[1] 后立胜，许学工．密西西比河流域治理的措施及启示［J］．人民黄河，2001（1）：39.

听命于国防部，这就不存在偏袒个别地区的情况，它在制订和实施河流整治开发计划时，就能够从河流的整体发展、美国的国家利益出发，追求水资源利用效率的最大化，为密西西比河合理高效开发提供了隐形保证。

（2）法律体系

不断健全的法律体系为密西西比河的整治开发保驾护航。早在1820年，美国国会就通过了发展内河航运的法令，1824年出台的《河道和港口法》是美国水资源方面的第一部法律。在其后的百年里，美国先后出台了《防洪法》《水资源规划法》《洪水灾害防御法》《面向21世纪的交通运输平衡法案》等40多项有关防洪、航运的法律条令。健全的法律体系使密西西比河流域的开发计划从制订到工程的具体实施，每个程序都有法可依。

（3）资金筹措

世界河流治理史上不乏因资金链断裂而导致最终失败的河流治理案例，所以在河流治理中，资金可以称得上是建设工程的“血液”，直接决定了工程能否运转以及工程能否执行到底，它关乎一个治理计划的“生死存亡”。密西西比河有多渠道灵活的筹资方式：财政拨款、内河基金、企业投资、个人投资等，保证了资金来源。其中，财政拨款由联邦政府和地方政府共同分担。1986年国会通过的《水资源开发法案》规定，州政府分担25%—50%的费用。用于建设堤防的取土或退建占地的费用，由地方政府解决，联邦政府不出资。防洪堤的管理和维护费用来源于地方政府的税收和征收的防洪费。[1]

（4）防洪保险

美国政府清醒地意识到尽管已经修建了许多防洪工程，但是并不能完全避免洪灾的损失，而且随着密西西比河沿岸城市的迅速发展，洪灾带来的损失只增不减。这时美国政府就想到了商业保险的特殊作用，于是防洪保险成为美国在此次治理中重要的非工程措施之一。1969年美国国会通过的《国家洪水保险计划》明确指出：“使公众能以承担得起的保险费参加保险。”防洪保险在设立之初，民众根据自身需求自愿购买。1973年美国通过立法的形式强制公众购买防洪保险。联邦救灾总署只负责防洪保险单的发行，发行之后的一系列事宜，如销售、联营、理赔等，均由私人保险公司经营。起初负责此项业务的保险公司需要依靠住建部建立的保险基金来维持此项业务，后来

[1] 后立胜，许学工．密西西比河流域治理的措施及启示［J］．人民黄河，2001（1）：40.

随着此项保险事业的发展，保险公司逐渐摆脱了国家的补贴。防洪保险将部分地区一次性遭受的洪灾损失在较大范围和较长时间内分摊，使投保者灾后能及时得到经济补偿，有利于尽快恢复生产、重建家园。[1] 所以防洪保险可以有效地巩固密西西比河整治的成果。

（5）科技研发

长期以来，美国政府十分重视在各行各业应用高科技手段，在密西西比河的整治中也多次进行科学试验与探索。为了方便开展科学试验，美国陆军工程兵团自身建设了一支实验设施配备齐全的科研队伍。为了保证工程的实施效果，陆军工程兵团在进行重要工程部署建造前，都会先在密西西比河水系整体模型上进行相关的模型试验。密西西比河水系整体模型是世界上最大的内河模型，占地面积达4000公顷，主要是供陆军工程兵团的科研队伍在研究防洪方案和河势规划时进行模拟使用，以此提高规划方案的科学性。同时，美国的科学技术成果转化的速度比较快，在密西西比河的各项工程规划和设计中，最新科技成果的实际应用随处可见，这使各项开发方案得到了最大限度的优化。

3.1.3.4　密西西比河治理经验总结

美国在整治密西西比河时不仅以恢复水质为目标，更是着眼于密西西比河的整体开发，尤其注重其经济功能的开发。我国的长江、黄河等河流，不仅面临着污染的问题，防洪以及航运开发也都是目前亟待解决的问题，借鉴密西西比河的开发经验，对于进一步增强我国沿河经济带以及河流的可持续发展具有重要意义。

（一）法律地位明确的统一独立的流域开发与管理机构

美国在密西西比河的整治中，通过《防洪法》确立了陆军工程兵团在河道整治和防洪方面的权威地位及其所属，这使得陆军工程兵团具有实际执行权力，可以公平公正地从国家利益出发制定规划。我国现在的河流治理仍停留在“多龙戏江”阶段，能够从河流整体利益出发治水的机构往往没有实权，拥有实权的机构高举“地方保护主义”大旗，最终导致河流治理重现“剧场效应”的悲剧。从密西西比河的治理经验可以看出，一个法律地位明确的独立统一的流域开发与管理机构，能够通过仲裁协调流域各方的利益冲突，坚持大局为重、国家整体利益为先，保证流域开发的统一性。

---

[1] 严黎，吴门伍，李杰．密西西比河的防洪经验及其启示［J］．中国水利，2010（5）：55－58.

（二）多方筹集资金保证建设工程顺利完工

密西西比河的工程建设资金既不是完全由联邦政府承担，也不是单纯依靠地方州政府发挥积极性，它既来源于联邦政府与州政府，也有企业、个人投资这样的社会资金来源。资金来源的多样化是资金充足的保证，这有效避免了利国利民的工程因资金链断裂而半途而废。目前我国的流域治理基本上都依靠国家直接投资，国家的财力是有限的，所以国家也只能选择若干条件适宜的地区直接投资开发。但是这对于流域治理来说，只是“小修小补”，彻底治理只能依靠全流域的共同努力。多方筹集资金，扩大资金的规模，使全流域的各个地区都能得到治理工程的惠顾，这样流域彻底治理才能指日可待。

（三）引入防洪保险降低各方风险

再强大的工程也不能保证可以抵御各种级别的洪水，总会有一些意外发生。美国政府强制民众购买防洪保险，增强了美国抵御风险的能力。一旦遭遇洪灾，受灾群众可以迅速地从保险公司那里得到一笔重新建设家园的资金，不必遭受漫长等待联邦政府救济的煎熬。灾难过后迅速重建，避免浪费时间，既可以减少灾难带来的损失，又可以借此时民众重建家园的热情，迎来经济的再次振兴。目前，我国民众抵抗灾难的能力较低，国家和社会尚未完全意识到保险降低风险的功能，每次洪灾过后，灾区居民只能依靠财政拨款和社会捐款生存，这既增加了财政的压力，民众得到的救助款也往往不尽如人意。国家与保险公司合作，引入各种险种，将经济损失进行较大范围、较长时间的分解，既可以减轻财政压力，也能够减小各方经济损失。

3.1.4 日本治理琵琶湖的经验

3.1.4.1 琵琶湖概况

琵琶湖位于日本本州岛中部滋贺县（在日本行政划分中，县相当于我国的省）境内，有400多万年历史。[1] 琵琶湖流域面积占滋贺县行政区划总面积的93%，琵琶湖水面面积为672平方千米，约占滋贺县面积的1/6。一般以琵琶湖大桥为界，将其分为南湖与北湖。[2] 琵琶湖是日本最大的淡水湖，自古又

---

[1] 滋賀大学教育学部附属環境教育湖沼実習センター．びわ湖から学び－人々のくらしと環境［M］．岡山：株式会社大学教育出版社，1999.

[2] 滋賀県琵琶湖環境科学研究センター．琵琶湖の概要［EB/OL］．滋贺県：滋賀県琵琶湖環境科学研究センター．［2013－02－06］．http：// www. lberi. jproot/jp/13biwakogaiyo/bkjhindex. htm.

称“淡海”“近江”。琵琶湖流域风景秀丽，是人们休闲娱乐的胜地。[1]

3.1.4.2　琵琶湖的水环境问题

20世纪50年代末，琵琶湖进行了多处围湖造田工程，打破了琵琶湖的生态平衡，也使琵琶湖对污染物的自我净化能力下降。

20世纪60年代，日本经济进入高速发展阶段，剧增的工业污水和生活污水直接排入湖中，使得琵琶湖的化学需氧量和氮污染与日俱增，最后导致琵琶湖的自净能力彻底瘫痪，水质恶化越来越严重。

20世纪70年代，除了工业污染和生活污染以外，琵琶湖又出现了富营养化的问题。此外，随着工业化、城镇化的发展，各类建筑逐渐增多，道路面积扩大，导致流域周围的森林、湿地等遭到大面积破坏，琵琶湖的水源涵养功能岌岌可危。

20世纪70年代末期至20世纪90年代中期，琵琶湖经常遭受与水体富营养化有关的赤潮、绿潮的侵扰。

3.1.4.3　琵琶湖水污染治理方法

根据琵琶湖水污染治理效果，其治理历程可分为两个阶段：第一阶段为20世纪70年代至20世纪90年代前期，第二阶段为20世界90年代后期至今。第一阶段的治理未从全局出发，所以虽然水污染得到了控制，但是水质并没有发生根本性的改变；第二阶段的治理从全流域出发，故而水质得到了根本的改善。

由于第一阶段的治理效果相对来说还是比较明显的，加之两个阶段的治理方法在很多方面有重复，所以下文将对两个阶段的治理方法进行总结性介绍。

（一）依法治湖

琵琶湖的水污染问题引发了一系列严重的社会问题，这迫使日本政府和滋贺县政府采取应对措施。日本政府和滋贺县政府认为沿湖居民的不当行为是湖水污染的重要成因，治理污染就必须规范沿湖居民的行为，这就需要建立和完善相应的法律体系，从而依法治湖。在此理念的影响下，日本政府及滋贺县政府制定了大量的法律法规和保护条例。与全国湖泊有关的法律有：1970年制定的《水质污染防治法》，1973年制定的《化审法》，1993年制定

[1] 吉良竜夫．地球環境のなかの琵琶湖［M］．京都：人文書院，1990.

的《环境基本法》等。也有专门针对琵琶湖的法律，1972 年制定的《琵琶湖综合开发专项法》，是水资源开发空前绝后的法律，主要从经济价值的角度考虑水质和从安全的角度考虑防洪。[1] 随着工业的迅速发展，琵琶湖水质逐步恶化，滋贺县政府开始出台有关琵琶湖水质保护的环境政策，于 1979 年制定的《琵琶湖富营养化防治条例》引起了日本全国的注意，为地方政府采取新的保护措施提供了动力。日本的水污染防治法律体系中有一点值得关注：地方立法极为严格，环保标准远高于中央。滋贺县地方政府在日本政府颁布的《水质污染防治法》基础上颁布了比国家条例严格许多倍的地方额外追加排污条例，该条例扩大了地方政府相关部门主管人员的权责。具体来说，就是在该条例下，地方政府相关部门主管人员拥有不定期进入任何企业检查的权力。指导不达标的企业调整产业结构、改进技术减少污染是当地环保部门应尽的责任。

（二）细化分类治理

日本政府在治理污染的过程中，将污染源进行分类，然后根据不同的污染源“对症下药”，采取有针对性的治污措施。日本将其污染主要分为四大类：工业污染、生活污染、农业污染以及富营养化。

（1）工业污染

对于工业污染，日本政府主要通过制定国家排放标准来控制工业污染的数量以及污染物浓度。此外，地方政府因地制宜，以国家排放标准为基础，设置更严格的地方排放标准。1971 年日本政府出台的《水污染防治法》针对工业污染设定了排放标准。在 1973 年滋贺县《污染防治条例》和 1996 年滋贺县《小型企业污染防治条例》中，滋贺县以国家排放标准为最低标准，依据当地经济发展状况以及琵琶湖治理的需要，规定了严格程度远超国家标准的地方工业排放标准。

（2）生活污染

生活污染处理的主要对象是生活污水。日本政府将生活污水的制造对象分为三类：城市居民、农村社区居民、独立农户。对于城市居民生活污水，日本政府在各大城市建立了多座大型污水处理厂，所有城市居民的生活污水都通过管网进入污水处理厂处理后再排放。农村社区居民的生活污水则由所

[1] 宋国君，徐莎，李佩洁．日本对琵琶湖的全面综合保护［J］．环境保护，2007（14）：71－73.

属社区的小规模的污水处理厂处理。独立农户的污水没有管道收集，自行建立蓄水设备，定期将污水外运至城镇污水处理系统集中处理或者安装家庭污水处理设备。

（3）农业污染

众所周知，日本是一个“渔业大国”，养殖业和水产业非常发达，自然这两个产业的污染也不容小觑。为此，日本政府出台了《湖泊水质保护专门法》来治理此类污染。种植业对水源的不利影响主要是：一方面灌溉需要大量的水，另一方面农药中所含的化学物质会对水质产生影响。日本政府为控制农田用水，要求农民反复利用农业用水，而且每块农田必须配备农田自动供水装置。针对农药污染，政府一方面鼓励科研院所研发缓效性肥料和侧条施肥插秧机，有效减少化肥的使用，另一方面鼓励农民多施有机肥，减少使用化学肥料。

（4）富营养化

为了解决琵琶湖富营养化日趋严重的问题，日本政府对企业、农民、城镇居民分别提出了要求：企业要建设脱氮和除磷的设施，使得氮、磷的排放浓度符合标准，小型企业可以在引进设施方面获得政府一定的资金支持，此外不能生产和销售含磷合成洗涤剂；农民要使用成分适宜的化肥，提高灌溉水的使用效率，建立畜禽养殖粪便处理还田设施；城镇居民的家庭垃圾要进行分类，并且保证不能将其排入公共水体。

（三）注重生态系统的恢复与重建

琵琶湖在遭到污染的同时，其生态系统也受到了重大的打击：沿岸的芦苇荡大面积萎缩，许多土著物种相继消失，鱼类数量大幅下降，等等。这些问题引起了日本政府与滋贺县政府的注意，他们将生态系统的恢复与重建纳入了琵琶湖中长期规划中。具体措施包括流域森林建设、芦苇群落保护、内湖重建等。

（1）流域森林建设

流域森林具有涵养水源的重要功能，目前滋贺县一半以上的地区被森林覆盖，这对涵养琵琶湖水源是非常有效的。滋贺县如此之高的森林覆盖率并非天然形成，而是得益于滋贺县为了增加森林面积而出台的一系列行之有效的措施。既包括一些基本的措施，如出台《琵琶湖森林建设条例》《琵琶湖森林建设基本规划》，也包括一些创新举措，如征收森林建设县民税、开展县民森林建设义务活动、推进“琵琶湖木材”产地证明制度等。

（2）芦苇群落保护

芦苇群落对于琵琶湖而言有着非常重要的意义，它既承担保护生态系统的责任，又是体现琵琶湖景观休闲价值的重要组成部分。因此保护因污染而大面积萎缩的芦苇群落是恢复琵琶湖生态系统的重要一环。政府为此制定了一系列的规章条例，其中《芦苇群落保护基本规划》的内容丰富，意义深远，对芦苇群落保护地域的划分、芦苇带的栽植与恢复、芦苇群落的维护管理及资源利用都作出了明确的规定。

（3）内湖重建

在20世纪50年代末期琵琶湖大规模围湖造田之前，琵琶湖的周围内湖遍布，大量的水生植物、野生动物在此栖息。内湖对琵琶湖的生态系统和水质保护具有重要作用。大规模的围湖造田使内湖数量锐减，随着后来对琵琶湖基础研究的深入，当地政府意识到了内湖的重要性，于是着手开展内湖重建与保护工程。政府对具有示范作用的北部区域早崎的17公顷开垦地开展了浸水恢复内湖工程，5年后通过调查其动植物的变迁及水质的变化，共观察确认了449种植物、107种鸟类及23种鱼类，表明了早崎内湖的生态系统得到了良好的重建。[1]

（四）制定具有长期性的综合治理规划

20世纪90年代前，日本在治理水污染方面投入了大量的人力物力，但只控制住了污染，并没有使水质得到根本性的改善。20世纪90年代后期，日本政府决定调整之前的碎片化治理方案，从全流域出发，将水质、水源涵养、自然环境及景观保护列入重点项目清单，制定实施了《琵琶湖综合保护整备计划》。琵琶湖流域有7个河川流域单位，先组织上、中、下游各区域互相考察了解，达成“相互合作才能共赢”的共识，然后将流入琵琶湖的河川水路、水域外缘的山地、森林与琵琶湖通盘规划，形成生态回廊。此外，还建设了污水处理厂处理城市污水，整治农田灌排系统处理农业污染，疏浚河道淤泥等一系列相关配套措施纷纷出台实践，这些使湖泊的综合治理系统全面、科学有序和重点突出。

日本一向注重水资源规划的长远性，其各个水资源计划的周期基本都在

---

[1] 余辉．日本琵琶湖流域生态系统的修复与重建［J］．环境科学研究，2016，29（1）：36－43.

10年以上，20年、30年甚至50年的长期规划也有很多。早期的规划重点在于湖泊河流的水量，后来的规划着重改善水质。但由于水量、水质的不确定性较大，长期性的规划不可能一步准确到位，日本政府会依据新情况逐步修订完善各个规划。20多年来，日本关于水资源综合规划的重大修订就有3次，小修小补也是常事。

（五）设立琵琶湖环境科学研究中心

日本在治理琵琶湖水环境问题的过程中，非常注重规划的科学性和对湖泊的基础研究，因此设立了琵琶湖环境科学研究中心（原名为琵琶湖研究所）。日本政府对该研究中心给予了大量的资金支持，因此该中心具有齐全、精良、先进的设备与先进的技术。该中心还吸引了一批资深的湖泊研究专家学者在此集聚，共同保护琵琶湖。此外，为了提高该中心的科研能力，中心多年来一直联合各大学及科研院所，长期进行琵琶湖物理、化学、水文、地质、生物、信息系统等的全方位系统研究，长期的一手调研获得了宝贵丰富的数据资源。在此基础上建立的琵琶湖保护和治理决策支持系统，有利于当地政府管理琵琶湖流域环境，为未来环保决策形成提供强有力的科技支撑，该系统也是长期以来琵琶湖流域的相关规划科学性与可实施性极强的奥秘所在。

（六）多层次的环保教育

河流的成功治理离不开政府与公众的互补与合作，公众的环保意识觉醒与环保参与能力提高都需要通过一定的环保教育。滋贺县一直将环保教育列为琵琶湖治理的重要内容。1980年滋贺县启动了大规模的环境教育，也就是著名的“琵琶湖ABC运动”，这场运动的主题是“为了清洁的、蓝色的琵琶湖”，它揭开了琵琶湖环境保护计划的新篇章。

滋贺县的环保教育是有层次地进行的。对于小学生，所有的小学都要开设与环境教育相关的课程，政府出资设立了专门的琵琶湖环境教育基地。小学生不仅可以接受教育基地里环境专业知识丰富的教师的教导，还可以乘坐基地提供的大型游船，在琵琶湖上实地学习观测，从小树立热爱自然、保护自然的观念。对于一般民众，除了公共媒体不懈地宣传教育外，还有社会各环保团体无偿开设的各类环保学习班、讲座。此外，政府和社区鼓励民众深入污水处理厂等公共环境设施，亲身参观学习，加深理解。各种法律法规也对大众的环保行为起着约束规范的作用。在这种环保教育模式下，滋贺县民众的环保意识与环保参与能力位居全国之首、世界前列。值得一提的是，琵琶湖畔两次举办“世界湖泊大会”，这既提高了琵琶湖的国际知名度，也激发了当地民众对琵琶湖环保事业的热情。

3.1.4.4 琵琶湖的治理效果

经过日本政府、滋贺县政府和民众的相互配合，共同努力，琵琶湖的水质发生了根本性的改善，水质透明度明显提高，富营养化问题得到了有效控制，赤潮等生态危机发生的次数和水域数明显减少。

3.1.4.5 琵琶湖治理经验总结

日本的经济体量与我国相似，又与我国在地理位置上相临近，因此其污染治理经验对我国的借鉴意义较强。

（一）“多龙治水”要协同配合

目前我国的环保体制与日本相似，都是“多龙治水”：日本有国土厅、建设省、农林水产省、通商产业省、厚生省、环境省、科学技术省等部门，我国有水利部、生态环境部、地方各级环保单位等部门。同是“多龙治水”，我国的水污染治理效果与日本相比差距较大。究其根源，日本的多个环保部门在做好自己职责范围内工作的同时又能相互衔接配合，分工中有合作，合作中又存在制衡。我国的各个环保部门之间协调性较差。可见“多龙治水”这种治水模式本身没有问题，发挥其效能的关键是内部的协调与配合。所以，现阶段我国治理水污染无须从根本上推翻“多龙治水”的制度体系，而应将重点放在如何使环保体制内的各部门之间有效分工，相互协调与配合。

（二）注重水资源管理规划的长期性与综合性

日本的水资源管理规划有两个突出的特点：长期性和综合性。日本作为经济大国，斥巨资花费三四十年时间，才取得现有的成绩，治理水污染不是一朝一夕就能办成的事情，所以制定水资源规划时必须将这一特点纳入重点考虑范围，注重规划的长期性。目前，我国在水资源规划、水污染治理方面长期性规划不足，且很多长期性规划会因地方官员职位变动而被迫变为短期计划，导致水污染治理效率低，甚至出现资源浪费现象。一个流域的治理必须是全方位的，治理规划要从全流域着手，规划的具体内容更不能只局限于某个方面，要涉及与流域相关的方方面面，这样才能保证治理效果的长久性。

3.2　新兴工业化国家河湖治理实践回顾

3.2.1　韩国治理清溪川的经验

3.2.1.1　清溪川概况

清溪川发源于韩国首尔西北部的仁王山、北岳的南边山脚、南山的北部山脚，在土城中央汇合，由西到东贯穿首尔市中心，并与中浪川汇合后流往韩国最大的河流——汉江。清溪川全长10.84千米，流域总面积达59.83平方千米，最大宽度80米，被复兴改造的部分为5.84千米。[1]

3.2.1.2　清溪川的水环境问题

朝鲜王朝时代末期，大量失地农民涌入首尔成为城市贫民，这些贫民大多选择在清溪川两岸搭建简易棚户作为栖身之所。河流两岸居民的生活污水直接排入清溪川。随着贫民数量的增加，清溪川的环境质量逐渐变差。同时，清溪川长期遭受水患问题的侵扰，枯水期时由于缺水河道污染会更加严重，这也导致清溪川沿岸的居民各种疾病缠身。

20世纪50年代中期，受"二战"影响，韩国出现了一大批在战时为了维持生计而背井离乡、战后家园被毁的难民。战争结束后，这群难民开始聚集在清溪川周边，搭建许多极其简陋的木板房作为安身之所，他们的生活污水直接排放到清溪川。由于生活污水的排放量大，清溪川的自净能力在战争中已遭受重创，此时面对这些生活污水其自净系统迅速瘫痪，因此清溪川被迅速污染。

20世纪60年代至80年代，韩国经济进入了快速发展阶段，成为著名的"亚洲四小龙"之一。此时的韩国采取粗放式的经济增长方式，因此大量的工业废水也被排入清溪川，清溪川的水污染越来越严重。

3.2.1.3　清溪川水污染治理方法

韩国历史上曾经多次对清溪川进行过疏通清理和防洪建设，但是大多收效不明显，下文主要介绍韩国20世纪50—70年代的清溪川覆盖工程以及

---

[1] Kwon Young - Gyu, Kwon Won - Yong. Comparative Study on the Policy Processes of Cheonggyecheon and Bièvre in Ile - de France [J]. City Administration Academic Newspaper of Korea Institute of Urban Administration, 2008 (2): 23 - 49.

2003 年启动的清溪川综合整治工程。

（一）清溪川覆盖工程

20 世纪 50 年代至 70 年代，清溪川的污染对首尔市的卫生和城市景观都构成了威胁，对首尔市的发展也产生了负面影响，因此当时的韩国政府决定治理清溪川的水污染。受困于当时韩国自身的经济状况，韩国选择了最简单有效、耗费成本最低的一种治理方法——覆盖清溪川。以 1955 年覆盖广通桥上流约 136 米为开始，1958 年清溪川正式开始被全面覆盖（1958 年 5 月—1961 年 12 月，从光桥到清溪 6 家东大门运动场被覆盖；1965—1967 年，从清溪 6 家到清溪 8 家新建栋被覆盖；1970—1977 年，从清溪 8 家到新答铁桥被覆盖）。1967 年 8 月 15 日到 1971 年 8 月 15 日，利用整整 4 年的时间，韩国建成了从光桥到马场栋的总长度达 5.6 千米、宽达 16 米的清溪高架道路。[1]

被覆盖后的清溪川并没有像实施覆盖工程之前人们预想的那样，成为首尔的模范象征，清溪高架道路两侧成为大大小小商铺的聚集地，这里是首尔市中心最繁杂也是相对落后的地方，这种景象的存在被认为是对首尔市形象的抹黑。

（二）清溪川综合整治工程

相比于之前的清溪川覆盖工程，清溪川综合整治工程效果显著，一改清溪川百年来污染落后的面貌。清溪川综合整治工程主要从五个方面入手：交通、水体、河道、景观和民众。

（1）交通

清溪川覆盖工程的一项重要内容是建设清溪高架桥，高架桥的修建提高了城市交通运输能力，缓解了首尔市的交通压力，但是其产生的负面影响，尤其是环境方面的影响是不容小觑的。高架桥上的噪声、汽车尾气以及扬尘，严重污染了周边环境，也对周边居民的健康产生了不利影响，而且高架桥的巨大体量破坏了首尔传统的街道结构。所以在清溪川综合整治工程中，拆除高架桥被列入重点实施项目。韩国政府考虑到高架桥之前承担的缓解交通压力的职能，以及首尔拥堵不堪的交通状况，制订了相应的解决措施：之前的高架桥是双向汽车道，实施拆除工程前，实行单向行驶来限制车流量；增加公共交通，鼓励市民乘公共交通出行；实施工程所需要的原材料车辆运输均

[1] 李允熙．韩国首尔市清溪川复兴改造工程的经验借鉴［J］．中国行政管理，2012（3）：96－100.

在夜间进行等。以上措施的实施，将拆桥对交通的负面影响最小化，也为其他后续工程的实施提供了有力保障。

（2）水体

清溪川被覆盖后，主要承载排污的功能，长期吸纳沿河两岸的生活污水和工业污水。为了使水质恢复到清洁的状态，也为了防止复原水体的二次污染，首尔市新建了独立且完善的污水处理系统，所有进入清溪川的水流都必须被净化到一定的标准后才能被排放。此外，清溪川存在水患问题，枯水期清溪川往往处于干涸状态，为了使清溪川能够四季水流不断，维持河流的生态性和流动性，经过科学论证后，最终采用三种方式向清溪川河道提供水源：将汉江水处理后注入清溪川；设立专门的水处理厂处理地下水和特意收集的雨水，处理后注入河道；利用中水。前两种为常用方法，也是成本较低、对技术要求较低的方法。利用中水对技术要求高，耗资巨大，可能会给政府财政造成一定的压力。

（3）河道

在清溪川的治理过程中，韩国政府进行分段规划，且每段的治理目标与主题都是不同的。清溪川上游的治理目标是最大限度恢复河流原貌，主题为“自然中的河流”；中游强调滨水空间的休闲性和文化特质，主题为“文化中的河流”；下游则积极保留自然河滩沙洲，取消设置边坡护岸，以“生态中的河流”为主题。[1]

清溪川的河道整治主要是保障防洪需求，提高其泄洪能力。河道整治也是分段进行的，依据周边条件，分成三个部分：上游地区、城市建设密集地区、城市建设密集地区的下游。上游地区，河道蓝线条件较好，河段断面较窄，因此采用花岗岩石板铺砌成亲水平台。城市建设密集地区，也就是河段的中游部分，蓝线用地紧张，而且还要留出两条车道用地，密集的人口使人对亲水活动的需求增加，这些都必须纳入考虑范围，所以在保证河道行洪断面的首要前提下，将规划路架设在了河道两侧过水断面上。明渠底宽11.74米，边坡比为1∶1—1∶2，二层台下设市政管线走廊。[2] 城市建设密集地区的下游，河道蓝线用地以及人的亲水活动需求的压力都相对减小，所以与前两

---

❶ 张蕊．韩国清溪川是怎么复归清溪的？［J］．中国生态文明，2016（3）：85.

❷ 陈可石，杨天翼．城市河流改造及景观设计探析——以首尔清溪川改造为例［J］．生态经济，2013（8）：196－199.

段的人工方式相比，这一段选择更加自然生态的方式，以保留和利用自然河道为主，两岸多种植本地植物物种。

（4）景观

清溪川改造过程中运用了丰富的景观设计元素，主要包括以下六大元素：水体、植被、河岸、桥梁、人文景观和夜景观。

第一，水体元素。充分利用清溪川西高东低，上游陡、下游缓的特点，采用多道跌水的方式连接上下游，保留并加固水中原有的大石块，从而在保障游人通行安全的同时，又保留了水流的自然性，增加了观赏者视觉的层次感。此外，还综合运用各种水体表现形式，如喷泉、瀑布、壁泉、涌泉等，增强了清溪川的观赏价值。

第二，植被元素。增加植被元素既为了恢复清溪川周围的生物多样性，从而保障清溪川的永续发展，也为了增强清溪川的观赏价值，从而进一步挖掘其经济价值。清溪川综合整治工程在植被恢复与种植方面采用平面绿化和垂直绿化相结合的方式。植被种类则是尽量选用本地自然植被，本地自然植被生命力旺盛，存活率高，大多根系发达，可以有效保护河岸。栽种时根据植被的种类以及花朵的颜色分片种植，既方便后期管理，也有利于开发其观赏价值及经济价值。

第三，河岸元素。清溪川综合整治工程充分考虑了河流所属区位的特点，按照自然和实用相结合的原则，根据各河段所处区域的经济社会状况，在不同的河段上采取不同的设计理念：西部上游河段位于市中心，毗邻国家政府机关，是重要的政治、金融、文化中心，该段河道两岸采用花岗岩石板铺砌成亲水平台；中部河段穿过韩国著名的小商品批发市场——东大门市场，是普通市民和游客经常光顾的地方，因此该段河道的设计强调滨水空间的休闲特性，注重古典与自然的完美结合；河道南岸以块石和植草的护坡方式为主；北岸修建连续的亲水平台，设有喷泉；东部河段为居民区和商业混合区，该段河道景观设计以体现自然生态特点为主，设有亲水平台和过河通道，两岸多采用自然化的生态植被，使市民和游客可以找到回归大自然的感觉。[1]

第四，桥梁元素。朝鲜王朝时代，清溪川水患频繁，当时的统治者就曾

[1] 王军，王淑燕，李海燕，等．韩国清溪川的生态化整治对中国河道治理的启示［J］．中国发展，2009，9（3）：15－18.

通过在清溪川上搭建桥梁以期解决此问题，例如太宗王时代的“Gwang”石桥，世宗王时代的“Supyo”桥等，这些桥在当时影响力极大，在水患治理中的作用亦不容忽视。由于桥在历史上的伟大功绩，在清溪川综合整治工程中，桥梁建设也被列入重点项目清单。现在，清溪川上一共有22座造型各异、各具特色的桥梁。这些桥梁既承担交通运输的功能，也表达了韩国人民对历史的追忆和崇敬。

第五，人文景观元素。韩国一直非常重视对历史文化的保护与传承，而清溪川也是一条历史悠久、文化底蕴深厚的河流，所以在清溪川综合整治工程中特意建设独具特色的人文景观来保护、继承和发扬清溪川文化。古代首尔人民经常在清溪川边洗衣服，为了追忆此举，在清溪川边新建了“洗衣角”。为了再现朝鲜正祖出行水原华城的情景，建设了世界上规模最大的瓷砖壁画“正祖斑次图”。清溪川的人文景观元素并不仅仅限于历史元素，现代元素也大放异彩。韩国政府打造了以自然、环境为主题的现代五色“文化墙”，首尔市民则共同参与制作了一面希望墙。清溪川周围现代元素与古代元素交相辉映，相得益彰，既有韩国人民对古代历史的尊崇，也饱含了他们对美好未来的寄托。

第六，夜景观元素。夜景观主要是通过各种照明设施来实现的。清溪川的夜景观主要依赖泛光灯和聚光灯两种照明设施，前者沿着水岸布置，后者主要安置在重点景观处。每到夜幕降临时，两种灯光相互辉映，形成和谐而又有特色的灯光效果，吸引许多游客到来。

（5）民众

韩国政府在实施清溪川综合整治工程中非常尊重民众的想法，注重提高民众的参与度，而实际上民众在此次工程中的广泛参与也有力地推进了此项工程的进行。生活在清溪川周围的民众，往往是最了解清溪川的人，同时清溪川的发展状况与他们的生活也是关系最密切的，所以广泛地征求民众意见，既能够帮助政府作出科学决策，也能够扫清整治工程的一些障碍，从而减轻相关压力，使工程顺利完工。在项目施工之前，首尔市政府就通过各种媒体宣传河道综合整治的相关知识，这些宣传使首尔市民深刻认识到此项整治工程的意义和必要性。对于整治工程所带来的负面效应，政府也向市民公开了一系列应对措施，鼓励市民积极配合。在项目实施过程中，市民委员会发挥了重要的作用，它充当了政府与市民之间沟通的中介。市民委员会由各阶层市民代表和环境、文化、交通等方面的专家组成，既为政府服务，也对市民负责。对于政府，市民委员会要负责对项目进行政策说明，也要将公众意见及时反馈给政府，帮助政府作出科学决策；对于市民，要召开听证会、收集公众意见，免费向公众提供专业咨询服务。

3.2.1.4 清溪川的治理效果

清溪川综合整治工程于2003年7月开始，2005年10月竣工，工程历时较短，但收效显著。在生态环境方面，清溪川的改造减轻了首尔市的城市热岛效应，改善了空气质量，清溪川自身的自净能力大大提高，生物多样性增加。在城市建设方面，清溪川改造过程中既注意恢复与保护传统文化，又加以现代文明点缀，很好地将传统文明与现代文明相结合，提升了城市的文化品位。在经济发展发面，清溪川的改造为首尔市江北地区的发展带来了新的机遇，促进了该地区进一步开发，为其赶超江南地区、实现首尔内部发展均衡创造了条件。

3.2.1.5 清溪川治理经验总结

相较于前面介绍的河湖，清溪川无论是自然条件，还是整治工程，其规模都是相对较小的。清溪川治理可以归类为城市河道整治。但是无论是它的整治理念还是具体措施，对我国目前城市的河道整治都是有很大借鉴意义的，特别是在我国目前的城市河道整治存在方式单一、措施过于简单、缺乏生态理念和经济考量的情况下。

（一）注重生态化整治，增强河流的景观价值

当前我国河道整治方法单一，大多为裁弯取直、硬化河床等，这类粗暴强硬的人工整治方法，强行改变河流的自然状态，使其与周边环境的有机联系被迫断裂，不仅达不到河流整治的预期目标，还会产生一系列生态问题，如水土流失、生物多样性锐减等。韩国政府在整治清溪川的过程中，注重采用生态化整治的方法：恢复河流的自然形态；依据河流的自然形态和特点，分区域采取不同的整治措施；在河流周围建造以本地植物为主的植被；多采用自然材料来代替钢筋混凝土等硬质材料……这种生态化改造也改善了首尔市的生态环境，减轻了热岛效应。所以，我国应尽快摒弃之前那种过于简单粗放的整治方式，采用生态化整治方式，也就是采用生态的、自然的修复方式。

在清溪川整治的过程中，首尔市政府对河流的景观设计投入了大量的精

力，比如设置亲水平台、恢复历史古桥、重现古代的生活场景、建设寓意深厚的墙体建筑等。景观设计既增加了河流的观赏价值，更展现出一个城市的历史文化与精神面貌，良好的景观设计能够提升城市的文化品位，促进地区社会的全面发展。目前我国的城市河流整治中，景观设计尚未被完全重视。在恢复河流清澈的同时，增加一个城市的文化底蕴未尝不是“上上策”。

（二）以政府为主导的公众参与制度

城市河流改造最根本的目的是改善城市居民的生活环境，构建和谐社会。而居民本身也与河流世代相依，是河流的利益相关者，其对河流信息的掌握也是相对完整而全面的。所以，在城市河流治理中，争取广大公众的参与，既可以解决河流相关信息不对称的问题，也可以了解民众的真实需求，实现改善居民生活环境的目标，只有这样，政府的决策才可以称得上是科学决策。在清溪川改造的前后，政府对周边的居民除了进行一定的宣传教育、相关知识普及外，还对居民进行了问卷调查，从某种程度上来说，公众也是这个项目的指导设计师之一。正是由于首尔市政府充分尊重居民的意见，虽然施工给居民的生活带来了暂时的不便，但也得到了多数居民的理解与支持，这无形中降低了改造实施的难度。反观我国城市河流改造，从项目规划伊始到项目结束，改造项目所涉及的群众往往从头至尾置身事外，或许是因为不知情，但一旦项目妨碍正常生活，居民就开始盲目抗议，给整治造成许多不必要的损失。公众参与河流治理需要一定的渠道，这个渠道往往需要政府来提供。为了改变我国目前这种河流治理公众参与度过低的现状，我国需要建立以政府为主导的公众参与制度，公众参与城市建设，城市的未来才会更美好。

（三）强调河流整治与城市的经济发展相协调

河流本身具有强大的经济功能。早期农业社会时，河流为周边居民提供水资源和鱼类资源；现代工业社会，河流随着城市的发展出现新功能。如今我国的河流整治项目尚未注重发掘河流的经济功能，更没有将城市经济的发展与城市河流整治二者有机联系。一方面，城市河流是城市内部重要的景观元素，经过一定的建设，河流完全可以变为一个吸引大量人群观光游玩的景点，大量人群集中有利于发展第三产业，带动当地的就业，从物质和精神两方面提升当地居民的生活水平。另一方面，依托河流的流向，建设高档住宅区、高新园区、经济核心区的城市，从世界范围来看数量也不少。[1] 清溪川河流改造项目在实施中，以提升河道的生态服务功能、恢复生态系统为主要目标，利用景观设计的方法，将城市住宅、交通、基础设施合理分布安置，为市民提供适宜的人居环境；吸引投资，推动沿河流域的土地升值，带动沿河流域的服务业、商业和旅游业的发展，提升城市形象，促进城市经济发展。

3.2.2 印度治理恒河的经验和教训

3.2.2.1 恒河概况

恒河流域被认为是恒河、布拉马普特拉河和梅格纳河流域（大约 109 万平方千米，位于中国、尼泊尔、印度和孟加拉）的组成部分。恒河流域在印度境内的流域面积大约为 86 万平方千米，约占印度整个国土面积的 28.9% 。恒河流域北连喜马拉雅山脉，西接印度河流域和阿拉瓦利（Aravalli）山脉，南连温迪亚（Vindhyas）平原和乔塔那格浦尔（Chhotanagpur）平原，东接布拉马普特拉山脉。恒河流域包括森林茂密的喜马拉雅丘陵、森林稀疏的什瓦里克（Shiwalik）丘陵，以及肥沃的恒河平原。中部的恒河平原位于喜马拉雅山脉南侧。流域内山谷与冲积平原交错分布。[2]

3.2.2.2 恒河的水环境问题

20 世纪 80 年代前，在雨量充沛的季节，恒河水质可以达到饮用水标准。20 世纪 80 年代后，恒河水质逐渐恶化。现在的恒河，河流上漂浮的垃圾随处可见，某些河段的大肠杆菌超标数千倍，许多河段鱼类已绝迹多年。

恒河的污染源主要分为三类：生活污水、工业污水、宗教因素。

（一）生活污水

恒河流域是世界上人口最密集的大河流域之一，恒河岸边有 29 个大城市，70 个城镇，数以千计的村庄，大约聚集了 3 亿居民，这 3 亿居民产生的生活污水几乎都未经处理就排入恒河。印度本身就是一个农业大国，恒河沿岸的农业比较发达，沿岸农田和耕地大量施用的化肥和农药也随着泥土流失和雨水冲进恒河。每天进入恒河的生活污水数量非常惊人。

---

[1] 陈可石，杨天翼．城市河流改造及景观设计探析——以首尔清溪川改造为例［J］．生态经济，2013（8）：196－199.

[2] A. K. 米斯拉，朱庆云．城市化对印度恒河流域水文水资源的影响［J］．水利水电快报，2011，32（8）：14－18.

（二）工业污水

工业污水是恒河的最大污染源。20世纪80年代前，恒河周围尚未兴起工业，那时虽然有大量的生活污水和宗教因素产生的污物污染恒河，但是基本上都被恒河强大的自净能力消解了。而20世纪80年代以来，恒河沿岸工业兴起，由于缺乏限制工业废水排放以及工业废水处理排放标准的相关法令，很多工厂只需缴纳少量的保证金或者贿赂当地官员就可以肆意排放污水。工业废水中含有重金属，重金属是净化水质的微生物的“克星”，大量的重金属进入恒河，恒河中原本承担净化功能的微生物大量死亡，恒河自净能力逐渐丧失，恒河水质随之恶化。

（三）宗教因素

宗教因素既导致了恒河的污染，也扩大了恒河的污染效应。在印度教中，恒河被称为“圣河”，每天都有成群结队的虔诚的信徒，涌入恒河祷告沐浴，让圣河水洗涤他们的“污浊和罪孽”。成千上万的人跳入恒河沐浴，其产生的污物数量惊人。而恒河水本身各种细菌、病毒超标，沐浴过恒河水的人很容易患各种皮肤病和消化道疾病。许多印度教徒都倾向于魂归恒河，也就是火化后将骨灰撒入恒河。现实中，恒河周围分布有多座大型火化场，而自从20世纪后期木材价格大涨后，很多尸体尚未火化完就被抛入恒河。此外，在印度教义里，圣人、孕妇、小孩等死后是不能火化的，这几类人死后往往直接投入河中。牛在印度教里地位崇高，不能屠宰，牛死后也是被抛入河中，如果一个地区发生牛类瘟疫，农场主为了躲避政府追查，就会把大批量的死牛推到河里，疫情会沿着河流扩散。印度教徒们虔诚的宗教信仰，让他们对恒河的污染视而不见，依然饮用恒河水，这种习惯对他们的健康构成了极大威胁。

3.2.2.3　恒河的水污染治理方法及治理效果

印度政府很早就注意到了恒河的污染问题，也采取了一系列的措施，但是这些措施收效甚微。

在拉吉夫·甘地当政时期（1984—1989年），印度政府开始了治理恒河的首次尝试。[1] 1985年，成立了以总理为首的中央治理恒河委员会，成员有联邦政府的一些部长和沿河各邦的首席部长。1985—1990年的恒河清理计划

[1] 梅竹．恒河的污染治理［J］．世界知识，1987（3）：21.

第一期工程，印度政府拨款25亿卢比（约2.5亿美元），先从沿河27个一级城市（人口10万以上）开始，以瓦拉纳西、坎浦尔和帕特纳等污染严重的城市为重点。据印度报纸报道，清理恒河的主要措施是修复现有排污系统和建造污水处理厂，建设一条同恒河平行的渠道——污水支流，在上述一级城市建54个污水分流点。污水处理厂和分流点建成后，恒河污水经科学处理后除净化过的河水供灌溉外，还能提供各种副产品如沼气、浓缩肥料。该项工程最终因资金短缺和内部腐败等问题没有达到预期的效果，反而由于越来越多的人迁徙至恒河沿岸，为了定居而排干了恒河周围湿地，恒河的主河道越来越窄，水量也逐年下降。

在曼莫汉·辛格任印度总理时期，印度政府将恒河提升至“国河”的地位，并组建“国立恒河流域工作组”着手治理恒河问题。在得到世界银行的10亿美金贷款后，该工作组提出了一份综合治理恒河的方案。但是在该工作组存在的5年里，并没有对恒河的污染治理进行实质性推进。

纳伦德拉·莫迪当选总理后，拨款3.8亿美元，并且委派一名内阁部长专门负责监督恒河治理，以此来兑现之前对公众承诺的加大力度保护恒河。此外，为了协调全局治理，莫迪政府组建了一个跨内阁小组，成员包括能源部长、环境部长、运输部长、旅游部长。而且，以色列表示愿意为印度的恒河治理提供污水处理方面的技术。但是在莫迪政府雄心勃勃地提出三年治理好恒河计划的同时，恒河上出现了大批无名浮尸，所以莫迪当政后的一系列恒河治理措施也遭到了来自各方的质疑。

在印度官方实施一系列措施治理恒河的同时，印度民间的一些组织也在积极寻求方法治理他们赖以生存的“圣河”。其中一个组织将宗教观念融入环保的做法收效较好。这个组织是瓦拉纳西一座著名的印度教神庙建立的一个基金会，于1982年成立，专门从事治理恒河的活动。该组织充分认识到宗教观念对环保事业的阻碍作用：恒河是印度教徒眼中的圣河，是帮助他们冲洗污浊罪孽的，告诉他们恒河被污染了，无异于在侮辱他们。所以该组织另辟蹊径，打出“我们正在让我们的母亲受到污染”的口号，将宗教内容融入环保，打破宗教的束缚，让宗教激励广大印度人投身恒河治理。针对恒河垃圾随处漂浮的问题，该组织的成员定期打捞河中的漂浮物，重点对象为动植物尸骨。该组织成员也意识到工业污水和生活污水对恒河水质的破坏，他们筹建了一条污水管线，瓦拉纳西城的污水大多经过处理，杀死其中的有害细菌后才排入恒河，此举也得到了当地政府的资金支持。

3.2.2.4 恒河治理经验和教训总结

第一，印度在治理恒河时，没有有效控制恒河的污染源，虽然出台了一些限制污水排放的法令，但是这些法令都因监管机制缺失或内部腐败形同虚设，造成了一种政府投入大量资金改善恒河水质，而另一边的印度民众却源源不断地向恒河中排入污水的尴尬局面。印度出台的一些控制污染源的措施，实际执行效果很差。例如，印度政府禁止恒河边的洗衣工在恒河边洗衣，而洗衣是洗衣工取得收入维持生活的唯一手段。印度政府剥夺了洗衣工的生存方式，但是没有帮助洗衣工寻找新的谋生手段，所以为了谋生，洗衣工依然会逃避政府检查，在恒河边洗衣。再如，印度提倡工业废水、生活污水处理后再排放，但是印度在污水处理设备方面投入极少，污水处理设备严重缺乏，印度每天产生的污水是其污水处理设备最大容量的数倍，因此，印度工厂污水肆意排放的情况非常严重。

第二，印度的水管理理念将水看作一种消费性资源，主要着眼点是满足现代社会的水资源需求。这种水管理理念是一种短视型理念，是无法彻底解决河流污染问题的。英美德发达国家的成功治理经验表明，只有注重河流的持续性发展，对河流进行综合性治理，从河流的水质、生物多样性、周边环境等多方面着手，才能彻底解决河流的污染问题，且可以有效防止河流的“二次污染”。印度对恒河的治理计划不具有长期性，受内阁更替影响而波动较大。河流的治理是一项长期性工程，短期投入往往很难见效，甚至会造成资源浪费。印度每一届内阁上台后，都会重新制订对恒河的治理计划。这种习惯导致政策制订者在制订治理计划时往往局限于短期措施，很少会继承上一届内阁的治理计划，所以导致很多治理计划最后因资金缺乏而草草了事。

印度虽然也对民众进行了一些环保教育，但是印度民众的环保意识依然很淡薄。印度在对民众进行环保教育时，忽略了宗教因素对恒河污染的“贡献”。所以每年大量的印度教信徒在恒河沐浴，饮用恒河水，既污染了恒河水，又损害了自身的健康。归根结底是因为印度的环保教育没有因地制宜，过于简单生硬，没有将印度的宗教元素有机地融入环保教育。

3.3 小结

以上介绍的各国，除印度外，其他国家在治理河湖方面都取得了骄人的成绩，虽然各国河湖污染的原因不完全相同，但是它们都有一个主要的原因，即工业污染。目前，我国的长江也饱受工业污染之苦，结合我国的自身特色，总结成功的治理经验，我国治理长江需要从以下几个方面入手。

第一，在立法方面，健全水资源相关法律，既要将我国现行的水资源法律进一步细化，又要扩大水资源法律的覆盖范围，保证凡是涉及水资源的相关事务，都能有法可依、有章可循，从而形成一套完善的水资源管理法律体系。

第二，在管理方面，采取“一龙治水”，即建立一个统一权威的独立于地方的水资源管理机构，保证水资源管理机构能够从全流域的整体利益出发制定治理规划与政策，能够坚持贯彻绿色发展理念，能够有效仲裁与协调流域内各地区的矛盾冲突，能够在流域内各地区执法时有足够的权力不受地方政府干扰。

第三，在科学技术方面，重视科技研发，设立专项研究基金，鼓励河流沿岸的各高校、科研机构开展相关研究，注重将最新的科技成果应用到流域治理与开发的过程中。

第四，在环保教育方面，改变之前单一低效的环保教育方式，采取更加人性化、更具特色的环保教育手段，引导环保教育进校园，提高全民环保素质。

本章介绍的各国走的都是“先污染，后治理”的道路，这些国家的经历告诉我们：以牺牲环境为代价换取的经济增长只是暂时的，这样的经济增长模式是难以持久的，因为环境是有其承受极限的，牺牲环境并不是经济增长的长足动力。当污染积累到一定程度时，经济增长会因此放缓甚至倒退，整个社会也要为此付出巨大的代价：疾病肆虐、人民生活水平急剧下降、生物多样性锐减、社会矛盾尖锐、社会不稳定因素增加等。一部分人受益，整个社会却要为这种不恰当的经济模式买单，这种牺牲太大了。上述大部分国家，虽然意识到了牺牲环境式的经济增长模式的弊端，及时采取了相应的治理措施，但是这其中耗费的人力、物力是巨大的，而且也并没有哪个国家可以真正做到完全消除污染带来的负面效应。如果从工业发展开始，就注重人与自然的和谐，又何来后面的大费周章。同时，我们发现治理好的河流，其航运、旅游等经济效能被成功开发，极大地释放了经济增长的动力。无论是单纯的经济收益，还是隐形的社会效益，远远超过其作为工业发展牺牲品带来的效益。而且，这种效益是可持续的，不存在隐患和负面效应问题。事实上，生态文明建设并不是要放弃经济发展，也不是要放缓经济发展的脚步，只是换一种方式来发展经济，强调对自然的尊崇，不过度开发它，也不做伤害它的事情，谋求一种人与自然的和谐，以一种可持续性更强、综合效益更好的方式取得整个社会的长足发展。人们在钱包“鼓起来”的同时，又能够享受到青山绿水带来的身心愉悦，生活水平在物质与精神上全方位提高。所以，我们决不能重演“先污染，后治理”的悲剧，应将生态文明建设放在突出地位，使其成为经济发展的新动力。

第4章　中国经济发展及生态文明发展实践回顾

4.1　中国经济发展实践回顾

4.1.1　1949年以前的经济发展实践

4.1.1.1　中国古代经济发展情况

生产力落后的古代，中国基本与世隔绝，相对于其他文明来说，中国文明的特点是连续与完整，经济发展的脉络也较为清晰。经济是什么？简单地说就是产业和政策。由于地理位置及文化观念等的影响，农业是中国古代最重要的生产部门，私有土地的出现使一些有生产能力的农民为了获得更多的收益，而去大面积开垦耕地，破坏了原有的土地环境，生态环境也发生了变化。因为农业受自然因素的影响极大，尤其在当时生产条件落后的情况下，人们抵御自然灾害的能力低下，所以历朝历代特别重视农业基础设施建设，例如水利工程等，这对生态也产生了一定影响。手工业与商业在当时重农抑商的政策下，处于为农业发展服务的从属地位。

生产力进步促进农业发展，农业发展要求生产工具不断更新。商周时期，奴隶和庶民集体耕作的农具大部分是由木、石、骨、蚌制成，还有极少量的青铜农具。战国时期，铁器农具大规模使用，铁犁牛耕的小农经济进一步发展。小农经济又称个体农民经济，是以家庭为单位，以生产资料个体所有制为基础，完全或主要依靠自己劳动，满足自身消费为主的小规模农业经济，具有分散性、封闭性和自给自足等特点。小农经济的发展有不确定性。小农经济虽然有稳定性，其经营规模小，生产工具简单，男耕女织可以实现个人生产和消费间的平衡；但由于规模小，以家庭为单位，自身力量弱小，再加上经验不足，在自然灾害频发、封建地主阶级重税、商人的盘剥下，农民会产生两极分化，一部分人在生产条件好或市场可以获利的情况下，可以继续自给自足，而大多数人却面临贫困和破产。历朝历代也在不断探索新的农业制度使其更加稳定，维护自己的统治。秦朝废除井田制，以法律形式确定封建土地所有制。三国时期实行屯田制，北魏改为均田制，后因为土地兼并严重和土地买卖频繁导致土地高度集中，社会矛盾突出，明末发生农民起义。历史上，土地归谁所有也有一个阶段性的变化，《诗经·小雅·北山》记载周代“普天之下，莫非王土；率土之滨，莫非王臣”。西周时期强调大一统观念，强化了民众绝对服从的意识，土地为国家所有。西汉董仲舒认识到土地可自由买卖，即可以“除井田，民得买卖”。这时私有土地出现，农民开始开拓荒地，这就破坏了原来的生态环境，但由于当时人口少且生产工具落后，对生态环境及气候并没有大的影响。后来演变为土地私有和国有并存，如北魏的均田制，将土地分为露田、麻田、桑田和宅田，露田和麻田归国家所有，桑田和宅田归个人，可自由买卖。[1] 从土地经营权和处置权的角度看，有土地自耕、土地雇耕和土地租佃三种形式。手工业也是我国古代重要的经济产业，在经济发展过程中，工业种类逐渐增多。最初有纺织、冶铁等工业，后来又增加了棉纺织业、造纸业、造船业等，不光工业种类增多，在一个种类下区分也更加细致。明清时期手工业有了资本主义生产关系的萌芽，但由于封建生产关系的阻碍，中国古代手工业并没有进入手工工场时代。古代商业一直在“重农抑商”的夹缝中生存，产生较早，但是发展情况不容乐观，一直受到压制。宋元时期政策放松，国内经济和对外贸易全面繁荣，甚至出现了类似于汇票的飞钱和纸币等。明清时期，统治者实行海禁和“闭关锁国”政策，中国的对外贸易逐渐萎缩。

中国古代出现过两次经济重心转移，分别从北到南，由西到东。[2] 在南北朝时期，我国经济重心在黄河流域，所以这片区域成为统治者必争之地，长年的战乱、人们开垦造成的水土流失、自然灾害严重等原因使人民流离失所，黄河中下游的经济被破坏。而南方处于战争相对较少、稳定的社会环境中，所以大量流民迁移到此，满足了劳动力需要，再加上统治者的重视，南方经济迅速发展。南宋时期，北方的经济地位已被完全取代。

---

[1] 万淮北．中国古代土地制度演变浅析［J］．辽宁教育行政学院学报，2010（1）：27－29.

[2] 商宇楠．中国古代经济重心转移及其影响分析［J］．经济视角（上），2013（3）：48－49.

中国古代经济发展有三大支柱产业：农业、手工业、商业。其中农业占主导地位，“以农立国”思想是统治者一贯的指导思想，农业的发展特别是经济作物的推广为手工业发展提供了原料，手工业和商业又是农业的补充，三者有互相促进的作用。由于人少及生产工具落后的原因，中国古代的土地开垦并未给生态环境造成巨大的破坏，最突出的生态问题在黄河领域。战国时期，该流域就开始出现大型的饮水灌溉工程，秦国也在该流域修筑郑国渠。史书记载最早的一次大规模治河工程是公元69年“王景治河”，“永平十二年，议修汴渠”“遂发卒数十万，遣景与王吴修渠筑堤，自荥阳东至千乘海口千里”“永平十三年夏四月，汴渠成……诏曰：‘……今既筑堤、理渠、绝水、立门，河、汴分流，复其旧迹’”“景虽节省役费，然犹以百亿计”。该举措扼制了黄河南侵，恢复了汴渠的漕运，取得了良好的效果。清代，统治者引入了西方技术治理黄河。黄河上游本就植被少，环境恶劣，生态脆弱，在人们的开垦下，恶化得更加严重，所以导致自然灾害严重，人民纷纷迁移到南方，这也是经济重心南移的一个重要原因。

4.1.1.2 洋务运动到中华人民共和国成立

洋务运动前，政府实行闭关锁国政策，对外贸易的发展几乎停滞。鸦片战争后，西方列强用坚船利炮打开了我国的通商口岸，也在一定程度上打开了人们的思想。我国古代自给自足、耕织结合的小农经济一直占据主导地位，但随着商品经济的发展，我国手工业已经出现了资本主义萌芽。马克思、恩格斯曾指出，“在中世纪末期，产生了一种手工工场那样的新的生产方式，这种新的生产方式已经超越了当时封建和行会所有制的范围”[1]“市场的扩大、资本的积累、各阶级的社会地位的改变、被剥夺了收入来源的大批人口的出现，这就是工场手工业形成的历史条件”[2]。手工工场的出现是必然发生的历史现象，但由于我国政策封闭，导致资本主义发展畸形。列强的入侵让中国人民产生了要向西方学习的观念，也促使我国一些政府官员发起了洋务运动。这场运动的主要指导思想是“师夷长技以制夷”“中体西用”，前期口号为“自强”，后期为“求富”。洋务运动是19世纪60年代到90年代，晚清洋务派所进行的一场引进西方军事装备、机器生产和科学技术以维护清朝统治的

[1] 马克思恩格斯选集（第一卷）［M］. 北京：人民出版社，1995：218.

[2] 马克思恩格斯选集（第一卷）［M］. 北京：人民出版社，1995：131.

自救运动。洋务派在1860—1895年共兴办了19个近代军事工业企业，29个民用工矿企业，包括煤矿11个，各种金属矿12个，钢铁厂2个，纺织厂4个。❶ 如此多新工业企业的建立，必然会对生态环境造成一定的不利影响，但清政府并没有注意到经济发展对生态的破坏。

轰轰烈烈的洋务运动在1895年甲午中日海战失败后告一段落，虽然未能带领中国步入近代化，但它在经济、文化、政治等方面对中国社会的变革与发展都产生了深远的影响。辛亥革命推翻了清王朝的统治，胜利的果实却落入袁世凯之手。在袁世凯统治时期，我国资本主义发展进入“黄金时期”，这也是为了满足其政治统治的需要。俄国十月革命后，马克思列宁主义传播到中国。1921年中国共产党成立，在经历了十四年抗战、三年内战等挑战后，中华人民共和国成立，中国人民从此站起来了。抗战时期，中国共产党在陕甘宁地区建立了根据地，并根据当时的现状制定了一系列的经济发展措施，为抗战胜利作出了巨大贡献。陕甘宁地区自然条件恶劣，地理环境复杂，人口稀少，所以经济情况也不容乐观。中国共产党驻扎在陕甘宁地区后，因地制宜地进行经济建设，使当地经济情况得到改善。1938年，抗日战争进入相持阶段，国民党反动派也发起了反动高潮，共产党陷入了财政危机。于是，毛泽东同志发动了大生产运动，鼓励军队屯田，进行农业生产，走出经济被限制的困境。为了进一步发挥人民的力量，毛泽东同志指出：“一方面，应该规定地主实行减租减息，方能发动基本农民群众的抗日积极性，但也不要减得太多。地租，一般实行二五减租为原则；到群众要求增高时，可以实行倒四六分，或倒三七分，但不要超过此限度。利息，不要减到超过社会经济借贷关系所许可的程度。另一方面，要规定农民交租交息，土地所有权和财产权仍属于地主。不要因减息而使农民借不到债，不要因清算老账而无偿收回典借的土地。”❷ 这既保证农民有地可耕，减轻了农民负担，又在一定程度上保护了地主的权益，团结了人民，共产党也得到了更多人民的支持。不仅仅是农业，陕甘宁地区在商业方面的发展也很落后，人们经常买不到他们想要的东西，或是要走很远才能买到，商品交易不畅。为此，中共制定了食盐统销政策，采用专卖制度。在金融方面，陕甘宁边区在成立之后就发行了边区

---

❶ 秀风．洋务运动·殖产兴业·经济发展［J］．外国问题研究，1994（2）：35－40.

❷ 毛泽东选集（第二卷）［M］．北京：人民出版社，1991：767.

货币，1937 年 10 月 1 日，边区政府成立了银行，发行边币。在经过一系列政策调整之后，陕甘宁地区的经济得到进一步发展，战略物资得到保障，社会面貌也逐步改善。

4.1.1.3　小结

我国古代经济主要以农业为主，农业属于自然经济，发展水平较低，再加上当时人口偏少，经济落后，所以开发过程中对生态破坏很小。从 GDP 角度来看我国古代经济，北宋、明代和清代 GDP 年增长率分别为 0.88%、0.25% 和 0.36%，人均 GDP 在经历了北宋和明代较高水平的波动之后，清代进入了下降的轨迹。[1] 西方列强打开我国大门后，我国引进了一些西方技术，使工业有了初步发展，但没有采取污染防治措施，所以生态环境还是趋于恶化的。

4.1.2　新中国成立初期经济发展的实践

新中国成立初期的经济发展指从中华人民共和国成立后到十一届三中全会召开这一时期的经济发展，初期的经济发展路径主要是在“共同纲领”和“过渡时期总路线”指导下确立和发展的。“共同纲领”是新中国成立初期指引经济发展的基本思想，这一时期中国经济由半殖民地半封建经济向新民主主义经济转变。它所指明的当时政府工作的着力点是：通过变革与调整旧的生产关系，建立以公有制为主导、多种经济成分并存的所有制结构，形成独立自主的带有过渡性的新民主主义的经济体系。[2] 过渡时期是在新中国成立之后，生产资料私有制向公有制转变，新民主主义社会向社会主义社会过渡的时期。过渡时期总路线的特点是社会主义工业化与社会主义改造并举，相互协调发展，实质是由生产资料资本主义私有制变为社会主义公有制。这时期的经济发展方式属于粗放型发展，原因主要有以下三个。第一，我国长期受三座大山的压制，经济基础相当薄弱。中华人民共和国成立对我国领导人提出了新的执政要求，对内需要尽可能满足人民生活需求，保护人民利益；对外要增强国家实力，面对虎视眈眈的资本主义大国，我国要提高国家地位。

---

[1] 李稻葵，金星晔，管汉晖．中国历史 GDP 核算及国际比较：文献综述［J］．经济学报，2017，4（2）：14.

[2] 赵梦涵，李维林．新中国早期经济发展道路的经验与反思［J］．河北经贸大学学报，2012（6）：81－84.

第二，我国的发展模式深受苏联影响，苏联在发展初期就是大力发展重工业，展现了社会主义生产力的优越性，虽然比例失衡，但实力强大，成为可以与美国抗衡的超级大国。第三，新中国成立初期实行计划经济，国家统一调配资源，成为政府计划顺利落实的基础，形成经济发展服务于政治目标的战略。

新中国成立初期，国民经济发展水平较低，工业基础设施被大量破坏。中国经济政策为没收官僚资本和建立国营经济，收回帝国主义在中国的特权。最先进行的是土地改革，废除封建土地所有制，救济农民；下一步，三大改造与“一五”计划并行，建立社会主义所有制并大力发展工业；后期由于“左倾”错误，提出了不符合中国经济实际情况的发展目标，发动了大跃进与人民公社化运动，阻碍了中国经济发展；1960年，党中央开始纠正这个错误，经济又逐渐恢复；1967年，“文化大革命”爆发，中国经济动荡不安；1978年，十一届三中全会召开，实现了党在政治路线、思想路线、组织路线上的拨乱反正，中国经济开始稳步增长。在新中国成立初期的经济发展过程中，工业发展迅速，尤其在“一五”计划期间，大量引进了西方技术。大跃进时期，大炼钢铁，环境污染严重。当时中国正处于经济发展的关键时期，新中国刚刚成立，欧美大国正在虎视眈眈地盯着中国，所以我国必须要努力发展经济，强大自己，这一阶段的经济属于粗放型经济，对生态破坏较严重。又因为当时生态的破坏还没有给人造成太大影响，所以领导人并没有特别重视环保，在这方面也没有特别的政策，生态环境遭到了严重破坏。

4.1.2.1　土地改革

新中国成立前，接连不断的战争使中国经济逐渐走向崩溃，国民党失败后大量掠夺财物，破坏国家设施。新中国成立后，中国共产党作为一个新生政权，需要面对大量棘手问题。第一，中国被帝国主义欺压百年，国内统治无实权与自主权，工业基础薄弱，新中国成立后，资本主义又对我国进行封锁与孤立，使我国的发展寸步难行。第二，国民党统治期间大量发行纸币，通货膨胀严重，经济被破坏。最初国民党政府发行法币，法币崩溃后，又发行金圆券与银圆券，货币的不稳定性降低了人们对纸币与政府的信任度。据统计，1949年农村人口占全国总人口的89.4%，农业总产值占工农业总产值的70%，[1] 农业净产值占工农业净产值的84.5%。但战争的原因使农业生产

[1] 国家统计局．中国统计年鉴［M］．北京：中国统计出版社，1983：104.

力大幅度下降，农业生态环境日益恶化，农田灌溉系统遭受严重破坏。[1] 与抗日战争前最高年产量相比，1949 年我国粮食产量下降了 24.5%，棉花产量下降了 47.6%，三种主要油料作物也下降了 60% 以上[2]，人民生活极其艰难。而且从 1927 年开始，中国共产党就走上了以农民为主力军、农村为根据地，武装夺取政权的农村包围城市的道路，“三农”问题一直是中共工作的重心。基于我国国情，中国共产党的首要任务就是调动农民的积极性，解放农村生产力，从 1949 年冬至 1953 年春，中国共产党首先在新解放区分期、分批进行了土地改革。主要有两个阶段，第一阶段先在已经有土改条件的华北城市郊区和河南省等部分地区试点进行土改，到 1950 年春胜利完成。第二阶段从 1950 年 6 月至 1952 年 12 月，是土改在新解放区进一步推广的阶段，第一批土改在华北、中南、西北、华东的 1.28 亿农业人口地区进行，第二批土改在华南、西南等约有 1.1 亿农业人口的地区进行。到 1953 年，除一些少数民族地区以外，土改基本完成，初步实现了“耕者有其田”，封建主义在中国的土地分配方式已基本消失。

土地改革在新中国成立初期的经济发展中具有重要意义。在政治上，土地改革废除封建土地所有制，农村阶级结构发生巨大变化，农民当家作主，成为农村基层政权的主人。在经济上，土地改革解放了农村生产力，创造了为工业化服务的条件，为后来的“一五”计划做了准备。由于我国经济基础薄弱，工业化程度低，要想发展工业就需要农业打好基础。

4.1.2.2 三大改造

三大改造是指在中华人民共和国成立之后，中国共产党对农业、手工业和资本主义工商业进行社会主义改造。新民主主义革命胜利和土地改革完成之后，国内主要矛盾转化为工人阶级和资产阶级之间、社会主义道路和资本主义道路之间的矛盾，资本主义工商业具有两面性，一方面有利于经济发展，另一方面又不利于国计民生，所以为了改变资本主义经济不利的因素，我国开始进行社会主义改造。三大改造将生产资料私有制转变为社会主义公有制，在理论和实践上丰富和发展了马克思列宁主义的科学社会主义理论，这项政策牢牢紧靠过渡时期总路线。生产关系可以促进生产力的发展，调整生产资

---

[1] 陶艳梅．建国初期土地改革论述［J］．中国农史，2011（1）：105－111.

[2] 陈廷煊．1949—1952 年农业生产迅速恢复发展的基本经验［J］．中国经济史研究，1992（4）：24.

料所有制，促进我国生产力进一步发展。

农业上，为了提高生产力，化解农业和工商业不相适应的矛盾，中央鼓励农民组织起来，走集体化的道路。1953年，中共中央先后发布了《关于农业生产互助合作的决议》和《关于发展农业生产合作社的决议》。1955年，全国进入农业合作化的高潮。1956年，大部分农民加入了农业生产合作社，对于大部分手工业者也加入了手工业生产合作社。对于资本主义工商业的改造，我国运用了"和平赎买"政策，逐步将资本主义企业改为社会主义公有制企业。三大改造的结束，标志着我国进入社会主义初级阶段。

4.1.2.3　"一五"计划

"一五"计划是在我国经济状况较为平稳的时候进行的，其编制耗时四年，最终在1955年第一届全国人民代表大会第二次会议上通过。"一五"时期的基本任务是：集中主要力量进行以苏联帮助我国设计的156个建设单位为中心的、由限额以上的694个建设单位组成的工业建设，建立我国的社会主义工业化的初步基础。"一五"计划之后，我国经济结构发生了巨大变化，工业总产值超过了农业总产值，社会主义工业在工业生产中的比重大大提高，工业技术也大大提高；工业部门及种类增多，结构也发生了改变。受苏联影响，我国制定的计划也是优先发展重工业。1952—1957年，我国生产资料生产在工业总产值中的比重提高了13.1%，机器制造工业提高了4.3%，初步形成了门类较为齐全的工业体系，为我国工业化奠定了基础。[1]大量重工业的发展对环境破坏严重，尤其在以钢铁、机械化生产为主的"一五"时期。但当时我国正处在内忧外患当中，认为要先将经济发展起来，在国际上占有一席之地，才能考虑生态问题。所以政府并没有制定保护环境的相关政策，还是以经济建设为主，优先发展重工业，大力发展生产力。

4.1.2.4　大跃进运动

1958年开始的大跃进运动在工业上提出"以钢为纲"，全民大炼钢铁。1958年河北省成立了冶金工业局，在中共河北省委设立了"钢铁生产指挥部"。仅1958年，河北省修建小土高炉达60万座之多[2]，这些小土高炉制作简单，浪费严重且效率极低，对环境破坏极大。在工业布局上未考虑上下游

[1] 代红侠，徐家林．一五计划的实施及其启示［J］．淮北煤炭师范学院学报·哲学社会科学版，2003（2）：85－87.

[2] 河北省地方志编纂委员会．河北省冶金工业志［M］．北京：冶金工业出版社，1994.

企业的关联性或当地是否适合该工业形式，工业废水、废气等随意排放，没有管理措施。20 世纪 70 年代环境问题集中爆发，1971 年发生了水库污染事件，市场上销售的鱼有异味，结果发现是周边地区的钢铁厂、造纸厂、化肥厂排放的污水所致，由于当时对这些污染物排放无严格标准与治理措施，导致环境破坏严重。

4.1.2.5　小结

新中国成立初期经济发展成效显著，这一时期的主要目标是快速发展经济，尽快赶上并超过资本主义国家。土地改革之后消灭了封建土地制度，三大改造后进入了社会主义初级阶段，“一五”计划的完成使我国初步实现了工业化。虽然之后的一些政策有失误，但在 1960 年开始调整，提出“调整、巩固、充实、提高”八字方针，追求实事求是、稳步发展经济，后来经济情况逐步得到恢复和发展。这一阶段的发展模式是粗放型的，采用计划经济的资源配置方式，浪费严重，效率低下。

当时的快速发展是以生态环境破坏为代价的。生态环境破坏主要体现在以下几个方面。第一，大跃进时期，大量修建水库引发生态问题，砍伐大量树木，因缺少科学的治理措施，导致水土流失加剧。而且在水库建设过程中，效率极其低下，耗费了大量人力物力，只追求速度而忽视质量，一些水库建成后不久就完全塌陷。第二，地下水被大量开采，水资源匮乏严重。中国作为人口大国，饮用水资源本身相对较少，为解决旱灾导致的农业歉收问题，开始开凿地下水，一定程度上缓解了旱情，但我国农业的大水漫灌方式，造成水资源的大量浪费，如 1958 年“魏县三区大水漫灌麦地 6800 亩，65% 的麦苗被淹死。任丘县新兴建的自流灌溉区，大水漫灌，有的洼地灌一二尺深，涝池 1 万多亩，淹坏了 3000 多亩小麦”[1]。由于民众当时缺乏保护水资源的理念，水资源被大量浪费。第三，捕雀运动的开展导致生物链断裂。为解决麻雀祸害庄稼的问题，广大农民开始“除四害”，大量麻雀被赶尽杀绝，导致农业害虫泛滥。第四，深翻土地后植被被破坏。为了充分利用土地，实施深耕政策，导致土层被破坏，肥力严重下降。

这一时期，工业污染成为严重问题。第一，人们缺乏环保意识，对经济发展模式的探索丝毫没有考虑到环境问题。一味追求经济高速进步，废水、

---

[1] 迅速掀起一个以抗旱播种为中心的水利建设高潮［N］. 人民日报，1958－04－03（1）.

废气、废渣随意排放，不尊重生态规律，随意建设，结果导致经济效率较差，生态破坏也很严重。第二，大跃进粗放的发展方式也导致环境被破坏。粗放型发展是一种投入产出极不平衡的发展方式，工业上大量投入，砍伐树木、过度浪费水资源、破坏生物链等，过度利用资源却未能充分使用，经济效率极低，工业污染与浪费严重。这一时期的环境破坏最为严重，给以后极端天气、自然灾害、疾病的出现埋下了隐患，也为之后党中央经济发展方式的探索提供了经验教训，使领导人意识到了生态的重要性。

4.1.3　新时期中国经济发展实践

1978年12月，十一届三中全会召开，会议前全国进行了关于真理标准问题的讨论，会上邓小平作了题为《解放思想，实事求是，团结一致向前看》的重要讲话。这次会议实现了党在思想路线、政治路线、组织路线上的拨乱反正，批评了“两个凡是”的方针，停止使用“以阶级斗争为纲”的口号，将党和国家的工作重点转移到经济建设上来。中央拨乱反正，调整发展中心为经济建设，实行改革开放，推动经济体制改革，走社会主义市场经济道路，国民经济较快发展，逐步形成具有中国特色的社会主义发展道路。

新时期指1978年十一届三中全会以后决定实行改革开放以来建设有中国特色社会主义的时期，这一时期我国领导人吸取过去发展的经验教训，以邓小平为代表的中国共产党人鲜明地回答了“什么是社会主义、怎样建设社会主义”的问题，提出了建立社会主义市场经济。以江泽民为代表的中国共产党人主要解决“建设什么样的党、怎样建设党”的问题，形成了“三个代表”重要思想，进一步扩充了中国特色社会主义理论体系。进入新世纪，以胡锦涛为代表的中国共产党人在全面建设小康社会的进程中，推进实践创新、理论创新、制度创新，主要回答了新形势下“实现什么样的发展，怎样发展”的问题。2003年7月28日，时任中共中央总书记胡锦涛在讲话中提出科学发展观的基本理念，“坚持以人为本，树立全面、协调、可持续的发展观，促进经济社会和人的全面发展”，这是马克思主义中国化的重要成果。

4.1.3.1　社会主义市场经济

改革开放后，我国经济体制改革的核心问题是如何正确认识和处理计划与市场的关系。传统观念认为，计划经济是社会主义的标志，市场经济是资本主义的象征，我国作为社会主义国家不能实行市场经济。在社会主义体制改革中，计划经济与市场经济的矛盾愈发凸显。邓小平对社会主义与市场经济的关系进行了探索，他指出："说市场经济只存在于资本主义社会，只有资本主义的市场经济，这肯定是不正确的。社会主义为什么不可以搞市场经济，这个不能说是资本主义。""社会主义也可以搞市场经济。"[1] 十二届三中全会提出了社会主义经济是"公有制基础上有计划的商品经济"的论断。1978—1984年，形成了"计划经济为主、市场调节为辅"的改革思路；1984—1988年，改革目标确定为"公有制基础上的有计划的商品经济"；1989—1992年，是社会主义市场经济体制目标最终确立；1993—2002年，社会主义市场经济体制的建立时期；2003年之后，社会主义市场经济体制逐渐完善。

新时期，科学技术快速发展，中小企业也发展壮大，非公有制与"落后"两个字已经不能联系起来了。在机器大工业时代，生产规模的扩大往往构成生产力发展的基础，而现代生产力的发展趋势不再向生产大型化的单一方向，而是向大、中、小型化多方向并进。[2] 中小企业的地位越来越重要，其充满活力，富有创造力。我国不能再保持单一公有制，这样会阻碍我国经济进一步发展。实行公有制为主体多种所有制并存的经济体制可以进一步激发我国经济的活力。从长期实践来看，混合所有制经济在推动经济发展中有不可替代的作用。计划经济中存在政府失灵，市场经济中存在市场失灵，二者皆有弊端，都不是完美的经济形式，我国过去实行计划经济，很难发挥经济活力。社会主义市场经济将二者结合起来，使市场在资源配置中起决定性作用，更好发挥政府作用。市场在资源配置中起决定性作用是指经济资源主要由市场配置，由市场定价，政府不予过多干涉，但在公共物品等方面，存在市场失灵的情况，这时政府要更好地发挥其作用，进行资源配置，兼顾公平与效率。将二者配合好并不是一件简单的事情，因为二者的目标、利益、运行机制完全不同，有时可能会造成不利的结果。想要二者协调配合就要明确各自的功能，市场是一只"看不见的手"，属于自发调节，政府是"看得见的手"，其调节可以人为调整。

社会主义市场经济激发了我国的经济活力，我国GDP平稳增长，人民生活水平提高。但是发展过程中一些企业只注重经济效益，废水、废气等不经

---

[1] 邓小平文选（第2卷）[M]. 北京：人民出版社，1994：236.

[2] 胡家勇. 试论社会主义市场经济理论的创新和发展 [J]. 经济研究，2016（7）：4－12.

过处理就直接排放，这给环境造成了巨大的负面影响，我国政府注意到了这个问题，认识到了生态的重要性，提出了科学发展观等正确的发展理论，出台了众多关于环保的法律法规，加大了对污染环境的企业的惩治力度。

4.1.3.2 对外开放

在十一届三中全会上，邓小平首次提出要实行对外开放。对外开放一方面是指扩大对外经济交往，与更多的国家建立外交关系，另一方面是指要放宽政策，取消各种政策保护，在我国经济发展状况较好的情况下，才有足够自信去放开限制。对外开放政策是我国根据国际环境与生产力情况作出的正确决策。第一，当今世界是开放的世界，工业革命之后，科学技术飞速发展，各国经济结构发生了变化，现代通信工具与交通工具为国家间的联系提供了条件，各国之间依存度更高，相互合作会产生更大的经济效益。第二，每个国家的发展进步都离不开世界，中国也不例外。历史经验告诉我们，闭关锁国只会让国家更加落后。当时中国的经济情况还较为落后，资金匮乏，我国需要引进外资和技术，学习新的管理方式。提高生产力是当时发展的迫切目标，实行对外开放可以解决这一问题，推动我国发展。

对外开放作为一项长期的基本国策，在我国占有重要地位。我国的开放格局也经历了一个循序渐进的过程。第一步，创办经济特区，20世纪80年代在深圳、珠海、汕头、厦门、海南省试办经济特区，利用这些地区优越的地理位置和丰富的资源引进外资。第二步，开放沿海城市。1984年，党中央、国务院决定进一步开放从北到南14个沿海港口城市，沿海城市是连接外资与内陆城市的中间城市，对我国对外开放的进程有重要影响。第三步，建立沿海经济开放区。1985年，党中央、国务院决定将长江三角洲、珠江三角洲和闽南三角地区划为沿海经济开放区，1988年又决定将辽东半岛与山东半岛全部开放，形成环渤海开放区。第四步，开放沿江及内陆和沿边城市。这一过程促进了整个长江流域经济发展，对我国形成全面的开放格局有巨大作用。经过一步步对外开放的推进，我国基本形成了“经济特区—沿海开放城市—沿海经济开放区—沿江和内陆开放城市—沿边开放城市”这样一个宽领域、多层次、有重点、点线面结合的全方位对外开放新格局。我国真正进入了改革开放新时代。2001年我国加入世界贸易组织标志着我国对外开放进入了新阶段，进一步融入了经济全球化，我国将在更高的层次上参与国际合作。

对外开放的优势很多，但是也给我国发展带来了一些负面影响。在改革开放初期，由于我国生产技术水平较低，在国际分工合作中处于产业链底端，耗费大量人力物力，却只有较少的收益。还有很多国家进行生态殖民，通过不平等贸易，掠夺落后国家的原材料，将材料带回本国制成高价的工业品再向落后国家倾销，获取大量利润，而落后国家国内生态环境被破坏且经济效益低，最后导致强国更加强盛，弱国更加落后。中国在对外开放初期，资金缺乏，技术落后，环境标准较低，环保意识薄弱，关于生态保护的文件也较少，所以引入了大量高耗能、高污染、低收益的产业，造成了严重的环境污染。

4.1.3.3　*科学发展观*

科学发展观是党中央在新世纪新阶段全面建设小康社会进程中发展起来的，是深刻把握我国基本国情和依据新阶段的特征提出的。改革开放以来，我国经济总体实力增强，但长期粗放型增长导致经济结构不合理，经济效率较低，自主创新能力欠缺。虽然社会主义市场经济体制初步建立，但影响发展的体制机制依然存在。我国收入差距还在拉大，贫困人口依旧很多，城乡发展不平衡。人民生活水平提高，对精神文化的需求与日俱增。当今世界，和平和发展仍是时代主题，经济全球化发展更加深入，我国目前还在生产链的底端，需要进一步提高自己的创新能力，在国际生产中获得一席之地。科学发展观总结了改革开放以来的经验教训，推动马克思主义中国化。2003 年 7 月，胡锦涛提出了“我们要更好地坚持全面发展、协调发展、可持续发展的发展观，更加自觉地坚持推动社会主义物质文明、政治文明和精神文明协调发展，坚持在经济社会发展的基础上促进人的全面发展，坚持促进人和自然的和谐”[1]。2004 年 9 月，党的十六届四中全会把树立和落实科学发展观作为提高党的执政能力的重要内容；2005 年 10 月，党的十六届五中全会强调要坚定不移地以科学发展观统领经济社会发展全局，坚持以人为本，转变发展观念、创新发展模式、提高发展质量，把经济社会发展切实转入全面协调可持续发展的轨道。2006 年 3 月，十届全国人大四次会议提出，“十一五”时期促进国民经济持续快速协调健康发展和社会全面进步，要以邓小平理论和“三个代表”重要思想为指导，以科学发展观统领经济社会发展全局。

科学发展观的第一要义是发展，核心是以人为本，基本要求是全面协调

---

[1] 胡锦涛文选（第 2 卷）［M］. 北京：人民出版社，2016：67.

可持续，根本方法是统筹兼顾。坚持科学发展，就必须加快转变经济发展方式，坚持经济结构战略性调整，要由原来的粗放型发展转向集约型发展，我国2006年GDP仅占世界总量的5.5%，而我们消耗的能源却占世界的15%，钢材占30%，水泥占54%。这表明，我国粗放型发展已进入瓶颈，受到能源限制，经济发展缓慢且对环境影响极大，转变经济发展方式已迫在眉睫。坚持推动科技进步和创新，鼓励大学生创业，把民生问题作为根本出发点和落脚点，努力建设资源节约型、环境友好型社会。以人为本就是把依靠人作为发展的根本前提，把提高人作为发展的根本途径，把尊重人作为发展的根本准则，把为了人作为发展的根本目的，始终把实现好、维护好、发展好最广大人民的根本利益作为党和国家一切工作的出发点和落脚点，做到发展为了人民、发展依靠人民、发展成果由人民共享。转变发展观念，不能以牺牲环境为代价去简单追求经济增长，政府不能搞“形象工程”“面子工程”。

新时期，经济发展迅速，可持续的发展理念让环境有了一定的改善，严格的政府政策使工业污染减少，我国生态环境在逐渐改善。

4.1.3.4 区域协调发展

区域协调发展是中共十六届三中全会提出的“五个统筹”之一，大会提出统筹城乡发展、统筹区域发展、统筹经济社会发展、统筹人与自然和谐发展、统筹国内发展和对外开放，提出积极推进西部大开发，振兴东北地区等老工业基地，促进中部地区崛起，鼓励东部地区率先发展，各地区发展速度不同，应因地制宜，继续发挥各个地区的优势和积极性，通过健全市场机制、合作机制、互助机制、扶持机制，不断缩小中国各地区之间经济发展速度的差异，形成东中西互帮互助、稳步发展的新格局。21世纪以来，我国经济突飞猛进，GDP稳步增长，但经济发展不平衡。东部对外开放，招商引资，引进西方先进技术与管理经验，经济发展较快；而西部内陆地区在历史上就较为落后，生态环境较差，改革开放后发展情况也不太乐观。对外开放导致发达的地区更加发达，落后的地区还是落后，党中央意识到这一问题，所以在十六届三中全会上提出了应对策略与发展目标。

推进西部大开发，加强西部基础设施建设，建设西电东送与西煤东运等工程，发挥西部地区的资源优势；推进退耕还林、退牧还草等项目，恢复天然的生态环境，加强旅游业的监督与管理，发展西部地区特色旅游；提高人民素质，普及义务教育，改善医疗卫生条件，推进社会保障全覆盖，提高科技创新力度；增加国家资金支持和政策扶持，多管齐下共同促进西部经济发展。东北老工业基地在“一五”时期发展迅速，由于与苏联距离较近，大型工业几乎都分布在东北地区，但东北地区的工业都是粗放型工业，对环境破坏严重且经济效益低，收入少，新时期东北工业几乎处于停产状态。新政策表示要振兴老工业基地，引进新型技术，推进工业机械化、标准化、规模化和产业化经营，加强与周围地区的分工合作。中部地区属于过渡地带，要承东启西，发挥地区优势。东部地区是我国最早发展和最发达的地区，是我国对外开放的窗口，要提高自主创新能力，加快转变经济增长方式，创造一批本国的知名品牌。

在区域协调发展过程中我国不断改善各地区的生态环境，建立合理的城镇化空间格局，尊重自然规律，加强地区合作，进一步发展低碳经济，调整能源消耗结构，提高能源利用效率。政府政策要向新能源倾斜，制定节能措施，在西部地区大力发展风能、太阳能等清洁能源，引进国外先进技术，减少废物排放对环境的污染程度。

4.1.3.5　小结

新时期中国的经济在“质”与“量”方面都取得了巨大的进步，在新中国成立初期，通过“一五”计划等建设，将中国逐步带入工业化，但当时经济结构极度不合理，只重视重工业，实行粗放型发展，经济效益较差且隐性成本较高，对生态环境破坏较为严重。十一届三中全会之后，中国经济进入正常发展阶段，总结经验与教训，核心工作是要推动经济建设，提高自主创新能力，同时强调全面发展，以人为本，努力提高人民生活水平，完善公共服务，整合社会各方面资源，保证低收入人群有基本生活保障。同时，增强生态保护意识，提出可持续发展与科学发展观，出台大量环境保护政策，污染排放的成本和门槛越来越高，处理污染的技术更加先进，中国整体环境正在逐渐改善。

4.1.4　新时代中国经济发展实践

2017 年 10 月 18 日，中国共产党第十九次全国代表大会在北京开幕，这次会议是在全面建成小康社会决胜阶段、中国特色社会主义进入新时代的关键时期召开的一次十分重要的大会。党的十九大报告提出了中国发展新的历史方位——中国特色社会主义进入了新时代，同时指出中国经济已由高速增长阶段转向高质量发展阶段。新时代有多重含义，也有多个目标要实现，新时代是承前启后、继往开来，在新的历史条件下继续夺取中国特色社会主义伟大胜利的时代，是决胜全面建成小康社会、进而全面建设社会主义现代化强国的时代。大会的主题是“不忘初心，牢记使命，高举中国特色社会主义伟大旗帜，决胜全面建成小康社会，夺取新时代中国特色社会主义伟大胜利，为实现中华民族伟大复兴的中国梦不懈奋斗”。大会明确指出：我国主要矛盾已经转化为人民日益增长的美好生活需要和不平衡不充分的发展之间的矛盾。原因有三个方面。第一，我国自改革开放之后，生产力水平大幅度提高，国内生产总值自2010年以来一直位居世界第二，制造业增加值连续七年居世界第一，基础设施建设健全，高铁等项目更是在世界上获得了认可，这表明我国的生产能力同过去相比已有了巨大的变化。第二，生产能力提高，人民更加富裕，生活水平提高，对美好生活的追求更为强烈，而且我国目前义务教育全面普及，社会保障体系城乡全覆盖。随着生活水平的提高，人民需要更优质的教育，更完善的保障体系，更优越的居住条件，更美好的生态环境等。第三，发展不平衡不充分的问题日益凸显。我国目前存在着地区发展不平衡、城乡发展不平衡、经济结构不平衡等问题，人民收入水平差距也较大。中国社会法治化水平较低，文化建设落后，生态文明建设也存在许多问题。

党的十八大以后，国内外形势还在变化，世界经济疲软，出现局部战争与动荡，全球性问题加剧，对于我国发展来说，机遇与挑战并存。改革开放以来，我国经济增长迅速。按照世界银行的标准，我国已进入中等收入国家行列，同时由于我国人均收入不平衡、城市化进程落后、地区间发展差距大等问题，我国也面临着落入“中等收入陷阱”的危机。环境方面，我国长期采用粗放型发展，自然资源被大量滥用，环境破坏严重，新时期我国的发展受到资源限制，大量资源濒临枯竭。因此我国应进一步探索新技术，提高自主创新能力和对资源的利用效率，发展新兴产业，优化产业布局。党的十八届五中全会坚持以人民为中心的发展思想，提出了创新、协调、绿色、开放、共享的新发展理念，这是习近平新时代中国特色社会主义经济思想的重要内容。党的十九大按照中国特色社会主义事业“五位一体”总体布局，对经济建设、政治建设、文化建设、社会建设、生态文明建设等作出新的全面部署，促进新时代全面发展。

4.1.4.1 新理念引领新常态

党的十八届五中全会提出坚持创新发展、协调发展、绿色发展、开放发展、共享发展，明确了“十三五”乃至更长时期我国经济社会发展的新理念。新常态是指在经过一段不正常的经济增长后，又重新达到另一状态，标志着我国经济发展进入一个与过去发展完全不同的阶段。我国经济增长速度正从高速减缓到中高速，经济发展方式也由原来追求大规模与高速的粗放增长变为以提高质量与追求高效为目标的集约增长，经济结构也进一步优化，不再一味依靠总量的增加，经济发展动力正从传统增长点转向新的增长点。新常态下，不仅是速度变化，更是发展状态的一种变化，认识到我国进入发展新常态是我国尊重客观规律，并发挥主观能动性去提出新理念以适应新变化，促进国家更好发展的体现。党的十八大以来，以习近平同志为核心的党中央带领全党全国各族人民，毫不畏惧地迎接经济社会发展的主要矛盾，紧紧围绕我国经济“怎么看”、发展经济“干什么”、做好工作“怎么办”的问题，明确提出了新常态下速度变化、结构优化、动能转换三大特征，强调要坚持创新、协调、绿色、开放、共享的发展理念，并以此来认识把握引领经济发展新常态。

创新是发展的第一动力。中国推进大众创业、万众创新，鼓励大学生创业获得了很好的效果，2014—2016 年，全国新登记市场主体超过 4400 万户，专利申请量和授权量增长较快；2016 年，受理境内外专利申请量和授予专利权量分别比 2012 年增长 69.0% 和 39.7% 。我国推广“互联网 +”，互联网 + 教育、互联网 + 金融、互联网 + 医疗等，让生活变得智能化。国家改造传统产业，网上贸易发展速度飞快。协调是持续健康发展的内在要求，协调意味着使产业之间、地区之间、经济与生态之间等各方面结构更加合理。优化资源配置，发挥市场与政府的共同作用，充分利用资源，提高利用效率。绿色是永续发展的必要条件，保护生态环境是可持续发展的一个重要内容，只有在生态环境良好的前提下，社会才能不断向前发展。由于我国前期发展过程中的粗放型发展，某些资源濒临枯竭，可能会制约进一步发展。所以在新时代保持经济中高速发展的情况下，要兼顾生态环境的保护与治理，如近几年中国北方城市饱受雾霾的影响，国家出台相关政策治理，雾霾情况逐渐好转，但势必会影响某些企业的利益，这就需要兼顾经济与生态。开放是国家繁荣发展的必由之路，是顺应经济全球化浪潮的重大举措，自邓小平提出对外开放以来，我国与世界联系越来越紧密，引入了世界先进的生产技术和管理经验，坚持引进来与走出去相结合，提高我国在国际社会中的话语权，建立广泛的利益共同体。共享是中国特色社会主义的本质要求，其内涵有四个方面：第一，全民共享，即所有人的共享，而不是只有少数人的权利；第二，全面共享，即在生态文明、经济建设、政治发展等各方面的共享；第三，共建共享，即只有共建才能共享；第四，渐进共享，即共享也是一个发展过程，要经历从低级到高级、从不均衡到均衡的过程。

习近平新时代生态文明建设思想是系统化和理论化的“美丽中国”伟大构想，生态文明是生产力，新时代生态文明建设就是保护和发展生态生产。目前我国经济已经发展到比较高的阶段，生产总值已经不是我国发展追求的唯一目标，在发展过程中更要兼顾环境。2017 年 10 月 18 日，在中国共产党第十九次全国代表大会上习近平同志再次指出：“人与自然是生命共同体，人类必须尊重自然、顺应自然、保护自然。人类只有遵循自然规律才能有效防止在开发利用自然上走弯路。”[1] 新时代生态环境越来越受到国家重视，政府提出“绿水青山就是金山银山”等口号标语，号召全社会进行环境保护，开展各项活动提高民众环保意识。

4.1.4.2　以供给侧结构性改革为主线

习近平总书记指出，目前以及未来一段时间，供给和需求方面都有制约我国经济发展的因素，但主要在于供给侧。我们可以看到，消费需求越来越多，但我国的产品却难以充分，人们追求的高科技产品，我国并不能完全自行生产。我国传统产能过剩，老工业基地粗放型发展已经濒临破产，衰败的景象随处可见，而新兴产业呈现出井喷式发展，互联网产业、高新技术产业等发展迅速。某些公共服务行业运行效率低，给民众生活带来不便，难以满足大家对优质教育、医疗等的追求。进行供给侧结构性改革，是顺应我国经济发展，配合发展经济新常态的进一步调整。要坚持质量与效益的重要性，推动经济发展质量、效率、动力变革。由于党中央对经济发展的正确认识，制定了以供给侧结构性改革为主线的经济工作思路，主要解决了发展经济要“干什么”的问题。

从近几年的实践来看，供给侧结构性改革持续深化，供求关系日趋改善。

---

[1] 中国共产党第十九次全国代表大会文件汇编［G］. 北京：人民出版社，2017：40.

"三去一降一补"成效明显，"三去一降一补"即去产能、去库存、去杠杆、降成本、补短板五大任务，继续推进钢铁、煤炭等过剩产能，支援非洲国家，促进我国产业走出国门，降低企业成本，发挥市场活力。我国经济结构不断优化，需求结构"消费超投资"，产业结构"三产超二产"，第三产业发展态势良好。在我国经济发展进入瓶颈时期，需要找到发展的新契机，加大自主创新能力，在供给层面优化产品质量，化解过剩产能。

过剩产能一般集中在钢铁、煤矿为主的重工业，其发展对环境破坏极其严重。在化解过剩产能的过程中，更新技术，提高资源利用率，正确处理废弃物的排放问题，或是将本国过剩产能投放到需要的国家，帮助世界经济增长。这一过程对保护我国生态环境有重要作用。

4.1.4.3　小结

新常态下，我国经济发展的主要特点之一是增长速度要从高速转向中高速，不能简单以生产总值论英雄，主要注重产品质量，推动我国制造业向更高层次上发展。新时代各种环境问题的出现给人们敲响了警钟，为了长远发展，建设中应更加注重生态环境的保护。虽然过去粗放型发展的弊端在这一时期纷纷显露，但是政府自改革开放以来就逐渐意识到环境的重要性，不断出台政策，再加上民众环保意识增强，目前我国环境正在好转。

4.1.5　总结

纵观我国经济发展历史，先后经历了重农抑商的小农经济、战争下较为混乱的经济、新中国成立初期粗放型发展的计划经济、改革开放后的市场经济体制。阶段不同，受特定时期生产条件的限制，我国经济发展的主要目标不同，制定的战略也有所区别。对外关系从清代的闭关锁国、新中国成立初期的"一边倒"到改革开放后的对外开放，我国与世界的联系越来越紧密，顺应时代发展，在全球化的浪潮中谋求自身发展。

生态问题是改革开放以来我国强调的一个重要问题，但在以前的发展中，由于发展阶段与要求不同，生态问题很少被人注意到。我国古代小农经济生产工具落后，人口较少，对环境的破坏也不明显，环境保护问题几乎无人提起。新中国成立初期是我国经济起飞的阶段，势必要先发展重工业，这一阶段是以牺牲环境为代价去发展经济。以重工业为主的粗放型发展，自然资源被大量浪费，生产效率低。当时我国主要目标是谋发展，追求生产总值的提高。由于人们生态保护意识薄弱，较大的自然灾害发生的时候也没有联想到是生态破坏问题，人们全身心投入谋发展、搞建设当中，很少有人关注生态，即使有人倡议要注重生态保护，由于当时国内外环境的具体情况，我国也无法在发展经济的情况下兼顾生态。这一阶段对生态的破坏程度是相当严重的。改革开放后，经济发展进入新时期，我国制定新的发展战略，注重经济与生态的共同发展与协调。新时代之后更是强调生态与可持续发展，治理出现的生态环境问题，生态环境逐渐好转，我国经济发展进入新常态，各方面发展较为稳定与完善。

4.2　党的十八大后关于生态文明的重要论述和实践

4.2.1　党的十八大后关于生态文明的重要论述

党的十八大之后生态保护在我国的地位越来越重要。党的十八大将生态文明建设纳入中国特色社会主义事业五位一体总体布局，党的十八届三中全会又提出紧紧围绕建设美丽中国深化生态文明体制改革。在中央领导的重视下，关于生态保护的政策不断出台，民众环保意识不断提高。

党的十八大首次单篇论述生态文明建设，将“美丽中国”作为建设的宏伟目标，把建设生态文明提到了一个历史性的高度，此问题长期以来是民众关注的重点问题，也是党中央领导一直跟进的问题。2013 年 4 月 2 日，习近平在参加首都义务植树活动时强调：“我们必须清醒地看到，我国总体上仍然是一个缺林少绿、生态脆弱的国家，植树造林，改善生态，任重而道远。”2013 年 4 月 8 日至 10 日，习近平在海南考察时指出：“良好生态环境是最公平的公共产品，是最普惠的民生福祉。”2013 年 4 月 25 日，习近平在十八届中央政治局常委会会议上发表讲话时谈道：“如果仍是粗放发展，即使实现了国内生产总值翻一番的目标，那污染又会是一种什么情况？届时资源环境恐怕完全承载不了。经济上去了，老百姓的幸福感大打折扣，甚至强烈的不满情绪上来了，那是什么形势？”2013 年 5 月 24 日，习近平在中共中央政治局第六次集体学习中指出：“生态环境保护是功在当代、利在千秋的事业。要清醒认识保护生态环境、治理环境污染的紧迫性和艰巨性，清醒认识加强生态文明建设的重要性和必要性，以对人民群众、对子孙后代高度负责的态度和责任，真正下决心把环境污染治理好、把生态环境建设好……为人民创造良好生产生活环境。”2013 年 7 月 18 日，习近平向生态文明贵阳国际论坛 2013 年年会致贺信时强调：“中国将继续承担应尽的国际义务，同世界各国深入开展生态文明领域的交流合作，推动成果分享，携手共建生态良好的地球美好家园。”2013 年 9 月 7 日，习近平在哈萨克斯坦纳扎尔巴耶夫大学回答学生提问时指出：“建设生态文明是关系人民福祉、关系民族未来的大计。我们既要绿水青山，也要金山银山。宁要绿水青山，不要金山银山，而且绿水青山就是金山银山。”2013 年 11 月 15 日，习近平在对《中共中央关于全面深化改革若干重大问题的决定》作说明时指出：“山水林田湖是一个生命共同体，人的命脉在田，田的命脉在水，水的命脉在山，山的命脉在土，土的命脉在树。用途管制和生态修复必须遵循自然规律……由一个部门负责领土范围内所有国土空间用途管制职责，对山水林田湖进行统一保护、统一修复是十分必要的。”2014 年 3 月 7 日，习近平在参加十二届全国人大二次会议贵州代表团审议时强调：“保护生态环境就是保护生产力，绿水青山和金山银山绝不是对立的，关键在人，关键在思路。”

党的十八大以来我国越来越重视生态保护，为环境的治理也设定了较为全面的目标。2013 年 5 月 24 日，习近平在中共中央政治局第六次集体学习中指出：“节约资源是保护生态环境的根本之策。要大力节约集约利用资源，推动资源利用方式根本转变，加强全过程节约管理，大幅降低能源、水、土地消耗强度，大力发展循环经济，促进生产、流通、消费过程的减量化、再利用、资源化。”2013 年 12 月 12 日，习近平在中央城镇化工作会议上发表讲话时谈道：“在提升城市排水系统时要优先考虑把有限的雨水留下来，优先考虑更多利用自然力量排水，建设自然积存、自然渗透、自然净化的‘海绵城市’。”2014 年 6 月 3 日，习近平在 2014 年国际工程科技大会上发表主旨演讲时强调：“我们将继续实施可持续发展战略，优化国土空间开发格局，全面促进资源节约，加大自然生态系统和环境保护力度，着力解决雾霾等一系列问题，努力建设天蓝地绿水净的美丽中国。”

2018 年 7 月 3 日，国务院印发《打赢蓝天保卫战三年行动计划》，其目标要求到 2020 年，二氧化硫、氮氧化物排放总量分别比 2015 年下降 15% 以上；PM2.5 未达标地级及以上城市浓度比 2015 年下降 18% 以上，地级及以上城市空气质量优良天数比率达到 80%，重度及以上污染天数比率比 2015 年下降

25%以上；提前完成“十三五”目标任务的省份，要保持和巩固改善成果；尚未完成的，要确保全面实现“十三五”约束性目标；北京市环境空气质量改善目标应在“十三五”目标基础上进一步提高。明显减少重污染天数，明显改善环境空气质量，明显增强人民的蓝天幸福感。

党的十八大以来，我国出台了越来越多的环境保护政策，管理内容越来越全面，管理力度也在逐渐加大。2013年5月24日，习近平在中共中央政治局第六次集体学习中指出：“要完善经济社会发展考核评价体系，把资源消耗、环境损害、生态效益等体现生态文明建设状况的指标纳入经济社会发展评价体系。”2014年2月25日，习近平在北京考察工作时强调：“环境治理是一个系统工程，必须作为重大民生实事紧紧抓在手上。要坚持标本兼治和专项治理并重、常态治理和应急减排协调、本地治污和区域协调相互促进，多策并举，多地联动，全社会共同行动。”

4.2.2　党的十八大后关于生态文明的重要实践

4.2.2.1　中央实践

党的十八大以来，党中央部署开展第一轮中央环境保护督察。督察进驻期间共问责党政领导干部1.8万多人，直接推动解决群众身边的环境问题8万多个。“中央环保督察大幅提升了各方面加强生态环境保护、推动绿色发展的意识。全党全国贯彻绿色发展理念的自觉性和主动性显著增强，忽视生态环境保护的状况明显改变。”生态环境部部长李干杰说。

中央对生态环境的保护由点到面，制度措施逐渐健全与严格。党的十八届四中全会要求用严格的法律制度保护生态环境。党的十八届五中全会审议通过“十三五”规划建议，中共中央、国务院出台《关于加快推进生态文明建设的意见》《生态文明体制改革总体方案》，共同形成今后相当一段时期中央关于生态文明建设的长远部署和制度构架。2016年，全国“两会”审议批准“十三五”规划纲要，将生态环境质量改善作为全面建成小康社会的目标，提出加强生态文明建设的重大任务举措。

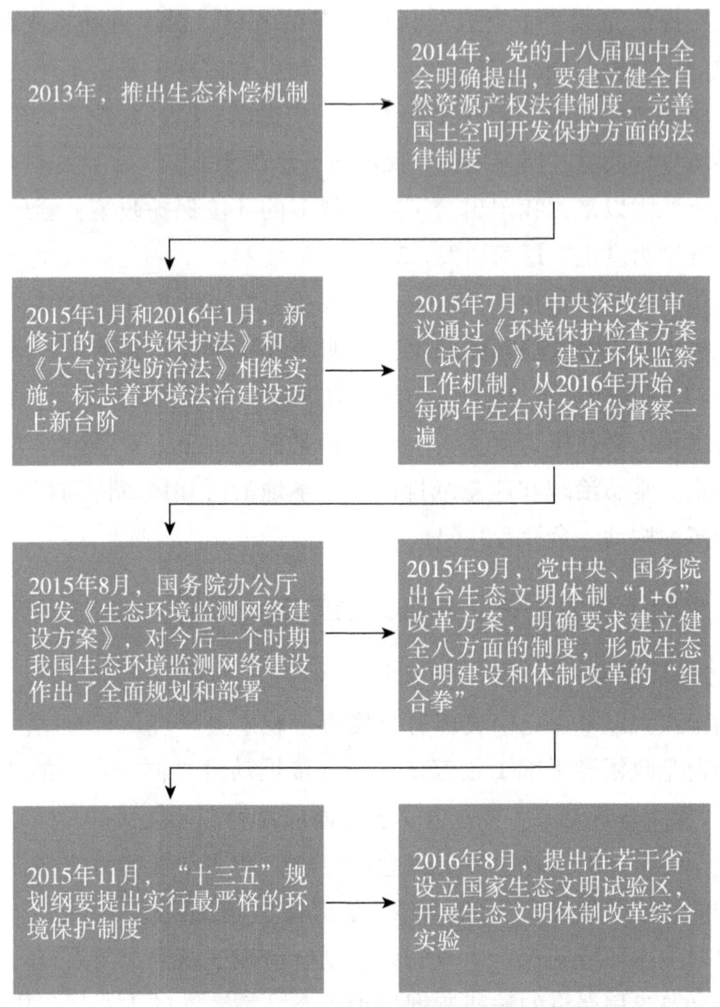

图 4－1　党的十八大后我国的生态文明制度建设

2017 年 2 月 7 日，中共中央办公厅、国务院办公厅印发《关于划定并严守生态保护红线的若干意见》，要求京津冀区域、长江经济带沿线各省（直辖市）需在 2017 年底前划定生态保护红线，其他省（自治区、直辖市）则要在 2018 年底前完成，2020 年底前则需全面完成全国生态保护红线划定工作。这份文件提到，生态保护红线所指的生态空间是具有特殊重要生态功能，必须强制性严格保护的区域。2017 年 10 月，习近平在党的十九大报告中指出：要加快生态文明体制改革，建设美丽中国。我们要建设的现代化是人与自然和谐共生的现代化，既要创造更多物质财富和精神财富以满足人民日益增长的美好生活需要，也要提供更多优质生态产品以满足人民日益增长的优美生态环境需要。必须坚持节约优先、保护优先、自然恢复为主的方针，形成节约资源和保护环境的空间格局、产业结构、生产方式、生活方式，还自然以宁静、和谐、美丽。2018年7月3日，国务院印发《打赢蓝天保卫战三年行动计划》，打赢蓝天保卫战，是党的十九大后作出的重大决策部署，该计划对优化产业布局，严控“两高”行业产能，强化“散乱污”企业综合整治等多方面环保问题进行规范。

4.2.2.2　地方实践

2013年中央环境保护督察巡视在河北开展试点，生态环境监测网络建设和事权上收稳步推进，生态环境损害赔偿制度改革、自然资源资产负债表编制、自然资源资产离任审计等制度试点陆续启动，生态文明建设“党政同责”“一岗双责”正在落地。以新修订的《环境保护法》《大气污染防治法》出台为标志，环境法治建设迈上新台阶。2015年，环境保护部对33个市（区）开展综合督察，公开约谈15个市级政府主要负责同志。全国实施按日连续处罚、查封扣押、限产停产案件8000余件，移送行政拘留、涉嫌环境污染犯罪案件近3800件。

2015年，上海市正处在建设“四个中心”的关键时期和创新驱动发展、经济转型升级的攻坚期，环境保护形势依然十分严峻，环境质量与国家标准、市民期盼和社会主义现代化国际大都市定位仍存在较大差距。为贯彻落实党的十八届三中全会、四中全会精神，加快推进上海市生态文明建设，加快改善生态环境质量，特制订发布《上海市2015年—2017年环境保护和建设三年行动计划》，内容包括水污染防治、大气污染防治、土壤污染防治等，坚持问题导向、民生优先，更加注重环境质量和环境安全；强化大气、水等重点领域污染治理，加快完善城市生态网络格局，努力改善城乡生态环境质量，保障城市安全。

2017年7月，中共中央办公厅、国务院办公厅就甘肃祁连山国家级自然保护区生态环境问题发出通报。甘肃约百名党政领导干部被问责，包括3名副省级干部、20多名厅局级干部。问责力度之大、范围之广，在全国形成强烈震撼。2018年5月，生态环境部对广州、盐城等7个违法倾倒固体废物及危险废物等问题突出的城市进行公开约谈，要求严厉打击非法倾倒行为。2018年，北京市接受环境保护督察组反馈的督察意见，以此为依据，制定整改方案，整改措施主要包括提高环境意识，树立绿色发展理念，加快产业结构调整；健全环境保护考核评价和责任追究体系，压实环保责任；打好大气、水、土壤污染防治攻坚战，解决突出环境问题；建立健全长效机制，提升城市精细化管理水平等。

第5章　黄冈市生态文明与经济发展概况

5.1　黄冈市经济发展现状

5.1.1　总体发展状况

5.1.1.1　综述

作为武汉城市圈的重要组成部分，2017年黄冈市面对错综复杂的宏观经济形势和经济下行压力加大的不利影响，全市围绕加快振兴崛起、决胜全面小康目标，突出“双强双兴”，推进“四大行动”，狠抓招商引资“一号工程”，统筹推进稳增长、促改革、调结构、惠民生、防风险等各项工作，加快建设全省区域性增长。

根据《2017年黄冈市国民经济和社会发展统计公报》，该地地区生产总值为1921.83亿元，规模以上工业企业1496家，社会消费品零售总额1083.16亿元，外贸进出口总额80607万美元，地方财政总收入203.43亿元，城镇化率45.92%。[1] 而黄冈市2000年的GDP总额为320.3亿元。

2017年的全市地区生产总值与2008年的600.8亿元相比，有了两倍以上的增长，人均地区生产总值增加到30356元，近10年间黄冈的经济实现了飞跃式的高速增长。2017年黄冈市三大产业所占比重分别为21.71∶38.94∶39.35，相比于2008年的比重32.05∶33.99∶33.96，第一产业所占比重有较大幅度的下降，并且在2016年已首次实现第三产业比重超过了第二产业比重的跨越式进展。2017年与2016年相比，第一产业增加值417.30亿元，增长4.0%；第二产业增加值748.33亿元，增长7.9%；第三产业增加值756.20亿元，增长9.5%。三次产业结构由2016年的22.90∶37.89∶39.21调整为21.71∶38.94∶39.35，第

---

[1] 黄冈市统计局，国家统计局黄冈调查队．2017年黄冈市国民经济和社会发展统计公报［R］．2018.

三产业占地区生产总值比重超过第二产业。第三产业中交通运输仓储和邮政、批发和零售、住宿和餐饮、金融、房地产及营利性服务业分别增长 7.9%、7.6%、8.3%、14.0%、8.7% 和 16.6%。这些数据的分析对比足以说明黄冈市经济的快速发展和产业结构的优化升级取得了显著成效。

此外，2017 年黄冈市市场主体不断增加，市场主体逐渐实现多样化发展。全市新发展五类（含内资、私营、外资、个体、农民专业合作社）市场主体 85876 户，五类市场主体总量达 492793 户，比上年末增长 9.72%，完成个转企 821 户。

5.1.1.2　人力资源

黄冈市现辖二市（武穴、麻城）、七县（红安、罗田、英山、浠水、蕲春、黄梅、团风），黄州区、龙感湖管理区和黄冈经济开发区，127 个乡镇街，4290 个行政村，总面积 17453 平方公里。2017 年全市总人口 810 万人，是湖北省继武汉之后人口第二多的城市。

据统计，截至 2016 年 1 月，人力资源供给方面，全市人力资源市场登记用工 4569 家，其中规模企业 1432 家，近两年提供就业岗位近 35 万个，全市人力资源市场登记求职人员 32.58 万人，近两年成功职介就业人员 25.69 万人，其中市区 2.51 万人。人力资源需求方面，全市 1432 家重点规模企业生产经营需要人员 19.81 万人，缺工 8500 人，平均缺工率 4.29%。其中，市直规模企业生产经营需要人员 6569 人，缺工 186 人，平均缺工率 2.83%。

在“新常态”的经济形势下，经济增速放缓，人力资源供需也随之出现一些新的问题，表现有以下几方面。一是隐性失业人员有增长之势。虽然在市场中求职的人员在增加，但在经济下行的背景下，难免隐性失业人员有所增加。其中，城镇的隐性失业人员较多。据初步调查预计，全市隐性失业人员达 6000 人，其中市区近 2000 人。二是就业质量不高。经济下行的背景下，许多情况是劳动者并非找不到工作，而是找不到工资待遇和工作环境较好的岗位，故而存在较严重的就业结构性矛盾。同时由于职业培训意识淡薄等多方面的原因，求职者就业上岗前职业培训还不够，相应的就业能力也不强，结构性的供需对接矛盾同时导致了企业用工质量和求职人员就业质量两方面都不高。据调查，黄冈市接受过技能培训的务工人员仅占 45%，其中男性占 53%，女性占 47%。三是自主创业、小微企业用工较难。其虽缺工不多，但因其规模不大，各方面工作条件又不够完善，用工吸引力不大，以致招工困难，也难以留住人，员工容易流失，用工流动性很大。但预计今后相当长一段时间内，随着“大众创业、万众创新”局面的深入推进，黄冈自主创业、小微企业用工需求将保持逐步增长势态，成为拓展就业岗位、稳定就业形势的一个重要渠道。

5.1.1.3　*产业发展状况*

黄冈市产业结构逐渐稳步调整与发展，三次产业结构由2011年的27.75∶38.92∶33.33调整为2017年的22.71∶38.94∶39.35，二、三产业占地区生产总值比重继续上升。

黄冈市第一产业整体水平稳步提高。黄冈市2017年末耕地面积551.99万亩，农林牧渔业现价总产值660.37亿元，比上年增长5.9%。粮食种植面积788.88万亩，减少1.3%；棉花种植面积52.53万亩，增长27.81%；油料种植面积373.11万亩，增长5.24%；蔬菜面积189.59万亩，增长1.94%。畜牧业总产值248.95亿元，比上年增长8.7%。渔业养殖面积128.79万亩，比上年减少7.28万亩；实现渔业产值75.66亿元，较上年减少0.7亿元。农村土地经营权流转有序，实现耕地流转面积197.67万亩。新型农业经营主体快速发育，注册的农民专业合作社9492家，比上年增加2167家，家庭农场4397家，比上年增加1259家。[1]

黄冈市传统农业逐步向现代农业转型，现代农业稳步发展，规模以上农产品加工企业达到526家，实现产值914.72亿元。建成各类现代农业示范园区221个，其中8家入围首批省级现代农业产业园。全市有效期内农业“三品一标”品牌达到526个，新增35个，总数居全省第2位。

黄冈市第二产业转型加快推进，高新技术产业快速发展。2017年，黄冈市的高新技术企业213家，高新技术产业增加值占GDP的比重达10.23%。新能源新材料、智能制造、新能源汽车、节能环保等新兴产业快速发展。科峰传动、迅达药业被评为湖北省智能制造试点示范企业，其中科峰“精密减速机智能制造项目”获批国家智能制造试点示范项目。

黄冈市第三产业发展势头良好。文化产业、金融业、旅游业、电商长足发展，稳居全省第一方阵。白潭湖片区大别山金融中心项目建成。2017年，全市旅游接待国内外游客突破3000万人次，旅游总收入突破200亿元。团风一字水文化小镇、英山四季花海旅居小镇、黄梅禅文化旅游区等加快推进。建成县级电子商务综合

[1] 黄冈市统计局，国家统计局黄冈调查队. 2017年黄冈市国民经济和社会发展统计公报［R］. 2018.

服务中心6个、村级电商服务站超过2000家，综合覆盖率达70%。

5.1.2 县域经济发展状况

5.1.2.1 总量规模壮大[1]

（一）主要指标保持平稳增长

2016年，湖北省全省县域生产总值达到19540.24亿元，增长8.4%；地方一般公共预算收入达到1234.6亿元，增长5.5%；实现社会消费品零售总额8883.1亿元，增长12.3%。

（二）县域经济对全省的支撑作用进一步增强

2016年，湖北县域GDP占全省的比重由上年的60.3%上升至60.5%；地方一般预算收入占全省的比重为39.8%，投资占比提高到69.6%。

5.1.2.2 经济结构优化[2]

（一）产业结构进一步优化

2016年，黄冈新型工业化步伐加快，规模以上工业企业达到1497家。国家级黄冈高新区创建进入审批阶段。高新技术企业达到177家，高新技术产业增加值占GDP比重达到8.9%，获评全国科技进步城市。服务业活力增强，文化产业、金融业长足发展，旅游业步入全省第一方阵。旅游人数和综合收入连年保持20%以上增长，红安、罗田、麻城、英山等县市获评湖北旅游强县，并入选国家全域旅游示范区创建名单，全市4A级景区达到15家，成功创建首个中国漂流谷，龟峰山风景区通过5A级景区景观质量评审。大别山世界地质公园创建工作顺利推进。红安、麻城、英山、黄梅、罗田、蕲春等县市列入全国电子商务进农村综合示范县。

（二）基础设施建设加快

2016年，黄冈交通建设投入465亿元，黄冈长江大桥、武冈城际铁路、黄鄂高速、麻阳高速、大别山红色旅游公路及支线、黄冈大道等重大交通项目建成通车，高速公路里程突破700公里，公路总里程达到2.87万公里，实现县县通高速、乡乡通省道、村村通客车。江北铁路、武穴长江大桥等项目进展顺利。水利建设投入162.1亿元，完成39条中小河流综合治理、782座水库和57公里

---

[1] 湖北省统计局. 2016年湖北省县域经济发展报告［R］. 2017.

[2] 肖伏清. 2017年政府工作报告——2017年1月7日在黄冈市第五届人民代表大会第一次会议上［EB/OL］.［2017-01-19］. http://www.hg.gov.cn/art/2017/1/19/art_13625_361914.html.

回水堤防整险加固。电网建设投资69.8亿元，农村电网加快改造升级。开展国家智慧城市、数字城市试点，基础通讯升级换代，城区百兆光纤网络覆盖率100%。

（三）城镇化进程明显

2016年，黄冈完善“四线”控制规划，城乡建设投资额是前五年的4倍，城镇化率提高7.61个百分点，达到44.52%。市区面积由28平方公里扩大到50平方公里，完成101公里主次干道黑化亮化。遗爱湖公园成功创建国家湿地公园，获评湖北十大最美湖泊，极大提升了城市品位。总规划面积63平方公里的白潭湖片区初具雏形。各县市“双十支撑、两区互动”加快推进，卫生城市、文明城市等创建工作掀起热潮，红安“一河两岸”、麻城孝感乡文化公园、黄梅滨河新区等成为城市风景。黄团浠区域协同发展启动实施，武穴城乡一体试点扎实推进，24个国家重点镇、21个省级文化小镇、13个省级重点中心镇、10个省级特色镇、111个省级美丽宜居村庄、200个“一带一片”美丽乡村试点、26个中国传统村落建设梯次推进，城乡面貌发生深刻变化。实施“天蓝、地绿、水碧、土净”工程，强力推进“雷霆行动”，在全省率先完成“大气十条”任务，连续多年超额完成节能减排目标，省级生态市创建取得实效。

5.1.2.3　*发展动力增强*❶

（一）招商引资和项目建设成效突出

2016年，湖北县域开发区和工业园区规模扩大，服务配套功能不断完善，产业承载能力进一步提高。各地创新招商引资思路和方法，变招商引资为选商择资，变招企业为招产业，探索出产业链招商、重资产招商、以商招商等招商引资新模式。全年县域一批重大产业项目落地投产，建成了一批发展潜力大、竞争力强的优势产业项目。

（二）市场主体迅速成长

2016年，湖北县域规模以上工业企业净增507家。创新能力加强，一批重点企业与高校院所开展全方位合作，建成了一批国家级企业技术中心，一批产学研项目成功转化为现实生产力，传统产业改造升级成效显现，高新技术产业加快发展。

（三）县域改革创新不断深入，要素集聚能力增强

着力推进重点领域、关键环节改革，解决制约经济社会发展突出问题。

---

❶ 湖北省统计局. 2016年湖北省县域经济发展报告［R］. 2017.

深入推进“放管服”改革，省级再取消、调整和下放行政审批；实施“五证合一、一照一码”，率先实行个体工商户“两证整合”。农村土地承包经营权确权登记颁证工作稳步推进，农村集体资产股份权能改革试点有序开展。多渠道缓解企业融资难、融资贵问题，积极推进银企对接，创新推出了“助保贷”“助农贷”“政银企集合贷”等一批金融创新产品。

5.1.2.4　绿色发展成效显现❶

（一）加大淘汰落后产能和化解过剩产能力度，大力推进节能减排

2016 年，湖北压减钢铁产能 338 万吨、煤炭产能 1011 万吨，淘汰钢铁落后产能 476 万吨，实现三年任务一年完成。

（二）美丽县域建设成效显著

2016 年，湖北各地加紧实施环境基础设施建设、河流整治、生态环境修复、工业污染源治理、城镇绿化、城乡垃圾污水处理设施建设等一批综治工程，县域生态环境得到显著改善。一批县（市）立足独特的山水生态资源，大力发展特色产业和旅游业，走出了一条“特色开发、绿色繁荣、可持续发展”的新路，涌现出一批生态新城、美丽乡村和特色小镇。

5.1.2.5　民生福祉改善❷

县域经济持续快速发展，极大地增强了县域自身的“造血”功能，促进了县域各项社会事业发展和民生改善。

（一）县域城镇化质量和水平不断提高

2016 年，湖北县域城镇化率达到 49.3%，比上年提高 1.5 个百分点。

（二）农民收入持续较快增长

2016 年，湖北县域城镇、农村常住居民人均可支配收入分别达到 26632 元和 13176 元，比上年增长 9.0% 和 7.9%。

（三）脱贫奔小康进程加快

2016 年，湖北县域 150.1 万农村建档立卡贫困人口实现脱贫，占全省总脱贫人口的 97.8%。

（四）基础设施和公共服务体系建设加快

农村交通、教育、医疗、饮水安全等基础设施和公共服务体系建设加快，

---

❶ 湖北省统计局. 2016 年湖北省县域经济发展报告［R］. 2017.

❷ 湖北省统计局. 2016 年湖北省县域经济发展报告［R］. 2017.

社会保障体系逐步完善，农村养老保险实现全覆盖。

5.2　黄冈市产业结构现状

5.2.1　黄冈市第一产业——农业

5.2.1.1　产业现状及特征

（一）近 10 年黄冈市农业情况

2008 年全市总产值达 600.75 亿元，粮食总产量为 283.16 万吨，经过近 10 年不断发展，2016 年发布的统计数据显示，黄冈市地区生产总值共计 1726.17 亿元，比上年增长 7.6% 左右。年末耕地面积与上年相比增长 4.9%，达到 548.61 万亩，农林牧渔业现价总产值相比上年增长的幅度也较大。2017 年地区生产总值达 1921.83 亿元（现价），粮食种植面积 788.88 万亩，粮食总产量 295.97 万吨，农业产出更注重农产品结构和质量问题。农产品加工产值高达 914.72 亿元，共建成高标准农田 73 万亩，稻田综合种养达到 80 万亩（见表 5－1、表 5－2）。

表 5－1　2008 年黄冈市与武汉城市圈相关指标对照表

指标名称＼区域名称	黄冈市	武汉城市圈
面积（平方公里）	17446	58052
常住人口（万人）	667.50	2994.60
GDP（亿元）	600.75	6972.11
人均 GDP（元）	9005	24698
粮食总产量（万吨）	283.16	1006.39
农业总产值（亿元）	302.65	1261.85
农村居民人均纯收入（元）	3744	4573

黄冈市面积广阔，人口众多，粮食产量较高，是个农业大市，但其 GDP 总量和人均 GDP 均远低于武汉城市圈，由此可见，该市经济处于欠发达状态。尽管农业产量较高且不断上升，结构不断调整优化，农业对于本市的经济贡献颇高，但某些领域发展出现停滞甚至倒退问题，农业发展水平总体不高，

农业经济相对落后。

表 5-2　2008 年与 2017 年黄冈市相关指标对照表

指标名称＼年份	2008 年	2017 年	浮动变化（%）
GDP（亿元）	600.75	1921.83	+219.905
农林牧渔业现价总产值（亿元）	304	660.37	+117.227
粮食产量（万吨）	283.16	295.97	+4.524
棉花产量（万亩）	7.18	3.15	-56.128
油料产量（万亩）	43.4	58.01	+33.664
蔬菜产量（万亩）	218.47	306.56	+40.321
畜牧业现价总产值（亿元）	96.9	248.95	+156.914
渔业总产值（亿元）	42.91	44.42	+3.519

（二）黄冈市农业发展特征

长期以来，受到经济发展水平、技术和思想观念等的限制，黄冈市农业发展一直存在增长方式粗放、资源过度消耗和资源浪费等问题，集约化程度不高，农村自然生态环境遭到了明显的破坏，经济效益也未见明显好转。经济长期处于较低水平，使得当地农业生产方式的转变没有经济和技术方面的支持，农村生态环境与农业经济发展在一定程度上处于恶性循环状态，主要体现在以下两个方面。

（1）自然资源相对丰富，但过度消耗，且利用率低

由于黄冈市地理位置较好，湖泊众多，适宜耕地的面积较广，农业资源浪费成本较小，代价不易显现，在当地农业发展初期节约意识不到位，未走循环利用道路。长此以往，农业技术支持率低，农民多以传统的耕耘形式延续，多数可循环利用的农业废弃物则被遗弃或搁置。例如秸秆处理，农民通常直接焚烧作为燃料，不但利用率过低，还极易造成空气污染；对于牲畜粪便、粪水等则随意排放或是作简单处理，违背了农业可持续发展理念。这些传统农业粗放经营模式造成的环境代价在短期内往往难以显现，但长此以往，其对自然生态环境造成的恶劣影响则是巨大的、不可逆的。

（2）生态环境基础好，但农业污染问题严重

在传统观念中，黄冈市山清水秀，森林面积超过 1100 万亩，森林覆盖率高达 46%，曾被评为“国家园林城市”“省级环保模范城市”等，本不需要

过分关注环境问题。但深入走访黄冈市农地发现，农业污染问题仍然较为严重，且已初见端倪。黄冈市环境监测数据和环保督察结果显示，黄冈市部分区域空气质量在全省排名靠后，水质也逐年下降，2017 年长江流域黄冈段仍有 4 个断面水质不达标，这与农业用水污染有密切关联。黄冈市作为一个农业大市，本就容易出现化肥、农药等过度使用造成各种农业污染问题，以及废物处理不彻底等农业生态问题。另外，受传统观念和经济发展水平限制，当地农业以粗放经营为主，生产劳动者对农膜、农药和化肥往往过度使用，从而产生大量白色垃圾，给当地带来严重的土壤污染、大气污染和水污染问题❶；农药的过度使用，导致农作物对农药的依赖度提高，产生抗药性，使农药的使用更为严重，成为新的污染源；农作物本身亦受到影响，品质大大下降；农民为提高农作物产量和减少生产周期，在治理土地过程中过度使用化肥，使土地肥力下降，违背大自然的规律，污染问题也愈加严重。环境污染对农村居民的身体健康造成严重的威胁。❷ 总体来说，黄冈市由于地理位置原因，生态环境基础较好，但在传统农业长期粗放式经营下，农村自然生态环境存在较大隐患。

（三）农业生态环境问题：农业污染

（1）畜牧业粪便排放污染

随着经济的发展、社会的进步，人们的消费需求、消费结构也在发生变化，在对农产品的需求中最明显的就是增加了对乳制品的消费需求。据相关数据显示，到 2020 年我国居民对奶制品的消费量将达到 5661 万吨，人均消费 39.98 公斤。❸ 面对这样的消费刺激，近几年来全国多数地区畜牧业都得到了迅速发展，但是内陆地区分散的小农经济本就不具备发展畜牧业的天然优势，如今这样的小农经济发展畜牧业带来的另一严重问题就是畜牧业粪便排放污染。在黄冈地区，畜牧业的排放污染曾一度成为农业污染中最为头疼的问题：农村畜禽养殖多数处在一种无序分散的状态，农民放养家禽及猪、羊、牛等牲畜因为缺乏专门的排污系统，就在村中任意排放，没有经过专业排污

❶ 杜江，罗珺．我国农业面源污染的经济成因透析［J］．中国农业资源与区划，2013，34（4）：22－27.

❷ 张韵．陕西农村居住地生态环境影响因素分析［J］．中国农业资源与区划，2018，39（4）：103－104.

❸ 张雯丽，等．“十三五”时期我国重要农产品消费趋势、影响与对策［J］．农业经济问题，2016（3）：13.

系统处理的粪便如果进入饮用水源中，会在其中滋生细菌，最终危害人类自身；有些没有进入饮用水源的粪液也会随着时间推移，对土壤、池塘等造成危害，进而影响水产业。

（2）农药化肥污染

为追求经济效益，对农作物施用农药化肥能取得更迅速的效果。但我国的农药技术引自国外，农药品种单一，如果长期施用，很容易使害虫对农药产生抗药性，危害人类自身。

由图 5－1 可知，从 2011 年至 2012 年，整个湖北省的化肥施用量增多，2013 年和 2014 年略有减少，但依旧在 350 万吨左右；而黄冈市的化肥施用量从 2011 年至 2013 年不断增多，2014 年减少，随着时间推移，也有增长趋势。最应该值得注意的是，黄冈市的化肥施用量连续多年都约占整个湖北省总化肥施用量的 1/7 左右，可见黄冈多年来化肥施用量多。

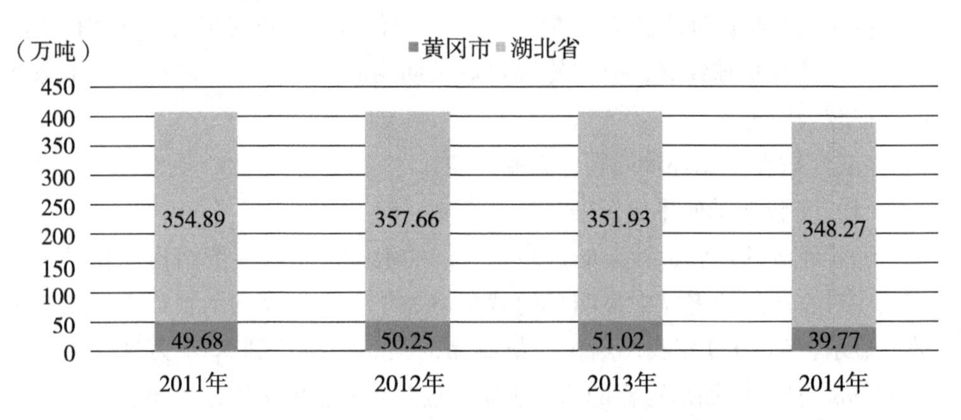

图 5－1　2011—2014 年湖北省和黄冈市化肥施用量

（3）固体废弃物污染

黄冈市农业固体废弃物主要有农地膜、化肥包装物和农药包装物三大类，每年产生废弃物总量约 13450 吨，其中农地膜 9728 吨，化肥包装物 3122 吨，农药袋（瓶）600 吨。这些固体农业废弃物大多是聚氯乙烯制品，不易降解，约 20% 残留在农田和漂移于农用水域等环境中，对农业环境造成污染。但针对这些污染问题，黄冈市曾出现过因管理体制不顺，责任不明确，致使农业固体废弃物污染防治工作落实不平衡，工作效率不高的现象。

（四）农业供给侧结构改革

（1）保证农业生产的稳步发展

黄冈市在推进供给侧结构性改革进程的头两年对农业的发展提出了更高的要求，为了既能做到“一控两减三基本”遏制农业面源污染[1]，又能保证农业产量的稳步增长，既兼顾生态利益，又兼顾经济利益，不仅需要构建粮经饲统筹、种养加一体的种植体系，还需要农牧渔结合、开发黄冈市的现代农业结构。[2]

黄冈市相关部门主要做了以下两方面的工作。第一，积极引导优质品种推广加速。全面推广水稻、玉米、大豆、花生、马铃薯等主栽优势品种，到2017年上半年，黄冈主要农作物优质品种率达98%以上，其中，优质再生稻面积达100万亩，比上年扩大15万亩，亩平可增收500元以上[3]；在新品种选育方面，2018年，黄冈市农业科学院自主选育的再生稻新品种黄科香1号、黄科香2号已获得农业部植物新品种保护权；棉麦新品种已能实现全程机械化配套品种；还培育了其他特色农产品：带有观光性质的彩色棉，黄州萝卜，巨型黄瓜、苦瓜等30多个性状稳定的品种。第二，“粮经饲”改革效益突出。创新转型“粮经饲”新模式，通过更科学的饲用高粱品比试验、多次收割试验等检测高粱品种长势；2017年上半年，青贮玉米已达到25万亩，青贮小麦已达到10万亩，饲料用油菜已达到5万亩，带动农民亩平增收800元以上[4]。种植业结构有了初步调整，推动通过粮食“去库存”的目标逐渐清晰，成为优化畜禽种植结合的重要着力点。

（2）推动产业结构不断优化

第一，积极提供生态农业新模式技术研究方面的支持。最有名的是以下三种新模式。一是巨型稻养蛙套泥鳅高效种养模式[5]。利用巨型稻、青

---

[1] 李建国，梅兰芝，叶波，等．新形势下黄陂区粮食生产转型升级的实践与思考［J］．湖北农业科学，2016（zl）：153－154.

[2] 吴海峰．推进农业供给侧结构性改革的思考［J］．中州学刊，2016（5）：38－42.

[3] 黄冈市人民政府．2017年上半年农业经济形势情况汇报（农业局）［EB/OL］．［2017－08－26］．http：//www. hg. gov. cn/art/2017/8/26/art_7522_130965. html.

[4] 黄冈市人民政府．我市农业供给侧结构性改革稳步推进［EB/OL］．［2017－07－17］. http：//www. hg. gov. cn/art/2017/7/17/art_32_124934. html.

[5] 郑华斌，贺慧，姚林，等．稻田饲养动物的生态经济效应及其应用前景［J］．湿地科学，2015，13（4）：510－517.

蛙、稻花鱼、泥鳅共同构成一个生态系统，共享生物资源、肥沃稻田，生态循环利用资源；在经济方面的效益表现为：原来一亩水稻田，农户只能收获水稻的产出，如今这样种养模式结合，每亩水稻田产出生态稻米300公斤，青蛙1000公斤，泥鳅500公斤，稻花鱼100公斤，使农户的纯收入提高到2.5万余元。截至2018年底，这一模式在科研基地已建成50亩试验田，在麻城市白果镇已建成1100亩示范区。二是奶牛粪污染综合利用模式。粪污经过减量化、无害化、干湿分离、发酵处理后，利用干牛粪一部分作奶牛睡床垫料，一部分养殖蚯蚓，现已完成蚯蚓的引种和养殖床放养，蚯蚓又可用作青蛙和土鸡的饲料。这么做既有效避免了粪污排放对水源的污染，又使资源得到重复高效利用。三是棉田综合种养模式。通过棉花和土鸡构成一个生态系统，土鸡的粪便能滋养棉田，棉花上的害虫又能构成土鸡的食物，二者相互促进。

第二，将一、二、三产业发展不断融合。黄冈市打造了一批集生态、休闲、观光、文化等于一身的农旅结合园区，创建了全国休闲农业与乡村旅游示范县2家、国家级休闲农业与乡村旅游示范点1家、省级休闲农业示范点13家、湖北省最美休闲乡村4家，8家示范点被推介为“湖北休闲农业好去处”，带动亩平增收1000元以上。

第三，采用“一菜多用”的办法，效果显著。油菜“一菜多用”推广面积达150万亩，举办了首届最美油菜花评选活动，吸引观光游客超过50万人次，亩平增收300元。

第四，推进特色水果快速发展。蓝莓、杨梅、火龙果、猕猴桃、桑葚等特色水果规模不断扩大，凤梨、樱桃、冬枣、芒果等特色水果试种成功，蓝莓汁、杨梅酒等特色水果加工业迅速兴起，水果采摘带动农户亩平增收3000元左右。

（3）农业产业化迅猛发展

一是标准化步伐不断加快。采用设施作物精准化栽培技术研究，按照“四个高度一致”的标准栽培作物。截至2018年底，全市已建立优质粮油生产基地800万亩，优质桑茶药生产基地130万亩，优质瓜果菜生产基地100万亩，主要农产品标准化生产率达到60%以上。二是规模化加快发展。截至2017年底，已建成各类现代农业示范园区221个，核心区千亩以上的137个；市级以上农产品加工园区发展到14家，其中8家成功入围首批省级现代农业产业园，占全省13%。三是品牌化活力不断显现。黄冈市主要围绕区域公用品牌、企业产品品牌、特色农产品品牌进行建设，再结合举办的各式各样的文化节活动、会展等让罗田板栗、麻城福白菊、蕲艾、东坡贡米、李时珍中药材等一批知名农产品品牌畅销全省，走向全国，赢得了更高的知名度。

（4）农产品质量高位运行

为确保农产品质量，加快推进农产品质量安全示范县创建、农产品质量安全追溯体系建设试点。2016—2017年，全市共抽检食用农产品样品38000多个，覆盖35个品种，合格率99.6%，速测生猪“瘦肉精”59572头，全部合格。累计出动执法人员7087人次，整顿农资市场640个次，检查各类农资经营门店5980家，立案查处农资违法案件390起，挽回直接经济损失1219万元。连续两年代表湖北省接受农业部农产品质量安全监测，满意率达99.7%以上。

（5）农业污染有力防治

一是推进化肥、农药减量增效。在化肥减量增效方面，主要采取测土配方施肥和有机替减化肥，具体操作过程中实行农牧结合、种养结合，示范推广农艺、农机结合施肥技术，推广水肥一体化技术，改进施肥技术，提高化肥有效利用率等。通过以上生态技术的推广，2017年全市化肥施用量33.41万吨，比2016年减少0.65万吨，下降1.91%；2017年全市有机肥企业达到了19家，有机肥生产能力5万吨，生产销售有机肥16.2万吨，比2016年增加8.4万吨。在农药减量方面，推进专业化、机械化统防统治，推广全程绿色防控技术，推广运用太阳能杀虫灯、全能杀虫平台、粘虫板、性诱剂等绿色防控技术和装备。采取这些措施有效降低了农药使用量，2017年全市农药使用量13838吨，比2016年减少351吨，下降2.47%。

二是推进农作物秸秆综合利用。黄冈市政府高度重视秸秆回收问题，成立农作物秸秆焚烧及综合利用工作领导小组，全面开展以机收秸秆切碎还田为主的肥料化利用和饲料化、能源化、原料化、基料化综合利用，探索出机收秸秆切碎还田、秸秆覆盖腐熟还田、秸秆直燃发电、秸秆生产支垫填充物、秸秆袋料种植食用菌等17种秸秆综合利用新模式和新技术，使秸秆的综合利用率得到了很大的提升（见图5－2）。

三是开展农业固体废弃物回收利用。针对黄冈市农业固体废弃物主要为废旧地膜和农药化肥包装物的问题，农业部门主要采取宣传教育和技术培训

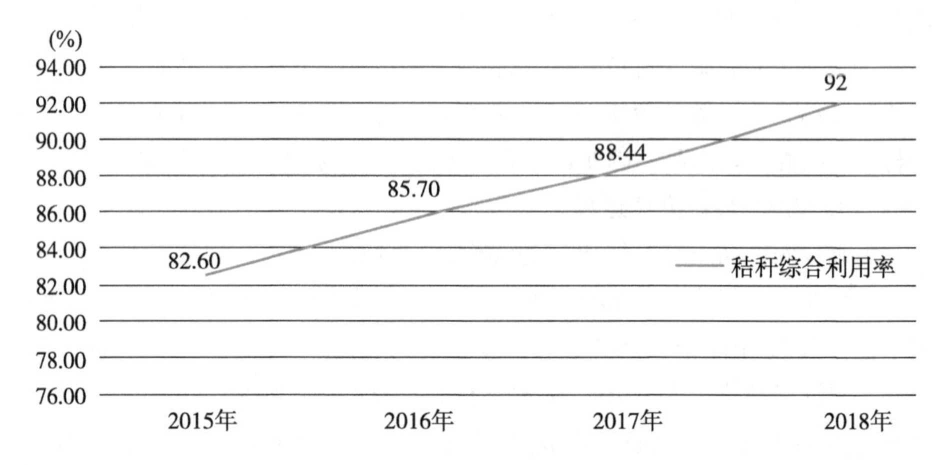

图 5-2　2015—2018 年秸秆综合利用率

方式，动员组织农资生产经营企业与农业生产主体签订地膜、农药包装回收合同，采取以旧换新、以瓶（袋）换药等方式回收废弃物。在多方面共同努力下，2017 年全市农业废弃物资源化利用率达到 82%，有效减轻了农业面源污染。

5.2.2　黄冈市第二产业——工业

5.2.2.1　工业发展现状及特征

（一）工业发展现状

根据《2016 年黄冈市国民经济和社会发展统计公报》，黄冈市规模以上工业企业 1497 家，当年新增 183 家，净增 63 家。工业增加值可比价增速 8.3%；实现工业总产值 2008.5 亿元，比上年增长 7.2%。其中：国有控股企业总产值 85.5 亿元，下降 6.4%；国有企业总产值 10.4 亿元，增长 3.0%；集体企业总产值 2.3 亿元，增长 9.5%；股份合作企业总产值 5.9 亿元，下降 11.9%；股份制企业总产值 1793.2 亿元，增长 7.7%；外商及港澳台投资企业总产值 124.3 亿元，增长 4.7%；其他经济类型企业总产值 72.5 亿元，增长 1.7%；轻工业总产值 855.4 亿元，增长 3.8%；重工业总产值 1153.1 亿元，增长 9.9%。

（二）工业发展特征

（1）工业基础薄弱，工业投入严重不足

黄冈市工业基础薄弱，工业比重较低。黄冈市的工业企业规模普遍较小，大中型企业所占比例较小。此外，黄冈市工业企业的整体质量较差，经济效益与其他城市相比也较差。黄冈市工业企业的设备、技术和劳动力仍然停留在较低水平，产品质量不高，档次不高，在湖北省的占有率较低，缺乏特色品牌和优势产业。

黄冈市对现有的工业产业投入不足。黄冈市工业企业自身的发展能力较弱，融资渠道单一，技术、人才不足，依靠现有工业直接进行扩大再生产难度较大。如何解决黄冈市工业发展的资金问题，增加黄冈市工业发展投入，促进黄冈市工业发展的进一步完善是当前黄冈市新型工业化和产业结构转型发展道路上必须要解决的问题。

（2）产业转型较慢，传统工业发展缓慢，新兴工业未能成为经济支柱

黄冈市工业受政策因素和市场因素影响较深，旧有的、传统的支柱产业，如农副产品加工业、纺织产业等轻工业以及机械产业等重工业都呈现逐年萎缩和下降的趋势，但是在黄冈市工业产业转型发展的过程中，新兴的优势产业正在发展，尚未形成黄冈市的支柱产业，工业化发展进程缺乏支柱产业和知名企业。[1]

（三）特色工业发展案例分析：清洁能源行业[2]

麻城发挥太阳能优势，利用荒滩、荒山，“无中生有”，推进光伏产业扶贫。由黄冈市政府牵头组建光伏扶贫相关投资公司，围绕打造大别山清洁能源基地目标，计划在“十三五”时期建设光伏装机总容量达 115 万千瓦光伏的电站。截止到 2016 年已并网发电 20 万千瓦，这些项目的实施可为当地群众每年带来 500 万元以上的直接经济收入。

麻城龙感湖附近有沼气、风力、光伏等多种类型的新能源发电厂，沼气电、秸秆电、风电、光电，电电入雷池。龙感湖片区正在成为我国中部地区装机容量最大、品类最完备的“绿电之都”。

截止到 2016 年，黄冈全市光伏发电总装机 435 兆瓦，已并网发电装机 245 兆瓦，位居全省第一位。

5.2.2.2　工业生态环境存在的问题

（一）生态环境恶化对经济可持续发展造成压力

生态环境恶化对当地经济的可持续发展造成严重压力，甚至导致当地自然环境和动植物的变异和灭绝。目前，因为气候变化和环境污染的原因，大

---

[1] 王磊．关于黄冈经济结构转型升级的几点思考［J］．财会学习，2015（17）：210，212.

[2] 沈红星，王露，汪秀玲．千里大别绿映红——绿色发展的黄冈实践［N］．黄冈日报，2016－04－29（1）．

气污染、土壤污染等问题层出不穷，人们的身体健康已经受到一些威胁。当地生态环境在某些方面已经不利于人们的生存。但是绿色发展和生态环境健康水平又受到当地技术水平、后期环境保护政策等因素的影响，绿色环保的核心技术、高附加值产业链环节都依附在各大城市，很难转移到缺乏一定吸引力的黄冈市。

（二）能源利用对空气质量影响严重

黄冈市的高碳能源使得当地自然环境产生一些问题，这是因为当地政府长期坚持粗放型经济增长模式，当地的能源消费结构以高碳能源为主。于是，能源的过度、不合理利用对当地自然环境的不良影响持续放大。

持续的能源发展问题也会限制当地的生活水平和当地的经济增长。随着工业化、城镇化的不断发展，当地生活水平发生了极大的变化，更多的居民会选择自驾方式出行，生活能源污染物排放量逐渐增多。当地的经济发展也会增加能源的使用，进一步造成高碳能源过多使用与消费的问题。

（三）资源环境要素产出较低，未能实现资源利用最大化

黄冈市的资源产出率与全国城市的平均水平有一定差距，如水资源产出率和能源产出率。如果黄冈市政府能够把提高资源环境产出率作为经济发展的目标之一，有利于缩小黄冈市与发达城市在单位能源、资源产出率方面的差距。

5.2.2.3　工业发展方向及建议

（一）着力扩大工业发展规模，提升工业发展质量

黄冈市工业总量较小是当前黄冈市在产业结构转型发展时面临的主要问题。因此，如何改善黄冈市传统工业的发展，促进黄冈市的新型工业发展，关键目标都是扩大黄冈市工业总量。

要想扩大黄冈市工业总量，推进黄冈市产业结构转型，必须解决原始资金的投入问题，开拓新的发展思路，一方面要努力增加对工业的资金投入，实现工业企业发展的外部延伸，扩大工业企业自身的生产规模和生产数量；另一方面也要发展技术，引进发达城市的新技术，努力提高生产效率，从而实现扩大黄冈市工业总量的目标。

在黄冈市工业结构转型的发展过程中，必须要把扩大总量与调整工业结构，培养支柱产业相结合。因为扩大黄冈市工业总量，并不是传统意义上的增加工业产值，而是多管齐下，逐渐实现产业结构日趋合理，产业容量不断升级，企

业整体素质和企业的竞争实力逐步提升的过程。因此，工业产量的扩张必须建立在提高黄冈市工业企业素质，增加黄冈市工业发展效益的基础上。

（二）制定积极政策吸引绿色产能厂家，优化工业布局

制定积极工业产业政策是增加黄冈市的工业投入，优化黄冈工业布局的途径之一。为此，黄冈市一方面要加强与长江经济带以及沿海发达地区的联系，联络感情，引进绿色发展的工业项目；另一方面，要做好绿色产能工业项目的开发工作，加强城市和绿色工业园区建设工作，更加严格地推进提高各个工业企业的发展质量，为绿色发展工业提供生活与生产环境。目前，位于人口密集城市群区域的黄冈市需要更加严格地推进绿色产业发展，努力调整、关闭落后的工业产能。[1]

（三）合理配置工业资源，加大对新兴绿色产业基础技术、前沿技术和共性技术的研发支持力度

一个地区的主导企业，是在一个产业或几个产业，甚至整个工业产业中处于主要支配地位的企业，在区域产业经济联系和工业格局中发挥主导作用。而一个地区的主导产业即是在一个地区中占有主要支配地位的产业，在地区经济发展中起主导作用。一个区域主导工业企业的选择依据有以下几个方面：一是该工业的特定部门产值在地区工业总产值中所占的比重大；二是企业拥有更大的发展规模，能够给更多的劳动力提供就业机会；三是该企业能在产能结构上实现绿色可持续发展。因此，只有能长期坚持可持续绿色发展，对当地环境污染小的企业才能成为当地区域经济的主导企业。

截至2018年底，黄冈市的主导产业以机械电子、食品饮料、纺织服装、建筑建材、医药化工为主。[2] 近几年来，传统的工业产业发展已经日趋完善，依据党的十九大目标，接下来当地工业产业的发展目标是将这些主导产业与绿色发展相结合，并且在当地开展绿色行业。

黄冈市政府需要对当地工业产业进行一系列的组织和规划布局，通过科学设计和严谨考证，形成完善有序、绿色发展的工业产业结构。

黄冈市政府还需要结合自身地理位置和发展特点，借鉴长江经济带发达城市的发展经验，依据工业产业发展的自身规律，制定同时兼具科学性和可

---

[1] 况永．旅游业发展对传统工业城市经济转型的影响［J］．中国商论，2016（15）：158－159.

[2] 黄冈市经济和信息化局．2018年全市工业经济运行情况［EB/OL］．［2019－02－14］．http://jxw.hg.gov.cn/art/2019/2/14/art_10183_303112.html.

操作性的绿色工业发展和新型工业化发展的中长期规划。

在绿色工业发展和新型工业化发展的布局中，黄冈市政府需要注重本地资源的合理运用，更要注重当地及周边市场的发展现状和需求情况，要根据各区县区位优势和区位劣势，在全市形成科学完善、独具特色、相互联系配合的黄冈市工业体系。此外，黄冈市政府还可以通过财政政策和货币政策，支持当地新兴绿色工业产业的研发与投资，并对将绿色发展技术与当地传统的工业发展结合起来的支柱企业给予一定税收优惠和政策补贴。[1]

（四）积极调整工业结构，改善产业不均现状

推进黄冈市的绿色工业发展，走新型工业化发展道路，必须要调整工业结构。而工业结构包括产业结构、企业组织结构和所有制结构。因此，黄冈市需要通过产业结构、企业组织结构和所有制结构三个方面，提高全市传统工业和新兴绿色工业的整体发展水平和竞争实力，实现黄冈市工业绿色发展和新型工业化发展。

（1）调整产业结构

根据党的十九大提出的绿色发展道路和新型工业化道路的发展目标，黄冈市的工业发展需要大力培育高效高质量、绿色节能的支柱产业，也要通过财政和经济优惠政策鼓励新兴绿色工业企业、高新技术产业的发展。除此之外，黄冈市的工业还需要鼓励、创新绿色应用技术的发展，改造和提升传统产业的绿色环保效能，具体而言就是黄冈市政府需要对冶金、制药、农畜产品加工等工业产业增加优惠政策，促进传统工业的绿色结构优化升级，提高绿色科学技术的发展水平，加快开发市场竞争力强、高新技术含量高、绿色环保节能效益好的产品，提升黄冈市当地的产业结构，延长黄冈市工业产业的产业链。最后，黄冈市政府需要针对水污染、大气污染、土壤污染等问题进一步强化节能减排的措施，大力发展循环经济与节能环保产业。[2]

（2）调整企业组织结构

黄冈市的工业企业组织结构需要依靠当地的支柱产业和优势企业进行调整，结合当地及周边市场发展现状和反响，科学、逐步地简化黄冈市企业组织，优化企业组织的管理模式，增加企业组织集中度，逐步形成一批具有绿

---

[1] 陶刚．工业化后期我国发展绿色生产方式问题探讨［J］．理论导刊，2017（6）：76－79.

[2] 饶水林，王朝晖．黄冈市新型工业化对策初探［J］．湖北社会科学，2008（4）：87－89.

色发展趋势、拥有高新技术、具有品牌效益、以资本集中为连接，具有技术优势、产品优势和绿色效益优势的黄冈市工业企业集团。

同时，黄冈市政府还需要更加关注当地工业发展中占据庞大基数的中小企业，进一步优化传统中小工业企业的管理水平和创新能力。基于黄冈市工业中小企业发展不均的现状，对于基础较好的工业中小企业，黄冈市政府应该鼓励他们向“小而精”的企业方向发展，打造绿色环保、竞争力强的工业产品。对于基础较差的工业中小企业，黄冈市政府应该推出相关经济政策，开展不同工业中小企业的服务联合，围绕当地具有竞争优势的产品和当地的支柱企业开展相应的配套服务。对于少数落后、产能效益低、污染严重的工业中小企业，黄冈市政府应该对这些企业进行整顿治理，甚至关闭、迁移到其他地区，以此促进黄冈市工业产业生产要素合理流动和工业经济的绿色发展。此外，黄冈市政府还要进一步优化当地的绿色发展政策和经济发展政策，改变单一的环境规制政策方式，如采用多种环境规制的经济政策如环境税、税收优惠、财政补贴及政府购买，迫使传统的工业产业更加重视环境成本，将绿色环保发展的目标落实到每一个工业企业上。

（3）调整所有制结构

要基于黄冈市经济发展和市场发展的现状，针对黄冈工业产业基础薄弱、政府资金投入较少的现实情况，继续坚持通过股份制改革、产权出售、租赁、承包等方式，进一步深化黄冈市的国有企业改革，完善当地国有企业的内部结构，调整当地工业的所有制结构。

（五）坚持绿色发展道路，大力发展绿色工业的支柱产业

一个区域的经济支柱产业是当地工业发展的重要标志，也是当地集中众多企业联合发展的基础。一个区域的经济如果没有当地的支柱产业支撑，当地工业的风险防范能力和绿色协调发展能力相对而言就比较薄弱。因此，培植支柱产业是加快推进黄冈市新型工业化，推动黄冈市工业绿色发展的重中之重。

（1）注重绿色发展，提高当地重点产业的发展质量

黄冈市的产业经过近几年的调整和完善，第二、第三产业的比重在逐年增加，但是整体而言，黄冈市的第二产业比重仍然较低，当地经济发展仍然存在不协调的因素，只有推动、促进、加强第二产业的发展，促进传统工业产业向绿色工业产业的转型发展，才能使黄冈市工业产业实现绿色可持续发

展，保持黄冈市工业产业在当地经济中的主导地位，实现当地经济绿色发展与经济效益相结合的目标。在推进绿色发展和新型工业化的基础上，黄冈市政府也要把握当地传统支柱工业产业和绿色新兴工业产业的集群建设，结合当地的自然资源和区位优势，增加当地工业产业的整体科技水平和绿色发展水平，逐步形成黄冈市的地方工业发展特色。

（2）树立绿色工业形象，发展绿色工业园区

工业园区是新型工业化发展道路中工业产业的重要组成部分，现代工业园区的发展项目是发展现代工业的有效途径。

黄冈市政府必须结合区位优势和当地现状，做好以下几个方面的工作。

一是当地政府要规范招商引资政策，提倡绿色工业企业发展。“半卖半送土地、零规费、税收减二免三、水电优惠”等政策的吸引对象不是具有可持续发展潜力和绿色发展潜能的新型绿色环保工业企业，因此黄冈市政府需要规范当地的经济政策和投资政策，以科学、有效的方式稳步推动当地的工业经济发展。

二是当地政府需要依据现状做好科学、阶段性的目标规划。黄冈市的地理位置和资源特色在一定程度上决定了当地的工业产业发展方向。因此，政府需要根据自身的自然资源优势和经济发展现状，集中政府和资本力量，建设、发展、大力推动兼具地方特色、具有联动经济发展效应的工业园区。此外，当地政府还要减少工业产业低效能发展、工业产业重复建设、严重环境污染现象的发生，对每一个入园企业进行严格的审核排查工作，择优选择引进那些具有一定特色、对黄冈市的经济发展有较强辐射和带动作用、注重高新技术和高新人才的开发、对当地环境污染较少、可以实现绿色经济可持续发展的企业。[1]

三是黄冈市政府要注重相关产业的配套服务，注重发展绿色循环经济。黄冈市工业园区的蓬勃发展，必须要以当地高新绿色环保优势企业为基础，其他一些企业为这类优势企业提供配套服务，这样才能实现黄冈市当地工业园区的快速稳健发展，从而实现当地经济的高质量绿色发展。[2]

---

[1] 田金平，刘巍，臧娜，等．中国生态工业园区发展现状与展望［J］．生态学报，2016（22）：7323－7334.

[2] 牛西，张新芝，李小红．绿色发展背景下江西新型工业化与园区可持续发展［J］．企业经济，2016（6）：28－32.

5.2.3 黄冈市第三产业——旅游业

5.2.3.1 旅游业发展现状及特征

（一）旅游业发展现状

黄冈市历史悠久，可追溯到旧石器时期，那时黄冈就有了人类居住的痕迹。夏商时代，禹“封皋陶之后于英、六”，黄冈即是皋陶后人的封地。经过朝代更迭、风霜洗礼，在黄冈这片土地上孕育了三代我国佛教禅宗祖师以及无数在各个领域绽放异彩的优秀代表，也诞生了两支红军主力和两百多名开国将帅，这些都为后来的红色旅游业打下坚实基础。

黄冈市自然与人文交相辉映。黄冈共拥有国家AAAA级风景区8处、AAA级风景区12处、AA级风景区8处。人别山巍峨磅礴，龙感湖古有“雷池”之称。境内倒、举、巴、浠、蕲、华阳河六水并流，百湖千库星罗棋布。李白、杜牧等人曾为其吟咏千古名篇，苏轼更是在此成就了文学巅峰，赤壁与东坡肉天下闻名。这里也是我国五大戏曲剧种之一的黄梅戏的发源地。黄冈的大别山革命老区，更是湖北省红色旅游的主体。

黄冈市旅游经济是有一定基础的，这从黄冈旅游资源的开发、游客群体的研究、旅游形象的打造等各方面可以看出。而黄冈本身具备成为一流旅游城市的潜质，譬如东坡赤壁、李时珍的中医文化、秀丽大别山风景区等都是质量较高的旅游资源。2016年，黄冈市接待游客达2450万人次，旅游综合收入更是达到147亿元。长期旅游经济发展的实践证明，如果没有当地政府的大力扶持，任何地区的旅游发展都只会是昙花一现。黄冈市委、市政府都对当地旅游发展给予了高度重视。黄冈市旅游产业得到了持续深化。随着旅游景区“一票通”的发行，当地旅游资源整合取得了重大突破，黄冈市也真正将散落的旅游资源加以充分利用。将乡村旅游和精准扶贫相结合，在5年时间内带动40万人脱贫。

（二）旅游业发展的特征

（1）资源丰富

黄冈地处鄂东，北倚大别山，处于长江中游北岸，地形平坦，多为低山丘陵和冲积平原地形，属亚热带季风气候类型，水热同期，利于多种农作物的生长，良好的区位条件和气候条件为黄冈市提供了多种休闲农业资源。目前，全市有湖北休闲农业示范点两个：英山县红山镇乌云山村和湖北鄂人谷生态旅游度假村（蕲春县漕河镇严垅村）；还有其他如麻城龟山风景旅游区、横岗山避暑山庄等休闲农业观光基地。

复杂多变的地质地貌、水文气象，造就了黄冈雄伟壮丽、引人入胜的自然景观。黄冈名山遍布，有以中山山岳地貌、原始森林景观为特征，融民俗风情、农艺景观、历史人文景观于一体的大别山，有奇峰突兀、环周皆石、峭立如壁、势若接天的天台山，有具有黄州府“笔架山”之称的三角山，素称“吴楚东南第一关”的吴家山等。除了这些名山以外，黄冈也有“千湖之城”的美誉，拥有“江浙有苏杭，湖北有天堂”之美称的天堂湖，以及白莲河、白潭湖、铸钱湖等。

黄冈除自然风光秀丽外，人文景点也较多。黄州赤壁是历代文人墨客流连之所，北宋大文豪苏东坡在这里留下了一词、二赋、八诗等千古名篇；黄梅佛教禅宗四祖寺、五祖寺是著名的佛教祖庭；境内还有许多革命领袖和历史名人的陵园、堂馆等遗址、遗迹。活字印刷术的发明者毕昇，“医圣”李时珍，理学奠基人程颢和程颐，学者胡风，经济学家王亚南，爱国诗人和民主斗士闻一多，国学大师黄侃，地质学泰斗李四光，中共“一大”代表董必武、陈潭秋、包惠僧，共和国两位国家主席董必武、李先念，以及军事家王树声、秦基伟等230多位将军都诞生在这片神奇的土地上。

（2）交通便利

黄冈市距我国中部核心城市武汉市仅134公里，武汉到黄冈城际铁路的开通，使两城直达只需30分钟左右。境内依傍一条黄金水道——长江，紧邻两座机场——天河机场和九江机场，贯通多条铁路和高速公路，具有独特的交通区位优势。便利的交通利于游客到达市内休闲农业旅游目的地。

（3）市场广阔

黄冈地处鄂豫皖赣四省交界，靠近消费市场；同时武汉“1+8”城市圈的各成员市积极顺应经济发展新趋势，不断加强区域联合与协作，农业信息合作也得到了进一步加强，发展休闲农业的市场前景广阔。

5.2.3.2 *旅游业发展问题*

目前，黄冈旅游开发存在以下几方面的问题。

（一）旅游统一规划程度较低

在黄冈的旅游资源开发过程中，政府的主要功能衰退，旅游统一规划未彻底贯彻实施，各地在选择旅游开发项目方面普遍存在不同程度的随意性，旅游资源开发还处在各自为政、自发进行的状态。这对旅游资源的开发是极为不利的，也不利于旅游资源的保护和可持续发展。

黄冈在大别山区和长江沿线旅游资源集聚程度较高，但是前期规划各自为政，项目业态构成简单，基本停留在“观光、餐饮、住宿”初级阶段。旅游吸引物规划雷同，缺乏有影响力的开发商带动，很难形成黄冈的旅游产业聚集。面临日益激烈的竞争压力，旅游投资商都会选择产业聚集度高的地区，通过协作经营共同维护项目地的长期市场热度。

（二）旅游资金短缺问题突出

现有旅游投资体制不适应市场经济条件下的旅游资源开发速度与开发规模，发展旅游的资金严重不足是造成黄冈旅游资源开发利用率低进而造成资源浪费的重要原因。黄冈市财政收入有限，用于开发旅游的资金较少。由于资金不足，配套设施建设一直未能完善，管理服务水平无法提高，严重制约了旅游业的快速发展。没有投资就没有回报，资金短缺制约着黄冈旅游业的整体发展步伐。

（三）旅游品牌不明确

世界上许多地区在旅游宣传中都在有意识地构建独特的旅游形象，如香港被称为“购物天堂”，西班牙拥有“金色海滩”等。旅游形象不仅要有宣传口号，还要有形象标志。安徽有黄山，四川有九寨沟，这些形象已经深入人心。黄冈生态旅游资源虽然拥有“江山如画多少豪杰”的旅游资源，不论是长江文化代表的东坡赤壁，还是红色根据地、生态环境良好的大别山，抑或是禅宗发源地四祖寺、五祖寺，以及李时珍故里等，其旅游资源相当丰富，但由于开发不善，并未成为大众十分喜爱的旅游去处，此外由于其缺乏特色化的吸引力，也在很大程度上限制了黄冈旅游产品的开发。

（四）旅游开发基础配套设施差

黄冈的旅游资源多分布在山区，山路开发难度大，一般都只开发一条道路，而且道路较窄，容易造成堵车，这给游客带来了极大的不便。黄冈旅游在食、宿、行、游、购、娱等方面的开发与国内其他旅游城市相比，差距较大。大部分景点无法满足接待大型旅游团体的需要。景区厕所少，且卫生状况差，标志不明显，景区停车场少，景区商店不规范等问题突出。

（五）缺乏强势文化对接

当前，文化产业早已成为国家文化发展战略的一大方向，各县市已经认识到苏东坡、李时珍、毕昇等人文资源的价值，策划、生产、注册了系列活动、商品、项目等，但是开发思路过于表面化、程序化，缺乏对资源核心价值的挖掘，没有形成有效的价值项目，拥有厚重人文资源的黄冈在旅游和文化产业两大朝阳产业上缺乏高效对接，很多项目仅仅是粗浅的旅游地产项目，缺乏文化支撑。[1]

5.2.3.3 旅游业发展对经济发展的影响

一方面，旅游经济的发展可以为保护环境、保持自然生态系统的稳定提供资金、技术支持。旅游经济的发展提高了当地的财政收入，同时带动了多个领域的经济增长以及公共设施的建造。

另一方面，旅游经济的发展势必会造成当地人口流动增大，这将会增加自然环境的负担。此外，即使在生态旅游区，由于过度的开发以及游客不文明的行为而导致自然资源遭到破坏的情况仍有发生。部分开发商过分追求眼前的经济利益，全然不顾景区的容纳能力，大量接待游客。另外，为了更好地吸引游客，大肆建造人工设施，这是非常容易造成自然资源破坏的做法。除此之外，部分游客个人素质较差，缺乏对生态环境的保护意识，例如在自然环境中随意丢弃垃圾，在景区的古树等自然资源上乱涂乱画，这些不文明的行为都会对珍贵的自然资源造成破坏。生态环境和资源的破坏又反过来会对森林生态旅游业产生负面影响，阻碍可持续发展，形成恶性循环。

5.2.4 黄冈市混合特色产业——农业生态旅游业

5.2.4.1 优势分析

（一）农业发展优势

黄冈市为农业发展大市，其在农业发展领域居华中地区领先地位。黄冈市重视农业发展，致力于现代农业建设，在现代农业、科技农业、生态农业等方面建立了新型体系、系统。

首先，黄冈市设立了针对农业的科技农业推广系统。对农业发展的各个要素进行科技改革，让科技融入农业生产的各个方面，如黄冈市已经成功举办多

---

[1] 李承光．黄冈市文化产业现存问题与发展对策研究［D］．武汉：华中科技大学，2017.

次农业科技下乡、新型农具展览学习讲座等活动，对农民进行培训指导。此外，还致力于培育新型农业产品，推广农业示范基地等。新品种、新农业的建立不仅促进黄冈市农业自身经济效益，也为生态农业旅游吸引游客提供了创新点。

其次，黄冈市在农业生产领域建立了农业的质量检测管理系统，农业安全检测系统对各类农产品的安全性进行监管检测，对化学、生物施肥肥料、灌溉安全系统、种子质量、农药安全等进行控制监管。形成保证农产品生产过程合格、农产品合格以及农产品销售过程合格的三项合格体系。保证农业质量与安全，才是生态农业吸引投资、吸引游客的根本与底线。

最后，建立农业市场营销和推广系统，对特色农产品进行推广，农产品外销设立了专门供应系统，供应产业链完善。农业生产品牌推广工作同样有序进行，以国营农场为代表的众多农业品牌企业建立生产基地，由黄冈市政府牵头与外界合作，与部分高校和企业单位等签订协议进行农业产品专门供应。黄冈市农业产品产业园区大力发展了绿色农业、健康农业，推出绿色、无公害食品，受到了社会广泛认可。在营销体系的支持下，农业集体化、农业产业集聚化、农业新型化、农业企业化发展有序进行。现代化的营销与推广，有助于黄冈市生态农业旅游得到更广泛的关注和更充分的发展。[1]

（二）生态环境建设优势

黄冈市在生态环境建设保护方面，注重经济发展过程中经济带及各产业园区和城市建设中的生态保护工作，把生态环境保护工作看作我国全面建成小康社会、实现经济转型升级的内在要求，看作建立生态友好型社会的必要条件。黄冈市在重视生态保护的工作中重点关注农业生态文明建设工作。在农业转型发展的过程中关注农业环境保护，实施绿色农业计划，保证林业用地、森林面积等，全面禁止并且严格监管农业化肥污染、白色污染、过度开垦等问题。在生态资源开发过程中兼顾自然生态资源的保护工作，在保护环境资源的基础上有序开发、合理开发。黄冈市的生态环境建设为其生态农业旅游的发展打下了良好的基础，良好的生态环境为其旅游业吸引游客提供了先行条件。生态环境优势是黄冈市农业生态旅游进一步发展的基础性优势。

（三）区位交通优势

湖北省黄冈市位于华中地区，在地理上和安徽、江西、河南交界，与省会

---

[1] 贾爱顺．农业生态旅游与经济协调发展研究［J］．农业经济，2018（8）：23－24.

城市武汉市山水相连，两市基本实现同城化，城际铁路使两城直达只需半小时左右，高速公路相连，区位交通得天独厚。黄冈市内有段长江运输水道，水运交通发达；同时，黄冈市紧邻两座机场：武汉天河国际机场和江西九江机场，航空运输便利。贯通6条铁路，境内建设有6座长江跨江大桥与各地相连。与湖北省、江西省、安徽省、湖南省、河南省的省会城市有高速公路相连。区位交通优势是黄冈的传统优势之一。黄冈市的铁路发展全面融入湖北省铁路发展系统，紧跟中国高铁发展的步伐：2017年，黄冈开通了到北京等地的高铁；黄冈城际铁路系统发达，与武汉、鄂州等地区的城际铁路快速方便，车次多、时间短。黄冈市完善的铁路运输系统必将为其农业生态旅游业带来巨大益处，方便产品基础设施建设，改善游客的交通方式。

（四）黄冈农村旅游业发展优势

黄冈市高度重视旅游业的发展，尤其把农村旅游的发展作为农村经济发展、农民增收的重要方式。以旅游业带动农村经济的发展，延伸到农产品加工业、农业转型等领域，促进城乡一体化发展和城乡统筹发展。黄冈市农业旅游现阶段已经开始从以农家乐为主的传统农村生活体验旅游发展到农业生态文化体验、农产品采摘、农业耕作体验、农业产品销售等各方面。努力打造农村生态乡土文化。打造避暑胜地旅游、农业采摘旅游等多种农业旅游产品加以推广，吸引城市市民以及外来游客参与体验。努力打造“旅游+农业”模式，着重关注农业与旅游的结合，将农村耕作文化与现代化旅游业相结合。截至目前，黄冈市已建立两家全国休闲农业与乡村旅游基地，每年吸引超过1100万人次的游客和市民体验乡村文化旅游，创收超过62亿元。黄冈市乡村旅游的发展基础深厚，为其农业生态旅游的进一步发展准备了重要条件。

5.2.4.2　*劣势分析*

（一）总体经济发展滞后

黄冈市整体经济发展水平较为落后，虽然其在湖北省内经济总量较高，但是经济发展状况低于全国地级市收入平均水平线。2016年，黄冈市地区生产总值已超过1700亿元，近几年的年均增长率大约为9%；在固定投资、第三产业投资、公共预算、农业投资等方面都有较快的增速。但黄冈市整体经济活力不足，没有特定突出产业起到引领经济的作用，第一产业占比25%以上，所占比例过大，第三产业占比较小且发展不足，旅游业等产业发展落后，第三产业对外吸引力较小，发展疲软无力。虽然黄冈市经济总量可观，但依然存在三个贫困县区，众多贫困乡镇，扶贫攻坚工作依然是黄冈市的重点工作项目。黄冈市经济整体水平可能在一定程度上限制了黄冈对新型生态农业旅游业的扶持和资金投入力度，也可能造成黄冈对新产业的发展帮扶能力较差。且因为黄冈市经济整体水平与周边城市（如武汉）相差较大，游客吸引力、投资吸引力较差，新兴第三产业发展有先天劣势。

（二）资源开发和利用水平不高

黄冈市农业生态旅游资源丰富，但是开发利用水平不足。黄冈市对农业资源的转型开发还处于萌芽阶段，农业生态的资源开发还未被政府及人民重视。黄冈市生态环境优良，生态环境旅游吸引力潜力十分巨大，但开发程度低下，只有黄州区遗爱湖公园风景区开发成功。环境资源丰富，但环境资源的开发利用程度很低，环境资源的改善并没有带来经济效益的提高。对生态农业资源的开发利用更是如此，黄冈市拥有国家级农场，农业资源丰富，但是农业旅游开发工作进展一直缓慢，农业生态旅游发展程度较低，开发利用水平不足。❶

（三）农业旅游基础设施不足

黄冈市生态休闲农业旅游基础设施落后。首先，政府支持扶持力度较小，发展起步较晚，整体产业发展程度还较低，基础设施并不完善。其次，从事生态休闲农业旅游的主体为农民或者专业农民，以个体经营为主，资本积累较小、发展能力不足导致农业生态基础设施各自发展，水平不一，总体落后。再次，新型农业发展领域接受社会投资较少，缺少大规模经济来源，在道路建设、保护措施、人员雇佣等各种基础设施方面投资小。最后，生态农业旅游产业作为第一产业和第三产业的结合，提供服务的主体以第一产业职业素质较低的劳动力为主，其未曾经过专业的第三产业培训，知识水平和服务水平较低。

5.2.5　黄冈市产业结构现状

5.2.5.1　第一产业中农业占比大，林业占比较小且发展缓慢

在黄冈市第一产业中，农业产值贡献最强，2016 年农业产值贡献率为 47.05%，而林业为 1.72%，渔业为 12.25%，说明黄冈市第一产业内部结构

❶ 亚·尼玛，刘呈艳．探索“农业 + 文化 + 生态旅游”新模式［J］．人民论坛，2018（24）：80 − 81.

失衡较严重。林业可以调节生态气候、涵养水源、防止水土流失，对生态系统平衡有维护作用。黄冈市地处长江防护林建设带，应加大对林业的建设与保护，提高林业在第一产业中的地位。

5.2.5.2 第二产业中轻、重工业均衡发展，但重工业环境破坏指向明显，工业产品层次低

黄冈市第二产业中轻、重工业比重基本持平，2016 年工业产值贡献最大的前十个行业中，重工业主要有金属制品制造业（3.33%）、非金属矿物制品业（20.26%）及汽车制造业（2.83%）。而轻工业则有农副食品加工业（12.84%）、纺织业（8.52%）、医药制造业（6.43%）等。总体来看，重工业中重污染行业所占比重较大，对生态文明产生负面影响，且主要以传统工业为主，新型工业如计算机等设备制造业（0.63%）所占比重较低。精密工业如仪表仪器制造业（0.56%）等贡献不大。综上分析可得出，黄冈市重工业仍以传统的环境破坏型、资源开采型工业为主，且工业产品结构层次较低。

5.2.5.3 第三产业中金融业增长显著，现代服务业发展迅猛

黄冈市第三产业内部结构中，传统服务业如交通运输业、批发零售业等占第三产业总产值的比重逐年下降，而金融业占比逐渐上升，但批发、零售业仍处于优势地位。说明黄冈市逐渐重视知识密集型高端服务业，不断调整第三产业内部结构，合理利用人才优势。

5.3 黄冈市推进生态文明建设的总体环境

5.3.1 政策环境

5.3.1.1 党的目标要求[1][2]

在党的十七大报告中，生态文明作为一种治国理念被提出，从而使生态文明成为中国特色社会主义理论体系的重要组成部分，是在物质文明、精神文明、政治文明之后的新的社会主义建设基本目标。从此，国内与生态文明相关的研究日益增多，生态文明的发展理念逐渐深入人心。

---

❶ 王凤才．生态文明：生态治理与绿色发展［J］．学习与探索，2018（6）：1－8.

❷ 刘湘溶．十九大报告对生态文明思想的创新［J］．理论视野，2018（2）：15－19.

在党的十八大报告中，提出要大力推进生态文明建设，将生态文明建设在报告中独立成篇，要求建立能够反映市场供求和资源稀缺程度，同时体现生态价值和代际补偿的资源有偿使用制度和生态补偿制度，扭转生态环境不断恶化的经济发展方式，建设美丽中国。

在党的十九大报告中，更是在肯定前一阶段生态文明建设工作成果后进一步从制度层面提出“加快生态文明体制改革，建设美丽中国”，分别从推进绿色发展、解决突出环境问题、加大生态系统保护力度、改革生态环境监管体制四个方面继续加强社会主义生态文明建设，尊重自然、顺应自然、保护自然，树立和践行“绿水青山就是金山银山”的理念。

党的十九大之后，中央经济工作会议召开，要求加快推进生态文明建设，并将环保产业定位为第七大产业，通过打赢蓝天保卫战、调整产业结构、淘汰落后产能、调整能源结构、加大节能力度和考核、调整运输结构来取得“三大攻坚战”之一的“污染防治攻坚战”的胜利。

随后，2018 年“两会”期间，李克强总理在《政府工作报告》中也强调要加强生态文明建设，健全生态文明体制，树立绿水青山就是金山银山理念，坚决打好“蓝天保卫战”，以更加有效的制度保护生态环境。

5.3.1.2　国务院的政策实施[1][2]

1989 年，《中华人民共和国环境保护法》正式施行。2014 年 4 月 24 日，十二届全国人大常委会第八次会议表决通过《中华人民共和国环境保护法》修订案，并于 2015 年 1 月 1 日起施行。

2015 年 4 月，我国首次以中共中央、国务院名义印发《关于加快推进生态文明建设的意见》，这是对生态文明建设作出全面专题部署的第一个文件。文件首次明确提出了新型工业化、城镇化、信息化、农业现代化和绿色化的“五化协同”。

在政府各项政策的出台之下，将生态文明理念融入经济发展中的观念愈加深入人心，中央政府对地方的监管力度也不断加大。自从 2016 年起被誉为“环保钦差”的中央环保督察组首次亮相以来，各环保督察组深入走进各省市的基层单位进行环保督察，推动解决地方省市突出的环境问题，将环境治理和环保

[1] 娄伟．中国生态文明建设的针对性政策体系研究［J］．生态经济，2016（5）：200－204.

[2] 吕立．多头并举推进生态文明建设［J］．人民论坛，2018（15）：68－69.

措施切实落实在企业的生产环节。为深入推进生态文明建设在地方省市的落实和实施，确保经济的绿色发展，中央环保督察组于2018年启动环保督察“回头看”，加强地方对于经济发展中对生态环境破坏严重的方面进行整治的力度和决心，充分保证地方经济和产业的绿色发展，着眼建立环保督察的长效机制。

2016年，福建、江西和贵州被纳入首批国家生态文明试验区，从实践层面肩负起探索和完善生态文明制度体系的发展路径，积累并形成可在中国复制推广的成功经验，深入探索符合中国国情的生态文明建设模式和经济的绿色发展道路，促进经济与生态的全面协调发展。

5.3.1.3 黄冈市政府的政策落实

为了具体落实党和政府对于生态文明建设提出的相关目标和政策建议，黄冈市政府具体采取了以下措施。

首先，黄冈市政府通过印发制定工作方案，组织强化考核。市委、市政府根据上级指示，设计规划黄冈市生态文明建设方案，印发《黄冈市贯彻落实中央环保督察反馈意见整改工作方案》。此外，黄冈市政府还制订《黄冈市贯彻落实中央环保督察组反馈意见具体问题整改方案清单》，实行一个环境问题、一套整改方案、一名责任领导和一个牵头部门、一抓落实到底。黄冈市政府对全市11个县（市、区）党政领导贯彻落实中央环保督察反馈意见整改工作进行了半年考核。

其次，黄冈市政府为了改善当地水质，保护当地水资源，持续开展水污染防治行动。从具体的落实方案来看，黄冈市政府在2017年印发《关于下达全市2017年环境质量和主要污染物总量减排目标任务的通知》《2017年黄冈市水污染防治工作方案》《红安县倒水流域环境综合治理方案》及《巴河水环境综合整治方案》。黄冈市政府在具体的水污染防治活动方面，一是实施河湖库长制，建立全市水域数据库，制订定期巡河、巡湖、巡库方案，对全市水环境保护工作实行定期巡查、考核、通报，并把各县（市、区）、各单位水环境保护工作纳入年终目标责任制考核内容。二是重点关注工业污染、饮用水水源地保护、生活污水污染、畜禽养殖污染、长江非法码头、江河湖库围栏围网养殖、白莲河生态环保和自然保护区等问题。

对于大气环境，黄冈市政府正在全面开展大气污染防治行动。市委、市政府印发《市环委会办公室关于实行大气污染防治网格化管理的函》《黄冈市大气污染防治工作联席会议制度》《黄冈市城区环境空气质量预警响应整改方案》《黄冈市贯彻落实省政府水、大气环境质量改善工作约谈会议精神整改方案》《市环委会办公室关于做好沙尘天气临时管控的紧急通知》。

对于土壤污染，黄冈市政府正在组织开展土壤污染防治行动。市委市政府首先启动土壤污染行动计划工作，编制《黄冈市土壤污染行动计划工作方案》。然后针对农业生产使用化肥、农药对农田产生面源污染的问题，按照《湖北省土壤污染防治条例》要求，在全市开展土壤重金属污染例行监测调查。黄冈市政府根据方案和监测调查结果，组织开展农业面源污染监测，在白莲河库区试点，在浠水设立土壤径流监测、地膜污染监测点，在团风县设立畜禽养殖污染监测点。

对于生态环境示范城市的树立与推广，黄冈市政府正在深入推行生态示范创建工作。2017 年 1 月，完成《黄冈市创建省级生态文明建设示范市规划》（报批稿），全面推进生态县市创建。武穴市、红安县、蕲春县、英山县、黄梅县、麻城市创建规划先后通过人大审议，相继颁布实施。

5.3.2　生态环境

5.3.2.1　综述

黄冈市位于湖北东部，长江中游北岸，大京九中段，大别山南麓，东邻安徽，南与鄂州、黄石、九江隔江相望，北接河南，地处“吴头楚尾”，地理位置优越。湖北省地处中国中部地区，位于长江中游、洞庭湖东北地带，全省总面积达 18.59 万平方千米，位于我国亚热带季风气候区，水热资源丰富。黄冈市位于湖北省大别山腹地，市区地形复杂多样，其中山地面积占比 34.25%，丘陵面积占比 43.31%，平原面积占比 12.10%。

黄冈市是全国闻名的农业大市，全国重要的优质粮油基地，湖北省三大粮棉油、畜禽产品和水产品生产基地之一。粮食、棉花、茶叶、油料、中药材、蚕桑、畜禽等大宗农产品产量稳居湖北省前列，其中蚕茧、板栗、花生、油菜、珍珠等产量居湖北之首。

5.3.2.2　土地资源

2018 年，黄冈全市拥有耕地 53.27 万公顷，与 2017 年相比，耕地面积增加 794.62 公顷。全市实际耕地面积 53.2 万公顷，基本农田保护面积 38 万公顷。土壤类型繁多，共有 7 个土类（其中棕壤为林地土壤）、15 个亚类、70 个土属、296 个土种。在不同类型土壤中，以水稻土面积较大，其次为潮土、黄棕壤、红壤、石灰（岩）土，紫色土面积较小。全市耕地土壤总体肥力不高，以中、低产土壤为主，占耕地面积的68.9%；高产土壤面积较小，占耕地面积的31.1%。土地资源存在的问题主要包括以下几个方面。

（一）耕地面积不断减少，人均耕地面积逐年下降

据统计资料，1983—2010年，全市耕地面积减少3.03万公顷，年均减少0.12万公顷；人均耕地面积由1983年的0.06公顷减少到2010年的0.04公顷，减少幅度为33.3%。从减少的耕地看，多为城镇郊区、村庄周围质量较好的沃土良田和蔬菜基地。除生态退耕和农业产业结构调整及洪灾水毁外，减少的耕地用于非农业建设用地比重较大。

（二）耕地后备资源匮乏，开发难度加大

随着非农建设进程的加快，黄冈市耕地资源特别是后备资源日趋紧张，可供开发利用的耕地资源大多数分布在坡岗、沿河两岸低洼易涝区及滩涂等，开发难度较大。

（三）土壤肥力下降

黄冈市耕地土壤有机质缺乏面积占耕地总面积的比重较大。近年来，黄冈土壤有机质缺乏面积呈上升趋势。同时，土壤缺钾面积也在大幅度上升。这不仅影响到农产品产量，而且造成农产品质量下降。

（四）部分土壤酸化，理化性状不良

由于多年的演变，黄冈的部分耕地土壤由碱性转为中性，中性土壤转为酸性，还有的由一般酸性转为强酸性。耕地土壤酸化一方面与酸雨危害有关，另一方面也与长期大量施用生理酸性肥料有关。

5.3.2.3 *矿产资源*[1]

黄冈市矿产资源品种较多，但以非金属矿为主，在非金属矿中又以建材原料矿为主，中、小型矿床占大多数。矿产地300多处，具有小型规模以上的矿床58处。截至2015年，全市共发现和探明矿产65种，占大别山地区已知矿种的90%左右。其中非金属矿产42种，主要有花岗岩、石灰石、黄砂、硅石、萤石等，均有不同程度的开发；其次有滑石、石墨、石膏、重晶石等，还没有开发。金属矿产18种，有一定规模的有铁矿、金红石、铜矿、铅锌矿、金矿，且有不同程度的开发利用。能源矿产有煤和石煤，煤质较差，发

---

[1] 黄冈市国土资源局. 2015年黄冈市国土资源公报［R］. 2016.

热量低。液态矿产2种：英山、罗田、蕲春有三大地热田，均在开发；矿泉水田3处，分布在罗田、黄梅、团风，均符合国家规定饮用水标准。从资源储量、技术经济条件、矿业经济效益、矿产品市场前景等多个方面综合考虑，花岗岩、石灰石、黄砂、硅石、地热是黄冈市的优势资源。

截至2016年，黄冈市开发的矿种共有16种。共有矿产企业489家，其中砖瓦黏土企业占57%，花岗岩矿山企业共有50家，采砂企业22家。矿业从业人员14000人左右。附加值较高的矿种有花岗岩、石英、铁矿等。矿业经济效益居湖北省中等水平。黄冈市基本上是以集体和个体矿业为主的资源利用结构，乡镇和个体矿山决定着黄冈矿业发展的前途。花岗岩开发利用程度相对较高，主要产品有墓碑、板材等。2015年，稀水县的黄砂年财政收入已达到6500万元。地热资源发展市场广阔，前景好。石灰石资源主要用来制水泥，黄冈市水泥产业发展虽有一定困难，但前景较好，资源基本有保证。黄冈市石英资源有明显的质量优势，深加工程度比较低，存在一定的资源浪费现象。

5.3.2.4　水资源[1]

黄冈因水而兴，水资源丰富，长江由北自南蜿蜒流过，流经辖区总长216千米。境内有倒水、举水、巴河、浠水、蕲水、华阳河6大水系，大小支流3690余条，属中游下段北岸水系，有水库1005座，总库容50.23×10^8立方米，塘堰34.03万口，蓄水18.05×10^8立方米。纳入湖北省湖泊保护名录的湖泊166个。黄冈市水资源较丰富，多年平均降水量1332.2毫米、地表水资源量112.556亿立方米、水资源总量114.86×10^8立方米，人均占有水资源量1540立方米。黄冈境内江河、港汊、湖库等水域密布，水域总面积18万公顷，总水面率达10.3%。渔业可养殖水面8.4×10^4公顷，占水域总面积的46.7%。水生经济动植物资源丰富，有鱼类87种，龟、鳖、蟹、虾遍布，珍稀动物扬子鳄、江豚常出没于长江；水生浮游动植物、底栖动物、维管束植物门类齐全，多达238种。水域藻类以硅藻、绿藻、蓝藻三类为主。水域浮游动物主要种类有70多种，水生植物有25科近60种，其中一半以上可以作为鱼类饲料。水资源存在的问题主要包括以下几个方面。

---

[1] 阎梅，严林浩，谢俊峰．黄冈市水生态环境现状与保护探讨［J］．资源节约与环保，2014(10)：169，173.

（一）防洪减灾体系有待完善

黄冈市长江堤防工程体系基本形成，但以六大支流水系为主的中小河流尚未进行系统治理，防洪标准小于10%，普遍存在堤身矮小、穿堤建筑物病险多、基础薄弱等突出问题，防洪建设任务十分艰巨。

（二）水旱灾害频繁

1991—2010年20年间境内长江发生水患4次，其中全流域性洪水1次，区域性洪水3次；市内支流发生山洪25次，五条支流同时与长江并发洪水4次。

（三）江湖关系阻断、水生态系统弱化

新中国成立初至2014年全市百亩以上湖泊减少了16个，水域面积减少61.8%。人为建堤围湖、分隔湖汊等活动，分隔了各个子湖与大湖以及湖泊与长江、内河道的水力联系，资源的分隔导致湖泊生态系统的碎化和生态功能的减弱。

（四）水污染日趋严重，饮水安全缺乏保障

2013年，全市年污水排放总量约4.5×10^{8}立方米，且逐年增加。由于大量不达标的废水污水直接排入水体，污染了长江近岸水域、支流水域，湖库富营养化严重，威胁到水生态安全，影响到饮水安全。2013年，全市22个重点水功能区监测评价达标率仅68%，低于省定“三条红线”达标率80%的考核指标。

5.3.3 生态建设

为了实现生态文明的可持续发展，黄冈市政府正大力实施“蓝天、碧水、净土”三大工程。首先在土壤污染治理方面，黄冈市政府全面实施土壤污染防治行动计划，安排农产品产地重金属监测国控点638个。其次，黄冈市政府大力打造黄冈市生态功能区、黄冈市生态乡镇、推动农村生态经济的可持续发展，不仅打造“雷霆行动”升级版，继续推进十大专项治理，而且大力实施国家主体功能区战略。浠水国家主体功能区试点稳步推进，5个重点生态功能区县市编制完成产业准入负面清单并报国家获批。截至2017年，已创建2个国家级生态乡镇、36个省级生态乡镇、267个省级生态村。最后，黄冈市政府在保护森林资源方面也采取了不少措施，在森林资源管护方面推行“绿满黄冈”行动，全市累计造林34.4万亩。

5.4　黄冈市生态文明建设现状

5.4.1　绿色发展现状

5.4.1.1　黄冈市下辖各县区市经济的绿色发展水平层次偏低、差异较大

黄冈市县域经济的绿色发展综合水平普遍偏低，处于较低的层次。此外，各个县域的经济绿色发展水平差异巨大，呈现出鲜明的两极分化趋势，且处于低水平的县区市较多。黄冈市下属的黄州区处于Ⅰ类县（市、区）。2016年万元GDP能耗比上年下降5.27%。森林覆盖率达到18.6%，森林蓄积量比上年增长5.4%。黄冈市下属的团风县、黄梅县、蕲春县、武穴市属于Ⅱ类县（市、区）。2016年万元GDP能耗比上年下降4.94%。森林覆盖率达到28.8%，森林蓄积量比上年增长5.4%。黄冈市下属的麻城市、英山县、浠水县、红安县和罗田县属于Ⅲ类县（市、区）。2016年万元GDP能耗比上年下降4.91%。森林覆盖率达到59.5%，森林蓄积量比上年增长4.9%。[1]

5.4.1.2　各县区市的经济绿色发展水平各有亮点

黄州区在民生发展建设、资源利用效率上均呈现良好的成果；团风县在治污减排工作中表现突出，而第三产业增加状况却处于落后水平。红安县在生态资源保护和经济增长方面表现不俗，均处于较为领先的地位，而治污减排方面却表现欠佳，应当借鉴先进经验，补足短板和弱点。麻城市在生态资源保护和经济增长中均处于领先地位，说明其经济的发展与生态环境的兼容性处于较为良好的水平，在经济增长的同时依然维持了良好的生态资源保护状态。罗田县、英山县在民生发展建设工作中处于较为落后的地位；且英山县在经济增长状况中也处于落后的水平，需着力改进。浠水县在治污减排和生态资源保护方面均处于较为落后的水平，因此需对浠水县的落后方面加大整治力度，保证生态文明建设的有序推进。蕲春县在生态资源保护和资源利用效率方面均处于落后地位，因此加强其资源和经济增长的效率是经济发展中需要注意的方面，实现在有限资源中的充分发展，保障和改善民生。武穴

[1] 黄冈市统计局，国家统计局黄冈调查队. 2016年黄冈市国民经济和社会发展统计公报［R］. 2017.

市在民生发展建设中成效显著，处于领先地位，但武穴市与黄梅县均有资源利用效率较低、第三产业增加对 GDP 带动能力不足的问题。

5.4.2 治理措施

5.4.2.1 结合自身资源优势和产业基础，构建生态文明的产业结构

黄冈市自古以农业立身。农业包括种植业、林业、牧业和渔业这四个方面，发展生态农业必须推动种植业生态化、林业生态化、牧业生态化和渔业生态化。目前黄冈仍是一个农业大市，较为落后，但是黄冈有适宜生物生长的气候环境条件，应该把劣势转为优势，积极发展生态农业。必须根据黄冈现有农业产业发展情况优化产业布局，以生态文明为前提，依靠政策、市场和科技等多种手段来调控农业生产，大力开发绿色生产，采用绿色技术、先进技术，打造属于自己的绿色品牌，促进产业结构调整。并加强生态技术、绿色技术研发，完善生态产业统计评价指标体系。

黄冈市自然资源和人文历史资源丰富，旅游基础条件好，应充分利用这些优势，以发展旅游业为突破口，促进旅游业迅速发展。要积极推动现代服务业的发展。现代服务业能够弥补传统服务业不足，并能为第一、第二产业的生态发展提供支持。

5.4.2.2 完善生态产业发展的政策体系，强化约束监督

近两年来，国家加大了有利于节能和环境保护的产业政策实施力度，特别是以法律形式限制高耗能、高污染行业，鼓励发展环保型产业，启动了“区域限批”“流域限批”等强制性手段，并发出严格禁止落后生产能力向中西部地区转移流动的通知，这些措施为产业结构向节约能源资源和保护生态环境的方向转变提供了强大动力。黄冈市应加强产业政策与国土、金融、环保等政策的协调配合，鼓励和扶持生态产业的发展。对高耗能行业的盲目扩张，要加强约束监督，严格控制高污染、低效益产业向黄冈市转移。同时，要积极争取国家的财政转移支付政策和资源开发利用补偿政策。

黄冈市工业底子薄，这是阻碍其经济发展的主要因素。近年来，黄冈市虽在湖北省承接产业转移方面有着重要的地位，但有产业水平不高的问题，其中医药、化工、造纸等产业严重污染环境。黄冈市应从自身实际出发，制定承接产业转移的标准，按照“6 度”招商原则（产业符合度、环保程度、投资强度、税收额度、建设进度、科技高度），积极承接高质量、高品质产业

的转移，不断提高承接产业转移水平；同时，应继续完善和加强工业基础设施建设，推进技术进步，大力发展和培育低能耗、少污染、高科技、多收益的新型绿色产业，加大工业的发展，促进产业大调整、生态大保护、经济大发展。

黄冈市生态文明资源富集，而当前这些资源的开发远远不够。黄冈市应立足于当地资源的比较优势和发展基础，以新技术和新方式推进传统服务业，以旅游业为抓手、其他现代服务业为主导，大力发展新型生态服务业。一方面，旅游业对环境压力较小，符合生态文明建设的要求，应合理利用自然生态旅游资源，同时把黄冈市得天独厚的传统红色文化与时代精神相结合，创造更大的文化价值，带来更多的经济效益。另一方面，当前金融业对地区生产总值贡献较小，应不断促进绿色金融的发展，提升其品质和竞争力。

5.4.2.3 健全市场机制，充分发挥市场调节作用

黄冈市地处中部，经济欠发达，调整产业结构、发展生态产业需要政府的正确引导，更需要充分发挥市场配置资源的决定性作用，促进能源资源的高效利用。政府要用市场的办法促使企业自觉“减排”和发展循环经济，政府的责任在于制定和建立循环经济的激励机制，使发展循环经济的外部效益内部化，促使企业自觉发展循环经济。

5.4.3 未来展望

5.4.3.1 建立以市场化为导向的环境治理投资机制

目前我国环境治理投资的主体依然是政府，这与当前建立和完善市场经济的国家宏观战略不吻合，但是环境问题在一定程度上属于“公共物品”，政府是不能完全退出的，所以要建立以市场化为导向的环境治理投资机制，政府发挥引导与监管的作用。按照市场经济的基本内涵，设计环境治理投资机制时要以“谁污染，谁付费”“谁受益，谁付费”为基本原则，考虑到环境问题的公共物品属性，以及现阶段我国各地区之间的综合实力差异，国家财政部门要做好相关的统筹兼顾工作，即设立专项资金援助实力较弱的地区。其次，目前环境治理投资的资金来源过于单一，大部分来自政府，污染者占一小部分。单一的资金来源是低效率的，甚至会出现垄断这种严重的效率损失事件，所以要创新环境投资的融资机制，通过利用资本的逐利性来鼓励与引导民间资本和外资成为新的资金来源，这样既能丰富环境治理投资的资金

来源，又能增加其规模，从而更好地激发市场机制在环境治理中的活力。

5.4.3.2 保持环境治理投资的连续性与长期性，保证资金能够以合理的速度增长

环境治理投资是一项见效周期比较长的投资项目，目前由于官员政绩评价机制的问题，很多地方出现了“短视经济”，这对环境治理投资是非常不利的。“短视经济”会让决策者因为短期投资无法获得相应的经济增长效益而形成减少投资额的倾向，这导致环境治理投资无法达到其正常发挥效益应有的合理规模，或者无法按照合理的速度增长，这使其非但不能发挥对经济增长的“助推器”作用，反而成为经济增长的一种累赘。为了保持环境治理投资的连续性与长期性，不让“短视经济”对环境治理构成威胁，要改变现行的官员政绩评价机制，将环保纳入重点考核指标，对所在任期内发生重大环境事故或者环境治理效果极差的实行“一票否决制”。那么如何定义长期投资与短期投资呢？首先，由于存在地区差异性，长期投资与短期投资是无法进行明确的时间规定的。决策者可以在充分掌握本地区现实环境状况，以成功地区环境治理经验为参考的基础上，制定先期投资计划。具体计划实施后，若出现经济衰退现象，则需要对内外部因素重新审视与分析，减少由于短期波动带来的暂时性不利影响，然后修改投资计划；若出现经济增长，则要保持环境投资的规模，适时加大规模。合理的投资项目结构可以扩大环境投资的正效应，投资效益也会受此影响而上升。合理的投资项目结构要求在时间上具有高度的灵活性，与当地的经济社会发展状况具有很强的契合性，在内容上具有科学依据。

5.4.3.3 丰富环境治理的手段，加强区域之间的沟通与合作

目前黄冈市的排污权制度只涉及污水处理，政府可以将更多的污染物纳入排污权制度中，丰富排污权市场的参与主体。此外，黄冈市当地缺乏高质量高水平的科研院所，可以通过加强地区之间的合作，引进绿色生产技术和高端的环境治理技术。

5.4.3.4 企业要有社会责任意识，主动承担社会责任

企业要积极配合国家做好产业优化升级，主动采用绿色生产技术，不生产环保不达标的产品。对于生产过程中造成的不可避免的环境污染，企业要积极采取措施，将对环境的破坏降到最小，上下游企业之间相互监督形成绿色生产链。目前黄冈市的主要工业依然是承接东部转移来的产业，这些产业

依然摆脱不了高污染、高能耗。所以黄冈市在承接东部产业转移时，要选择性地进行承接，不能只考虑经济利益，要将环保纳入重点考查范围。

5.4.3.5　加强公民环保意识的培养，帮助公民树立绿色消费理念

培养公民的环保意识主要是加强环保宣传，提高公民参与环境治理的能力。目前黄冈市居民还未树立绿色消费理念，对塑料制品的依赖性依然很大。可以通过提高非绿色产品的价格，来逐渐改变当地居民的消费行为，使绿色消费的理念逐渐被全体居民接受。

第6章　黄冈市生态文明与经济发展的综合分析

6.1　基于环境库兹涅茨曲线（EKC）的实证分析

6.1.1　模型概述

20世纪90年代以来，对环境污染和经济增长关系的研究理论和实证层出不穷，而其中环境库兹涅茨曲线（EKC）是一个重要的实证研究结果。

6.1.1.1　模型来源

西蒙·史密斯·库兹涅茨（Simon Smith Kuznets）曾经提出关于收入分配均等性与收入水平之间的变化趋势，在20世纪90年代库兹涅茨还指出收入变化随着经济发展增长会产生倒“U”型曲线的变动趋势，这一假说被人们称为“库兹涅茨曲线”。此后，著名的美国经济学家在此基础上提出，很多国家或地区在工业化及经济发展过程中产生的带有污染物质的变化趋势与人均GDP的变动趋势呈现倒“U”型关系的假说。也有学者曾经借用库兹涅茨假说中的收入变化随着社会经济增长而产生倒“U”型曲线的理论，将其应用到环境保护中，于是这种环境污染与人均收入或经济发展即人均GDP之间的关系被界定为环境库兹涅茨曲线（EKC）。

环境库兹涅茨曲线最早起源于1991年，美国经济学家在北美自由贸易区谈判中担心自由贸易会使墨西哥的环境质量恶化，并影响美国本土的环境，首次研究了环境质量与人均收入之间的关系，并提出“污染在低收入水平上随人均GDP增加而上升，高收入水平上随GDP增长而下降”的观点。1955年库兹涅茨界定了人均收入与收入不均等之间的倒“U”型曲线，1996年帕纳耶托（Panayotou）借用此观点，首次将环境质量与人均收入间的关系界定为环境库兹涅茨曲线。

6.1.1.2　模型概述

该理论的主要含义是，当经济发展处于较低水平、人民生活状况不容乐观时，环境污染也会相应地处于倒退水平或较低水平，环境污染指数不高甚至很低；当经济有了一定程度的发展以及增速提高时，此时西方国家一般进入了工业化时期，由于生产技术的提高，城市或农村的污染源增加，污染物排放急剧增加，环境污染程度较高，环境污染指数达到最高水平。但是当经济发展到一定水平时，人民生活质量改善，生活水平提高，人们便会更加注意生活质量的提高及环境质量的改善。此时由于技术的进步和改善，能源更加清洁，产业结构更加优化、合理，政府在一定程度上也会更加注重在环境保护方面投入更多的物力、财力，更加完善环境法令的体系和在环境保护方面的投资，此时环境污染指数呈现下降的趋势，环境质量会出现明显的改善现象。

综上所述，EKC 曲线揭示出环境污染在一开始会随着经济发展而越来越严重，当经济发展到一定程度后随收入增加而不断改善，环境污染与经济发展之间即环境质量与收入水平之间呈现倒“U”型关系。

6.1.1.3　文献研究综述

环境库兹涅茨曲线的研究使大量学者产生了浓厚的兴趣。国外学者格罗斯曼（Grossman）和克鲁格（Krueger）（1994 年）基于跨国的面板数据进行了实证研究，研究结果证明环境污染和人均收入之间存在倒“U”型曲线的关系。戴尔·罗斯马（Dale S. Rothma）（1998 年）通过考虑消费和贸易模式，重新审视了 EKC 的概念，并提出了使用替代的、基于消费的环境影响措施。他推测环境质量的改善实际上可能是富裕国家消费者摆脱与消费相关的环境恶化的能力增强的指标。阿尼尔（Anil Rupasingha）和安耶洛斯（Angelos Pagoulatos）（2004 年）使用环境库兹涅茨曲线的综合模型来研究美国一些县的人均收入与有毒污染物的关系，该模型中加入一个立方的收入术语表明，随着收入的持续增长，有毒污染最终会再次增加。种族多样性和空间效应对了解美国各县的有毒污染非常重要。

在国内学者中，陈宗胜对 EKC 模型有一定的研究。早在 1991 年，他就曾对 1955 年库兹涅茨在《经济增长与收入不平等》书中提出的收入差别倒“U”型理论进行评析。在《库兹涅茨倒 U 假设理论论争评析》中，他对曾经提出的支持倒“U”型的两种理论进行了评析，这两种理论分别是刘易斯的

“两部门”理论和约翰逊的“不公平”增长论。他指出，刘易斯等人的理论为倒“U”型的假设提供了基本框架，但还必须从包括古典学派在内的其他观点中借鉴学习才能使理论更加全面和准确；而李嘉图的理论描绘了倒“U”起始阶段的短暂过程；马克思的理论揭示了上升到恶化这一过程的实质。在《库兹涅茨倒U理论统计检验评析》中，他将研究倒“U”理论的统计检验分为三大类：横截面研究——利用横向国别资料对倒“U”现象进行验证；时序研究——利用发展中国家和发达国家不同历史阶段的资料，分别检验倒“U”曲线不同部分；分解分析——将影响收入差别的各种因素分解开来，考察其对总收入差别的影响程度和方向，并对三种类别进行统计评析。[1] 之后，他又对收入分配差别倒“U”型曲线、收入差别两极分化[2]、倒“U”曲线的阶梯形变异[3]等问题进行了深入研究。

一方面，有学者将关注点放在了环境库兹涅茨曲线的转折点、拐点上，早在2002年，范金和胡汉辉就曾经对环境库兹涅茨曲线的运行机理进行了数学证明，并建立了中国城市环境Kuznets曲线。[4] 2011年，学者梁志扬探寻环境库兹涅茨曲线的作用机制和条件，对中国环境库兹涅茨曲线的拐点进行了探讨，找出经济发展和环境质量的关联。[5] 而蒋萍、余厚强（2010年）致力于研究环境库兹涅茨曲线的分类、成因和影响因素，认为“理想型、警戒型、不可逆型的EKC拐点是经济增长和环境污染变化趋势重要的分界点，直接或间接地受规模增长、经济结构、技术进步、环境管制政策等因素的影响而形成”[6]。

另一方面，也有不少学者致力于环境库兹涅茨曲线的实证分析，赵细康、李建民等（2005年）通过环境库兹涅茨曲线在中国的检验，发现“虽然主要污染物的排放增长趋势近年来有所减缓，但多数污染物的排放并不具有典型

---

[1] 陈宗胜．库兹涅茨倒U理论统计检验评析［J］．上海社会科学院学术季刊，1991（2）：51－59.

[2] 陈宗胜．关于收入差别倒“U”曲线及两极分化研究中的几个方法问题［J］．中国社会学，2002（5）：78－82，205.

[3] 陈宗胜．倒U曲线的“阶梯形”变异［J］．经济研究，1994（5）：55－59，33.

[4] 范金，胡汉辉．环境Kuznets曲线研究及应用［J］．数学的实践与认识，2002（6）：944－951.

[5] 梁志扬．中国环境库兹涅茨曲线拐点探讨［M］．北京：北京林业大学出版社，2011.

[6] 蒋萍，余厚强．EKC拐点类型、形成过程及影响因素［J］．财经问题研究，2010（6）：3－9.

的环境库兹涅茨曲线特征，许多污染物的排放总量随着经济发展仍在继续增加”❶；陆虹（2000年）以大气污染为例，分析我国大气污染的库兹涅茨曲线的特性，发现我国的大气污染问题具有自身独有的特征，并用先进的统计分析方法证实 CO_2 和人均GDP之间确实存在交互影响作用，而不是简单呈现为倒“U”型的关系；王星（2015年）选取我国30个省会城市2004—2012年的面板数据，运用EKC理论和脱钩理论，利用空气PM10、二氧化硫和二氧化氮的浓度监测数据，对我国经济增长与雾霾污染之间的关系进行了实证检验。

此外，在环境库兹涅茨曲线的具体应用中，也有很多学者做出了一些研究。何娟（2016年）根据泰州市的经济与环境变化的状况，重点分析了泰州市大气污染各指标与泰州市经济发展之间的拟合最佳模型，验证了环境库兹涅茨假设。魏智勇和卢建玲（2017年）在对黑龙江的研究中，分别拟合了黑龙江经济增长与工业废水和生活污水的关系曲线，建立模型并分析得出了工业废水的排放量与经济增长关系呈现倒“N”型，生活污水排放量与人均GDP的关系呈现倒“U”型，并提出相应的措施来保护好水环境。

通过文献回顾发现，尽管环境库兹涅茨曲线的研究已经非常丰富，但关于其存在性、转折点或拐点在何处、具体的模型等仍有待探讨，因而需要深入研究来加以完善。

6.1.1.4　模型的运用

（一）农业EKC

农业污染是指在农业生产和农民生活过程中产生的未经合理处置的污染物造成的大气污染、水污染、土壤污染等环境危害，具有随机性大、分布范围广、危害规模大、控制难度大等特点。❷ 我国目前存在农业化学品投入量大幅增加所产生的农业污染问题，农业污染的形成与农业产业政策、城乡经济结构、污染治理资金、环境综合管理、农业环境政策、污染治理法律以及农民环境意识等因素均有关。❸ 相关学者也对农业污染问题做出了一些研究，其中农业EKC的

---

❶ 赵细康，李建民，王金营，等．环境库兹涅茨曲线及在中国的检验［J］．南开经济研究，2005（3）：48－54.

❷ 邱君．中国农业污染治理的政策分析［M］．北京：中国农业科学技术出版社，2008.

❸ 杜江，罗珺．我国农业环境污染的现状和成因及治理对策［J］．农业现代化研究，2013（1）：90－94.

研究不在少数。农业 EKC，顾名思义，即将环境库茨涅茨曲线应用到农业中来，将经济发展替换为农村经济发展，将环境污染替换为农业污染。

在众多学者的研究中，吴珺、李浩、曹德菊、王光宇、闫晓明等（2014年）利用环境库兹涅茨曲线分析了安徽省经济增长与农业污染的关系，并得出相关结论为安徽省发展作贡献。王媛、李传桐等（2014 年）以 EKC 为理论基础，将潍坊市经济增长和农业污染数据通过函数模型拟合，探寻潍坊市经济增长与农业污染的关系，并得出“潍坊市的化肥总投入、复合肥投入和农药投入随着经济的不断增长有下降的趋势，农膜、地膜的投入随着经济发展呈现进一步增长的态势”的结论。尚杰、李新、邓雁云等（2017 年）则对黑龙江省的人均农业总产值与农业面源污染的环境库兹涅茨曲线进行关系验证。

由此可见，目前 EKC 曲线的研究方向越来越致力于农用化学品投入与人均 GDP 的 EKC 关系验证。近年来，农业经济有了迅速的发展，然而化肥、农药等农用化学品的过量投入以及农业废弃物的不当处置，使得农业经济增长在带来可观效益的同时也给农业可持续发展带来了负面影响，例如土地板结、盐碱化、雾霾等污染现象，破坏农业生产环境，阻碍农业可持续发展，进而威胁人类的生存发展。农业生态环境与农村经济发展之间是对立统一的关系。一方面，农业生态环境为农村经济增长和发展提供必要的条件和空间，是发展农村经济的基础；另一方面，在农村经济发展进程中，资源利用的增加，给环境带来了非常恶劣的影响，农村生态环境系统的不平衡将会非常严重地约束农村经济的发展进程。因此，农业 EKC 的研究是必要的。

（二）工业 EKC

工业污染可分为废水污染、废气污染、废渣污染、噪音污染，一般来说，工业污染物指标划分为三部分：工业废气、工业废水和一般工业固体废物。其中，工业废气污染包括二氧化硫、氮氧化物和烟粉尘等；工业废水污染指标主要包括化学需氧量、氨氮、石油类、挥发酚、氰化物、汞和铅等。而从目前来看，工业发展给大气带来的污染已经危害到了人们的身心健康，成为亟须解决的问题。

从工业污染的研究来看，傅胜（2012 年）研究了浙江省 1981—2009 年的废水（工业废水、生活废水）、废气（二氧化硫、工业粉尘和烟尘）和固体废弃物的年度“三废”排放数据，检验浙江省环境库兹涅茨曲线是否符合国际经验的倒“U”型，研究了影响浙江省环境污染的经济增长的规模效应和产业结构变动的结构效应。[1] 毛晖、汪莉（2013年）运用1998—2010年各省际面板数据，采取水污染、大气污染与固体污染排放等五类工业污染指标，对我国经济增长与工业污染之间的关系进行了实证检验，不同污染指标得出的拟合曲线有不同的形状。[2] 樊胜岳、高桃丽（2017年）以中国主要工业污染物排放浓度和国家规定排放标准限值为依托，构建工业污染状况综合评价指标体系，并采用Stossel指数调整模型与综合评价模型，分析了1993—2014年中国工业污染变动态势以及关键污染因子，进行环境库兹涅茨曲线分析。[3]

下文将围绕"工业发展和大气污染之间究竟有什么样的关系？工业的持续发展会导致环境污染日益恶化，还是最终有可能带来环境的改善？"等问题展开对工业EKC的验证分析。

6.1.2　农村经济与农业污染的关系研究

早在20世纪末，就有研究从理论层面并结合当时的实际情况分析了经济增长与农业污染之间的关系，认为农业面源污染作为环境污染源的一种，有可能与经济发展之间也存在EKC关系。现在，中国农业环境不断恶化，农村污染问题长时间突出，出于解决现实问题的需要，众多学者都从实证方面对农业面源污染、农业产值增长和农村居民人均收入等相关问题开展研究，同时基于EKC研究方法验证农业污染与经济增长之间的倒"U"型关系，即农业EKC关系。

6.1.2.1　发展概况

（一）农村经济

衡量经济发展的指标多种多样，例如地区生产总值（GDP）、人均GDP、国民收入等指标都可以衡量一个地区的经济发展状况。GDP可以用来衡量一个国家或地区的生产总值，覆盖了所有的行业，但是GDP是一个总量的计算，它无法衡量人均状况，因此具有一定的局限性，较为片面。而人均GDP或人均居民收入则从个体的角度衡量了人均的经济状况，具有一定的科学性和准确性。

根据《2016年黄冈市国民经济和社会发展统计公报》，黄冈市地区生产

---

[1] 傅胜．浙江省经济增长与环境污染关系研究［M］．杭州：浙江工商大学出版社，2012.

[2] 毛晖，汪莉．工业污染的环境库兹涅茨曲线检验——基于中国1998—2010年省际面板数据的实证研究［J］．宏观经济研究，2013（3）：89－97.

[3] 樊胜岳，高桃丽．中国工业污染变动态势及其EKC实证分析——基于生态阈值视角［J］．生态经济，2017（9）：110－115.

总值共计1726.17亿元，比上年增长7.6%左右。年末耕地面积达到548.61万亩，农林牧渔业现价总产值相比上年增长的幅度也非常大。

报告显示，黄冈市在2016年共建成千亩以上的现代农业示范园128个，几个县的农产品加工园被列入省农业产业化示范园区，从中可看出黄冈市农业经济发展规模化程度有一定程度的增强。规模以上的农产品加工企业在2016年达到了530家，农产品加工业的产值有了大幅提高，数据显示规模以上农产品加工业的产值与农业的总产值之比为1.36∶1，从中看出在农产品加工业的带领下，农村经济发展实现质的飞跃指日可待。

（二）农业污染

（1）农业污染情况概述

根据黄冈市2016年发布的统计数据，黄冈市农业化肥施用量共计335975吨；农用塑料薄膜使用量共计9728吨，农药使用量为14189吨，地膜使用量为5270吨，地膜覆盖面积为4.5万公顷。[1]

2017年，黄冈市强力推进农业绿色发展改革，全面落实“共抓大保护，不搞大开发”的重要指示精神和中央环保督察组的整顿整改意见，积极在全市范围内开展化肥农药使用量低增长甚至零增长行动，推广“测土配方施肥”这一方案，面积达1186万亩，肥料利用率有了大幅提高，化肥施用量也实现了很大程度的减少。在病虫害绿色统防统治方面，推广面积也达到了329万亩次，主要农作物统防统治占比达到40%以上。除此之外，黄冈市也深入开展农业面源污染防治工作，农作物秸秆综合使用量有一定幅度的下降，利用率达到了88.4%，废旧农膜的回收利用率也有一定程度的提高。可见农业污染情况虽然严重，但在黄冈市政府及各部门的带领下，情况正在不断变化改善中。

虽然农业污染情况不乐观，但是黄冈市政府针对农业污染明确了任务，从排查农业面源污染源、实现牲畜排泄物资源利用、推进农药化肥增量减效、探索建立区域农业污染综合治理新模式等方面治理污染、保护环境，以极大的决心持之以恒地打赢农业污染攻坚战，为保护黄冈市农村生态环境、深入推进黄冈市农业绿色高质量发展作出应有的贡献。

（2）指标选取

为了反映农业经济增长状况，使结果具有直观的说服力，基于研究的准

---

[1] 闻武斌．黄冈年鉴［M］．武汉：长江出版社，2017：84.

确性，最终选取农村居民人均收入来反映农业经济增长情况。

而农业污染种类众多，农田化肥施用、农田固体废弃物、畜禽粪便、水产养殖垃圾和农村生活污染，构成了我国农业面源污染的五大污染源。❶ 根据数据的可获得性和连续性原则以及目前已有资料数据显示的主要的农业污染来源，本书将选取农药投入密度（kg/hm^2）、地膜施用强度（kg/hm^2）和农田化肥投入密度（kg/hm^2）三个指标作为研究农业污染的指标。三者互不关联，互不影响。

另外，本书使用的指标单位计算如下：

①农药投入密度（kg/hm^2）＝农药投入总量（kg）／耕地面积（hm^2）

②地膜施用强度（kg/hm^2）＝地膜施用量（kg）／地膜覆盖面积（hm^2）

③农田化肥投入密度（kg/hm^2）＝折纯后化肥施用总量（kg）／耕地总面积（hm^2）

（3）数据来源

受时间因素的影响以及由于黄冈市的农药和地膜数据公开度有限，本书选取了2008—2016年的时间序列数据，所用数据均来自黄冈市统计局、《中国环境公报》（2008—2016）、《湖北统计年鉴　黄冈市》等。但是农业污染物种类众多，为了使数据来源具有可获得性和时间上的连续性，本书在众多指标中主要选取农药、地膜以及化肥作为测量农业污染程度的主要指标。

（4）模型假设

①在选取农村居民人均收入作为衡量农村经济状况的指标时，不考虑农民收入来源的日渐多元化趋势，忽略农民收入增长的内在机理和结构性原因。

②在衡量农业污染状况时，不考虑农作物播种面积、劳动力的素质、劳动力转移等其他影响农业污染水平的重要因素。

③一般而言，可以量化的因素均具有非平稳性，此处忽略非平稳的时间序列建立回归模型的伪回归问题。

（5）环境库兹涅茨曲线模型的建立

为了全面准确地揭示农村经济增长与农业污染之间存在的内在关系，本书主要应用线性形式（6－1）、二次曲线形式（6－2）和三次方曲线形式

❶ 闵继胜，孔祥智．我国农业面源污染问题的研究进展［J］．华中农业大学学报·社会科学版，2016（2）：59－66，136.

(6－3)这三种对环境库兹涅茨理论进行验证。其中，在式（6－2）的二次曲线中，由数理常识得，当 $b_2<0$ 且 $b_1>0$ 时，二次曲线开口朝下，y 与 x 之间关系曲线呈倒“U”型，即呈现环境库兹涅茨曲线形状；若 $b_1<0$，$b_2>0$，二次曲线开口朝上，此曲线呈正“U”型，说明环境污染随城市经济发展加快呈现先下降后上升趋势；在式（6－3）的三次方曲线形式中，当 $b_2<0$，$b_1>0$，$b_3>0$ 时，y 与 x 之间的三次曲线呈“N”型，从长远来看环境污染仍有上升趋势；若 $b_2>0$，$b_1<0$，$b_3<0$，则曲线呈倒“N”型；其中 ε 代表随机扰动项。在利用 SPSS 软件完成模型参数的数据估计后，将通过输出回归方程，并加以比较显著性检验中的 R^2 值、概率 P 值等统计量来选择最优拟合方程，在描绘图形后根据图形来进行拐点的计算和预测分析。三种方程曲线形式如下所示：

$$y = b_0 + b_1 x + \varepsilon \tag{6-1}$$

$$y = b_0 + b_1 x + b_2 x^2 + \varepsilon \tag{6-2}$$

$$y = b_0 + b_1 x + b_2 x^2 + b_3 x^3 + \varepsilon \tag{6-3}$$

《黄冈统计年鉴》及《湖北统计年鉴》的相关数据如表 6－1 所示，其中 2009 年和 2012 年的地膜施用强度数据缺失，经过合理的推测，得到 2009 年黄冈市地膜施用强度为 101.36kg/hm^2，2012 年的地膜施用强度为 135.76 kg/hm^2。

表 6－1　2008—2016 年黄冈市统计数据

	农药投入密度（kg/hm^2）	化肥投入密度（kg/hm^2）	地膜施用强度（kg/hm^2）
2008	1697.59	996.15	99.58
2009	1694.25	1306.05	—
2010	1652.81	1055.25	104.45
2011	1472.61	1038.15	110.22
2012	1607.22	1021.95	—
2013	1569.50	1032.15	183.32
2014	1561.08	1018.20	125.97
2015	1386.52	971.55	117.31
2016	1325.25	952.20	116.91

（6）回归结果分析

本章的模型运用了 Eviews7.0 软件，对黄冈市 2008—2016 年的农业面源污染物（主要指上文提到的三种）排放与农村居民人均收入时间序列数据进行三种函数模型的模拟分析，最终的全部模拟结果如表6－2所示。从表中R^2及F的数值可知，农药投入密度、化肥投入密度、地膜施用强度与农村居民人均收入的三次函数模型具有统计意义（鉴于三种化学物品的最优拟合方程都是三次函数，这里不作讨论），拟合后的回归方程如表6－3所示。黄冈市地膜施用强度与农村居民收入存在典型的EKC曲线关系，拟合曲线形状为倒"U"型，拐点的农村居民收入为2013年的6900元，此时地膜施用强度达到最大，为183.32kg/hm²，已经超过转折点，在之后的时期中随着农村经济增长，地膜施用强度不断下降。

表6－2　农业污染与农村居民人均收入的回归结果分析

变量	模型类型	常数项	x	x^2	x^3	R^2	F
农药投入密度	线性函数	1834.609356	－0.041195632			0.73071	18.99424
	二次函数	1748.738514	－0.01458609	1.80E－06		0.735169	8.327971
	三次函数	3238.558235	－0.724092135	0.000103025	－4.83E－09	0.858984	10.15229
化肥投入密度	线性函数	1187.572516	－0.020989196			0.001255	0.008794
	二次函数	1258.012181	－0.042816946	1.48E－06		0.313658	1.370996
	三次函数	1418.572084	－0.11928138	1.28E－05	－5.20E－10	0.315999	0.769975
地膜施用强度	线性函数	104.4402797	0.002507973			0.070444	0.530477
	二次函数	－77.37424985	0.058848417	3.81E－06		0.590419	4.324566
	三次函数	－81.54731568	0.060835782	4.10E－06	1.35E－11	0.590445	2.402787

表 6-3 拟合后的回归方程

变量	模型估计形式	曲线形状	转折点（元）
农药投入密度	NY = 3238.55823468 − 0.724092134711x + 0.000103025378019x^2 − 4.82528627391e − 09x^3	倒“N”型	无
化肥投入密度	HF = 1418.57208418 − 0.119281379586x + 1.27720239085e − 05x^2 − 5.20027682128e − 10x^3	倒“N“型	无
地膜施用强度	DM = −81.5473156761 + 0.0608357815153x − 4.1009138323e − 06x^2 + 1.35158885227e − 11x^3	倒“U“型	6900

①农业经济增长与农药投入密度的 EKC 分析

从农药投入密度与居民人均收入的回归结果可以看出，三次曲线的 R^2 为 0.859，所以三次曲线拟合效果最佳，由此得到黄冈市农业经济增长和农药投入密度的拟合方程为 NY = 3238.55823468 − 0.724092134711x + 0.000103025378019x^2 − 4.82528627391e − 09x^3。从图 6−1 中可以看出，从 2008 年开始，农药投入开始下降，到 2016 年为 1325.25kg/hm^2。从曲线拟合来看，黄冈市农药投入密度与农村居民人均收入大致呈现倒“N”型，第一个拐点处的农村居民人均收入为 5438 元，在第一个拐点前农药投入密度随着农村经济增长不断下降，而超过 5438 元后农药投入密度又开始上升，直到农村居民人均收入达到 9388 元时，农药投入密度有所下降。从曲线的趋势来预测，农药投入密度在 2016 年后呈现不断下降的趋势，由此看出政府在农药投入的控制方面起到了一定的作用，农药投入带来的污染有所减轻。

②农业经济增长与农田化肥投入密度的 EKC 分析

从化肥投入密度与居民人均收入的回归结果可以看出，三次曲线的 R^2 为 0.316，虽然数值并未达到理想状态，但在三种形式的方程中拟合程度最好。由此得到黄冈市农业经济增长和化肥投入密度的拟合方程为 HF = 1418.57208418 − 0.119281379586x + 1.27720239085e − 05x^2 − 5.20027682128e − 10x^3。从图 6−2 中可以看出，2009 年化肥投入密度有一次大幅度的上升，2009 年后化肥投入密度较稳定，在一定范围内有一定程度的上下浮动。总体来看，

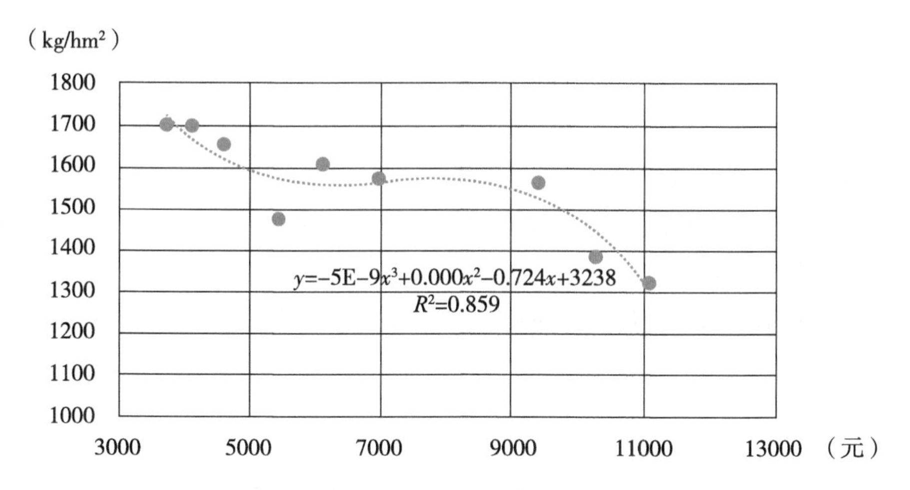

图6－1　黄冈市农药投入密度与农村居民人均收入拟合曲线

化肥投入密度随着农村居民人均收入的提高有下降的趋势，并呈现出不断下降的态势。由此可见，随着政府对健康型农业的提倡，农村居民与政府通力合作，以及公众对农村生态环境治理意识的增强，化肥这一农业面源污染物的投入得到了较好的控制，结果反映良好。

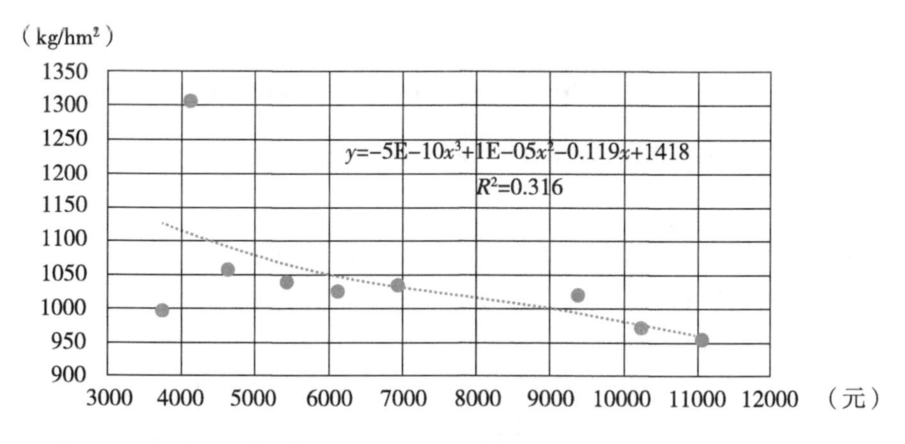

图6－2　黄冈市化肥投入密度与农村居民人均收入拟合曲线

③农业经济增长与地膜施用强度的EKC分析

从农药投入密度与居民人均收入的回归结果可以看出，三次曲线的 R^2 为0.5904，在一次、二次、三次拟合的结果中三次曲线拟合效果最佳，由此得到黄冈市农业经济增长和地膜施用强度的拟合方程为 $DM = -81.5473156761 + 0.0608357815153x - 4.1009138323e-06x^2 + 1.35158885227e-11x^3$。从图6－3

可以看出，黄冈市地膜施用强度与农村居民收入存在典型的 EKC 曲线关系，拟合曲线形状为倒“U”型，拐点的农村居民收入为 2013 年的 6900 元，此时地膜施用强度达到最大，为 183.32kg/hm^2，并且此数值已经超过转折点，从长远来看，随着农村的经济增长，地膜施用强度不断下降。为了减少地膜给农作物以及环境带来的危害，黄冈市通过提倡地膜的回收处理来减少地膜的不必要浪费和循环再利用，并逐渐引入了可降解地膜，因此从图 6－3 中可以看出经过峰值后地膜施用强度随农业经济增长逐渐下降，目前处于 EKC 曲线右侧。

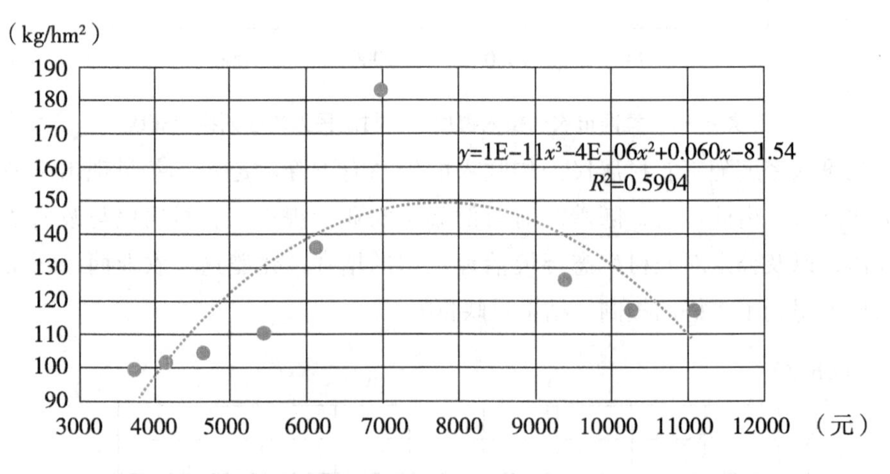

图 6－3　黄冈市地膜施用强度与农村居民人均收入拟合曲线

（7）模型结论

通过对黄冈市农药投入密度、化肥投入密度、地膜施用强度等指标以及农村居民人均收入的 EKC 验证，从曲线形状来看，农药投入密度、化肥投入密度与农村经济发展的拟合曲线呈现倒“N”型的发展趋势，可见两者在未来一定时期内会呈现下降的趋势；地膜施用强度与农村经济发展的拟合曲线呈现出倒“U”型的发展趋势，符合环境库兹涅茨曲线形状。从模型的随机扰动项来看，可能造成黄冈市农业面源污染的化学品投入随经济发展变动的关系模型表现方式非常多样，这表明影响黄冈市农业污染化学品投入的因素还有很多其他的类型，如农业技术进步、清洁能源的使用、产业结构调整、政府政策等。

面对现代农业不断飞速发展的新态势，黄冈市积极改变农业发展方式，大力倡导发展有效率、有保障、有质量的生态农业，积极响应以生态农业引领现代农业发展的新趋势，研究结果及种种迹象也表明黄冈市的化肥、农药等化学药品的投入量都有了一定程度的下降。但是，我们仍应看到地膜等有害化学物质进入自然环境后由于难以处理而带来的长期、深层次以及潜在的危害，它们不仅会严重地破坏土壤结构，还会导致土壤营养流失，使农作物无法得到应有的养分，也使农业发展得不偿失。对此，国家和政府部门等应给予高度重视，通过相关法律法规对不顾后果使用农膜、地膜的农户加以惩处，并加强多方面的监管，做到对地膜或其他化学物品的回收利用。

6.1.3 工业发展与大气污染关系研究

6.1.3.1 指标选取

（一）工业发展状况

工业发展状况的评价指标多种多样，例如工业生产率、采购经理指数（PMI）、消费者物价指数（CPI）、工业品出厂价格指数（PPI）、规模以上工业增加值等指标。基于数据的可得性及本模型建立的研究目的，最终选取以季度为观察单位的规模以上工业增加值指标，用以表征黄冈市工业发展状况。

（二）大气污染情况

大气污染物种类众多，《环境空气质量标准》规定，反映大气污染的常规分析指标主要包括总悬浮颗粒物、总碳氢化合物、总氧化剂、氮氧化物（二氧化氮等）、臭氧（O_3）、二氧化硫（SO_2）、一氧化碳（CO）等[1]。此外，在一些城市或工业区还对可吸入颗粒物、工业废气、降尘等进行监测。

根据数据的可获得性和连续性原则，在本模型中选取二氧化硫的季度平均浓度值、二氧化氮的季度平均浓度值、可吸入颗粒物（PM10）的季度平均浓度值3个变量来表征大气污染程度。

（三）控制变量

本书中的环境库兹涅茨曲线研究的是大气污染与工业发展的关系，但实际生活中对大气污染造成影响的因素仍有很多。因此，本模型在研究过程中引入了其他控制变量来降低模型的内生性，包括以下几种。

（1）人均GDP

一般而言，某一地区的人均GDP越高意味着与人口相关的各项生产消费活动也越多，从而对环境污染存在正的规模效应。

---

[1] 环境空气质量标准（GB3095—2012）[S]．北京：中国标准出版社，2012.

（2）人口密度

一般而言，某一地区的人口密度越大意味着与人口相关的各项生产消费活动也越多，从而对工业发展存在正的规模效应。

（3）产业结构

经济发展初期一般依靠农业创造收入，而经济起飞时一般伴随着工业的快速发展，也就意味着更多自然资源的使用和污染物的排放；当经济发展到一定程度后，产业结构会逐渐优化，工业比重一般会保持平缓甚至降低。因此本模型中选取工业产值和第一产业产值占 GDP 的比重作为衡量产业结构的指标。

除以上变量外，科技进步、环保投入、教育力度等都会通过影响生产、生活，间接地改变大气污染状况，但由于与黄冈市有关的各类统计公报中没有公开以上三种变量财政支出的具体数额，因而无法直接或间接地获取可量化并能用于计量分析的数据，故在工业发展与大气污染的模型构建中不予选取。

工业发展与大气污染模型的变量选取如表 6－4 所示。

表 6－4　工业发展与大气污染模型变量表

名称	符号	单位
二氧化硫的季度平均浓度值	SO_2	微克/立方米
二氧化氮的季度平均浓度值	NO_2	微克/立方米
可吸入颗粒物的季度平均浓度值	PM10	微克/立方米
规模以上工业季度增加值	IIV	亿元
人均 GDP	GDP	万元
人口密度	POS	人/平方公里
工业产出占 GDP 的比重	POI	—
第一产业占 GDP 的比重	POA	—

6.1.3.2　数据来源

表 6－4 中各个指标的所有数据时间跨度选定为 2014 年第一季度到 2018 年第二季度。数据来源于黄冈市统计局、国家统计局黄冈调查队、黄冈市财政局等公布的《黄冈统计年鉴》（2010—2017）、《湖北统计年鉴》（2010—2017）、《中国环境状况公报》（2010—2016）、《中国生态环境状况公报》（2017），以及黄冈市环境保护局公布的环境监测综合类信息。

在统计公报中，由于自2014年起“规模以上工业增加值”不再公布具体数字，只公布从1月起累计至该月的平均增长速度，故每个季度的规模以上工业增加值均根据统计年鉴中公布的规模以上工业增加值的总额推算得出。然而，2015年与2016年的统计年鉴中未公布官方统计的规模以上工业增加值，故根据这两年的国民经济和社会发展统计公报公布的规模以上工业增加值的年均增速，来推算季度增加值；由于时间限制，2017年相关数据没有得到充分披露，故采用估算方法推算2015和2016年的数据。此外，本书中所有推算数据均为现价，未做任何价格指数的扣除等调整。

6.1.3.3 模型的构建

根据环境库兹涅茨曲线，在经济发展初期，环境污染会随着人均收入的增长而增加，环境质量不断恶化；但是到了一定发展阶段，环境污染会随着人均收入的增长而下降，环境质量得以改善，从而使环境污染与经济发展关系轨迹呈现出一条倒“U”型曲线形状。

这种倒“U”型的曲线形状同样适用于工业。在本章的环境与工业污染的EKC模型中，为了增强其解释力与结果的有效性，选取EKC曲线的二次回归方程式来进行分析，其基本方程式如下：

$$y_i = \beta_1 x_i + \beta_2 x_i^2 + C + \gamma z_i + u_i$$

y_i 表示黄冈市在第 i 年第 t（$t=1, 2, 3, 4$）季度的污染物浓度，x_i 为黄冈市在第 i 年的规模以上工业增加值，z_i 表示其他控制变量，u_i 是随机扰动项，β 的值决定了曲线的形状，C 是回归结果中的常数项。

模型的各个参数决定了不同的曲线形状，具体情况如表6-5所示。

表6-5 环境库兹涅茨曲线形状

β_1	β_2	曲线形状
>0	<0	倒“U”型
<0	>0	“U”型
>0	>0	单增
<0	<0	单减
$\neq 0$	$=0$	线性

6.1.3.4 回归结果分析

（一）环境库兹涅茨曲线回归结果

先通过 Eviews8.0 对三次方程进行回归分析，三次项系数不显著，故剔除三次项，对二次方程进行回归分析，估计结果如表 6-6 所示。

表 6-6 EKC 曲线估计结果

	SO_2	NO_2	PM10
C	42289.82 (0.1384)	-31070.97 (0.1162)	-68814.05 (0.2783)
IIV	-1.226 (0.0040)	-0.699 (0.0099)	-2.118 (0.0163)
IIV^2	0.004 (0.0077)	0.002 (0.0104)	0.007 (0.0252)
GDP	1246.460 (0.1037)	-864.118 (0.1005)	-1673.604 (0.3141)
POS	-128.374 (0.1329)	93.989 (0.1123)	202.558 (0.2846)
POI	2.064 (0.9990)	-1138.466 (0.3529)	2270.550 (0.5753)
POA	3923.889 (0.0578)	-914.414 (0.4664)	-1793.251 (0.6681)
R^2	0.795	0.758	0.680
P	0.005	0.008	0.020
曲线形状	"U" 型	"U" 型	"U" 型
转折点	153.25	174.75	151.29

由回归估计结果可知，各项污染物指标与规模以上工业季度增加值之间的关系如下：

$$SO_2 = -1.226IIV + 0.004IIV^2 + \gamma z_i + u_i$$

$$NO_2 = -0.699IIV + 0.002IIV^2 + \gamma z_i + u_i$$

$$PM10 = -2.118IIV + 0.007IIV^2 + \gamma z_i + u_i$$

（二）二氧化硫指标与工业发展指标回归结果分析

二氧化硫与 IIV 的回归系数均通过 5% 的显著性检验，调整后的 R^2 值为 0.795，方程 P 值为 0.005，小于 0.05，说明方程拟合结果良好。从回归结果来看，黄冈市二氧化硫浓度与规模以上工业季度增加值呈现"U"型曲线关系，即随着经济的增长，二氧化硫浓度会经历一个由好变差的过程，转折点为153.25。

总体来看，黄冈市正处于还未经过转折点的阶段，二氧化硫污染与规模以上工业季度增加值呈负相关性。在现阶段，随着规模以上工业增加值的不断增长，二氧化硫浓度将不断下降。

对于其他的控制变量，对二氧化硫浓度有较显著影响的是产业结构和科技进步，农业和工业的发展与二氧化硫浓度呈正相关关系，科技进步与二氧化硫浓度则为反向关系。农业中大量使用的农药、杀虫剂等和工业中常用的煤、石油等会增加二氧化硫的排放，从而增大二氧化硫的浓度；而科技的进步，例如培育抗虫农作物、升级改造工业设备等能有效减少二氧化硫的排放。

（三）二氧化氮指标与工业发展指标回归结果分析

二氧化氮与IIV的回归系数均通过5%的显著性检验，调整后的R^2值为0.758，方程P值为0.008，小于0.05，说明方程拟合结果良好。从回归结果来看，黄冈市二氧化氮浓度与规模以上工业季度增加值呈现“U”型曲线关系，即随着经济的增长，二氧化氮污染浓度会经历一个由好变差的过程，转折点为174.75。

总体来看，黄冈市正处于还未经过转折点的阶段，二氧化氮污染与规模以上工业季度增加值呈负相关性。在现阶段，随着规模以上工业增加值的不断增长，二氧化氮浓度将不断下降。

对二氧化氮浓度有较显著影响的控制变量是科技进步（负相关）和农业发展（正相关），农业中大量使用化肥和杀虫剂，焚烧农作物会增加二氧化氮的排放；技术的改进例如培育高产农作物等能有效缓解这一问题。

（四）PM10与工业发展指标回归结果分析

PM10与IIV的回归系数均通过5%的显著性检验，调整后的R^2值为0.680，方程P值为0.020，小于0.05，说明方程拟合结果良好。从回归结果来看，黄冈市PM10浓度与规模以上工业季度增加值呈现“U”型曲线关系，即随着经济的增长，PM10污染浓度会经历一个由好变差的过程，转折点为151.29。

总体来看，黄冈市正处于还未经过转折点的阶段，PM10污染与规模以上工业季度增加值呈负相关性。在现阶段，随着规模以上工业增加值的不断增长，PM10浓度将不断下降。

对于PM10影响较大的控制变量是农业产值占GDP的比重。农业中焚烧秸秆、使用化肥等会对大气质量造成负面影响，但PM10污染来源广泛，如交通工具排放的尾气、化石能源的燃烧等也会带来大气污染。

6.1.3.5 模型结论

二氧化硫、二氧化氮、PM10浓度与规模以上工业季度增加值呈现“U”型曲线关系，均未经过转折点。因此总体来看，现阶段黄冈市的二氧化硫、二氧化氮、PM10浓度正在逐渐下降，大气污染状况正在改善。

由于以上三种污染物与工业发展均呈现“U”型曲线关系，可以认为在工业发展初期，矿产资源开采和使用量较大，生产技术较为落后导致污染物排放量较大，大气质量较差，随后由于工业技术进步，污染物排放量减少，大气质量改善；后期由于人口、土地等压力，对资源的需求量变大，工业生产效率提高，污染物排放量增加，从而使大气质量再次恶化，最终形成了“U”型曲线关系。

对大气质量影响较大的因素是产业结构和科技进步：农业或工业中对资源的不合理利用会导致严重的大气污染；科技进步具有两面性，取决于技术开发的领域和程度。我们应该尽快转变工业发展方式，采取更有效的措施治理污染，预防转折点的到来。

6.2 案例分析

6.2.1 生态文明视角下黄冈市旅游业SWOT分析

6.2.1.1 优势（Strengths）

（一）固有资源优势

黄冈不仅在武汉城市圈中拥有出众的旅游资源优势，在环大别山区城市群也有竞争优势，苏轼曾说这里“江山如画”，也感叹此地“多少豪杰”。黄冈与其他城市相比与众不同，且具有丰富的自然、人文旅游资源，二者的完美结合大大推动了黄冈旅游产业开发井喷式增长。

例如，红安县被称为“将军县”，共和国200余位将军和2位国家主席均来自该县；黄州区是中国共产党创始人和早期领导人陈潭秋的故乡，陈潭秋故居亦成为黄冈市生态旅游业发展的样本之一；罗田县是大别山主峰所在地，拥有薄刀峰、天堂寨等著名的风景名胜区，发展旅游业的自然资源禀赋优势巨大；蕲春县是医圣李时珍的故里，同时也是全国闻名的“教授县”，为祖国社会主义现代化建设的各个行业与领域输送了400余位教授。丰富的自然资源优势和人文历史特色为黄冈市发展旅游业提供了充足的保障。

（二）交通区位优势

黄冈依山傍水，在地理上和安徽、江西、河南交界，拥有完整的水、陆、空立体式交通网络。黄冈市内拥有长江运输水道，水运交通发达。同时，黄冈市周围紧邻武汉天河国际机场、九江机场等机场，航空运输便利。黄冈市与省会城市武汉市山水相连，两市基本实现同城化，城际铁路半小时左右可达，两地高速公路相连，黄冈市受省会城市的辐射带动作用显著。

黄冈市的铁路发展全面融入湖北省铁路发展系统，全市过路铁路达到6条，境内建设有6座长江跨江大桥与各地相连。黄冈紧跟中国高铁发展的步伐，在2017年开通了到达北京等地区的高铁。黄冈城际铁路系统发达，与武汉、鄂州等地区之间的城际铁路快速方便，车次多，时间短。黄冈与湖北省、江西省、安徽省、湖南省、河南省的省会城市有高速公路相连，十分便利。

近年来，尤其是被纳入武汉城市圈之后，黄冈开始兴建更多交通设施，如沪汉蓉客运专线和筹建的蕲春机场，奠定了黄冈“鄂东门户，大别枢纽”的交通优势，为黄冈旅游业井喷式增长提供了必需的进入性保障。黄冈市完善的交通运输系统必将对其旅游业产生重大益处。

（三）生态环境建设优势

黄冈市在生态环境建设保护方面注重经济发展过程中经济带及各产业园区和城市建设中的生态保护工作，黄冈市把生态环境保护工作看作我国全面建成小康社会、实现经济转型升级的内在要求，也看作建立生态友好型社会的必要条件。

此外，鉴于农业在黄冈市旅游发展中起到的基础性作用，黄冈市尤其助力建设生态旅游产业，因此在生态保护的工作中重点关注农业生态文明建设工作。黄冈市在农业转型发展的过程中强调农业环境保护；实施绿色农业计划；保证林业用地面积、森林面积等指标；全面禁止且严格监管农业化肥污染、白色污染、过度开垦等问题。在生态资源开发过程中兼顾自然生态资源的保护工作，在保护环境资源的基础上有序开发、合理开发。

黄冈市的生态环境建设为其生态旅游的发展建设打下了良好的基础，其良好的生态环境为其旅游业吸引游客提供了先行条件。生态环境优势是黄冈市农业生态旅游进一步发展的基础性优势。

（四）政策保障优势

湖北省政府于2009年6月召开会议，主要研究大别山地区的旅游资源开发问题，指出要把大别山的红色旅游项目建设成为享誉世界的旅游名片。黄冈市委、市政府共同出台了《关于加快黄冈旅游经济发展的决定》，以落到实处的政策和管理办法促使黄冈市旅游发展进入快车道，走向腾飞。

6.2.1.2 劣势（Weaknesses）

（一）旅游管理体制不顺

跨区域的管理现状是制约黄冈市进一步发展旅游业的重要因素。许多行政区域各自为政，各行其是，对诸如东坡赤壁等旅游景点实行多部门管理，使黄冈两大龙头项目发展滞后，在旅游产业中没有起到引领的作用。

（二）内部交通待改善

黄冈地区周边的道路建设工作已经取得了初步成效，大别山地区的道路情况也得到了较好的改善，但是内部公路的建设还存在不少问题，诸如公路车速偏低、废气排放过多等问题仍然深深地影响、禁锢当地旅游产业的进一步开发和可持续发展。

（三）服务设施发展滞后，缺乏产业聚集规划

黄冈在大别山区和长江沿线旅游资源集聚程度较高，但是前期规划各自为政，项目业态构成简单，基本停留在“观光、餐饮、住宿”初级阶段。旅游吸引物规划雷同，缺少有项目投资影响力的开发商带动，很难形成黄冈的旅游产业聚集。面临日益激烈的竞争压力，旅游投资商都会选择产业聚集度高的地区，通过协作经营共同维护项目地的长期市场热度。

黄冈市区及周边城镇是许多游客游览的重点地区，这对当地的基础设施建设提出了较高的要求。在城市中进行游览，交通路标、高速公路服务站、游客问讯处等基础设施缺一不可。但现状是，黄冈这些地点在城市公共设施建设上还存在较大不足。

（四）缺乏强势品牌塑造和文化对接

黄冈生态旅游拥有“江山如画，多少豪杰”的旅游资源，例如长江文化代表的东坡赤壁，红色根据地、生态环境良好的大别山，禅宗发源地四祖寺、五祖寺，以及李时珍故里等，旅游资源相当丰富，但由于开发不善，并未成

为大众十分喜爱的旅游去处。此外，由于缺乏特色化的吸引力，也在很大程度上限制了黄冈旅游产品的开发。黄冈已经认识到营销推广的重要性，黄冈大别山于2006年发起了大型的旅游节活动，例如以“挺进大别山”为主题的自行车比赛等受到了社会的广泛关注，活动取得圆满成功，但这只是节事活动策划运营的初级阶段，节事活动的影响力、推广力不仅要看举办期间，还要看后续阶段，成功的节事活动应该从开始举办就引出很多新闻话题，让媒体和公众保持对举办地的长期持续关注，使项目地成为新闻点和投资热地，如在博鳌举办的亚洲论坛。

当前，文化产业早已成为国家文化发展战略的一大方向，各县市区已经认识到苏东坡、李时珍、毕昇等人文资源的价值，策划、生产、注册了系列活动、商品、项目等，但是开发思路过于表面化、程序化，缺乏对资源核心价值的挖掘，没有形成有效的价值项目，拥有厚重人文资源的黄冈在旅游和文化两大朝阳产业上缺乏高效对接，很多项目仅仅是粗浅的旅游地产项目，缺乏文化支撑。

（五）缺乏老区富民工程

旅游业可以调整农业产业结构、促进农民就业，因此国家明确提出旅游是富民产业，但是旅游项目往往也仅是通过促进就业来惠及民生而已。因为招商引资竞争的加剧，地方政府不得不考虑开发商的投资回报，而开发商很少从当地百姓的角度出发，让百姓，尤其是老区人民真正融入旅游项目开发中，从项目开发中真正直接受益。

（六）生态旅游观念尚未深入人心

旅游业虽然被称为“无烟工业”和“无烟产业”，但传统旅游业由于游客产生垃圾、过度开发、旅游资源不合理利用等行为，在促使该地经济大幅度增长的同时，依然给旅游景区所在地的自然生态环境造成了重大的压力，甚至造成了不可恢复的破坏。黄冈当地传统旅游业的发展观念依然被多数景区和从业人员所接纳，还存在各种旅游服务设施严重滞后、服务质量低，垃圾未经分类处理而随处堆放、传单随处分发丢弃以及环境保护服务人员缺乏等问题。

6.2.1.3　机遇（Opportunities）

（一）扩大内需的机遇

旅游产业关联度高、带动性强、市场受众面广，其抗风险能力和拉动需求的能力较强，刺激经济的作用明显。为积极应对国际金融危机，国家旅游局鼓励福利旅游、奖励旅游、乡村旅游等旅游活动，为各地相关部门和政府争取更大客源市场、提升旅游综合服务管理水平等带来了巨大动力。旅游业成为各地区扩大内需、拉动经济增长的重点产业。

（二）政策扶持与规划的机遇

现在，投资黄冈可享受政策机遇的叠加，国务院批复了《长江中游城市群发展规划》《大别山革命老区振兴发展规划》。黄冈市是武汉城市圈核心城市，是长江经济带重要节点城市和大别山革命老区振兴发展的核心区域，同时享受多重国家政策的大力支持，蕴藏着巨大的发展商机。黄冈市是大别山片区扶贫攻坚主战场之一，落户黄冈的企业可享受中国证监会 IPO 扶贫绿色通道政策。黄冈市政府采取了以下优化环境支持措施。

（1）对各类商会协会、中介组织引进固定投资 5 亿元以上（含本数）工业项目的，项目投产经过认定后固定资产（厂房和设备部分）投入的 2‰ 计算奖励（税前），最高不超过 300 万元人民币。

（2）设立鼓励黄冈楚商回乡投资绿色通道，在金融、土地、人才、科技、生态农业旅游等方面为黄冈楚商回乡投资提供专业全面的服务与支持。

（3）对招商引资项目报批报建过程中的行政事业性收费一律由审批部门支付，经营服务性收费按照 1000 元每亩的标准给予打包补助。

（4）为招商引资企业的高管人员在黄冈市的生活创造优良的医疗和教育条件。设立就医绿色通道，总部企业和重点企业高管人员及其直系亲属就医实行“免挂号、先就诊、后结算、专人服务”；其需要接受义务教育的子女，其中包括央企、民营企业全国 500 强和上市公司在黄冈投资项目的高管子女可优先安排在优质公办学校就读。

（三）人力资源储备和人才竞争力机遇

黄冈市拥有丰富的人力资源，人力资源占据湖北省第二位，2017 年，黄冈市劳动力达到 430 万人，常年在外务工人员达到 150 万人，其丰富的劳动力资源，可为黄冈市旅游产业的发展和建设提供足够的劳动力支持。截至 2017 年底，黄冈市有在校大学生 4.8 万人左右，大中专毕业生每年可达 6 万人。人力资源储备十分丰富，无论是高校高素质劳动力资源还是职业技术人才均有较大储备。

黄冈市实行高校大学生政府部门实习基地计划，近年来每年从全国各大顶级高校接受暑期实习生在黄冈实习（包括北京大学、武汉大学、北京理工大学、天津大学、华中科技大学、同济大学、上海交通大学、中南财经政法大学等多所全国顶尖院校）。一批又一批的全国高水平大学的学生前来实习，为黄冈市各方面的发展提供了智力支持和高素质人才储备，生态旅游产业在黄冈开拓发展也可以利用黄冈市这一人才竞争力优势，得到顶尖高校学生的智力支持，促进产业发展。

（四）生态旅游发展的机遇

生态旅游业体现了经济发展和环境保护的均衡统一，将旅游业发展与生态环境的涵养与保护充分融合，成为旅游产业可持续发展的重要实现方式之一，也日益成为各地旅游业建设和发展的重要形式。党的十九大报告提出，人与自然相互依存，其关系犹如父母与孩子一般血浓于水。人类不应将自己看作大自然的主宰，认为人定胜天；而是必须尊重自然、敬畏自然。人类必须要学会和自然和谐相处，必须坚决贯彻落实科学发展观，将自然环境的保护放到日常工作的重点中来，像对待生命一样对待生态环境。没有任何经济效益值得以破坏人类赖以生存的青山绿水为代价，所以为顺应国家发展，黄冈市大力发展生态旅游。

（五）产业升级的机遇

社会经济处于不断增长过程中，人们出于提高自己生活水平的愿望也加大了对自然资源的开采，但是发展引起的环境恶化不断加剧。城市的生活环境越发污浊，这就使得城市周边的乡村和自然成为人们向往的天堂。大量游客前往田野山间放松心情，这在假期渐渐成为都市旅游消费主流形式。面对这种趋势，各地政府也积极开发新的旅游资源，推出新的特色旅游产品，积极促进传统的观光式旅游向体验式、浸入式的生态旅游转型。不但拉动旅游产业的成长和完善，拉动当地的经济增长，同时也保证游客浸入到与自然交互的旅游中，增加参与感，为当地提供良好的旅游口碑和广阔的客源市场。

（六）旅游业发展市场空间广阔

黄冈市在湖北省的经济总量较高，人口数量居湖北省第二位，紧邻武汉，面积较大。黄冈市建立了多个开发区产业园，如武汉市经济开发区产业园、中国·光谷科技产业园等。众多国家百强企业，包括知名国企、私企已经在黄冈投资落户，包括伊利乳业公司、中粮万科集团、万达投资集团、索菲亚、中国石油等超过 180 家企业已经开始在黄冈运作经营。可见其他领域的发展必将对生态旅游产业的投资起到基础性作用、带头性作用，不少领域及企业也为黄冈地区的生态旅游投资铺好道路。黄冈市政府积极开拓招商引资渠道，鼓励投资各项产业，包括农业旅游业等方面。大别山、龙感湖等地区生态旅游投资空间巨大，预计能够成为新的投资热点。生态旅游产业本身在黄冈地区还未成为投资点，进步空间和投资空间巨大，市场开发潜力巨大。

6.2.1.4　威胁（Threats）

（一）资源雷同，竞争加剧

信阳、六安等城市与黄冈一样同属大别山地区，在抗日战争和解放战争中同属鄂豫皖根据地，旅游资源极其雷同，具有相似的革命老区红色旅游资源。这也就使得老区城市间对游客的争夺日益激烈，为了赢得更多客源，为了发展老区经济，各地都在大力发展生态旅游，投资市场竞争日益加剧。

（二）项目雷同，客源重叠

作为湖北的中心城市武汉，每年都会占据湖北省旅游客源的绝大部分。为了避免和武汉的城市旅游资源重叠，武汉周边诸城市都将旅游资源开发的重点放在了乡村风貌、湖光山色、田园生活等方面，开展乡村旅游、自驾旅游等旅游活动。项目雷同化已经成为业界的公认，一旦产生雷同项目，必然会导致项目之间、地区之间开始循环的旅游资源恶性竞争。

（三）旅游资源开发时易对当地生态造成破坏

旅游资源开发时需保护与开发并重，黄冈拥有众多珍贵的历史遗迹，如赤壁、禅院、战争遗址等，在开发的同时要注重资源的保护。同时，大别山、龙感湖生态资源优势明显，需保护生态环境，寻求适宜的开发模式，以免造成无法挽回的后果。

6.2.2　案例介绍——罗田县森林生态旅游业

6.2.2.1　罗田县森林生态旅游资源现状

黄冈市罗田县位于大别山南麓，林业资源比较丰富，全县森林覆盖率达到70.5%，其中具有核心地位的景区森林覆盖率接近98%。多年来罗田县森林生态系统、生物多样性保存状况良好，由于其良好的绿色发展条件，曾荣获“绿色小康县”和“全国绿化模范县”的称号，并被冠以鄂东地区天然植物“基因库”的美称。同时在罗田县的各大景区里，负氧离子含量充足，每立方厘米含量达到18万个，因其丰富的森林资源，罗田县被称为“天然氧吧”。

具体而言，罗田县的天堂寨风景区位于大别山的主峰，此处是华中地区硕果仅存的原始森林，资源丰富，野生植物有1487种，动物有634种，还坐落着国家森林公园、国家级自然保护区、风景名胜区。景区总面积达到120平方公里，主峰海拔达到1729.13米，是江淮分水岭。

罗田县薄刀峰最高海拔达到1408.2米，整体的森林覆盖率达到了98%，它是大别山国家森林公园、大别山国家地质公园的核心景区之一，景区的整体面积约为30平方公里，全年气候宜人，年平均气温仅为16.4摄氏度。

正是因为罗田县丰富的森林资源和生物资源，从而为罗田县在保护生态环境的同时，大力发展森林生态旅游业以促进经济发展奠定了坚实的基础。

6.2.2.2　罗田县森林生态旅游发展的具体实践

（一）森林资源保护是开展一切工作的基础

由于森林生态旅游业对自然资源禀赋的强烈依赖，因此要想振兴森林生态旅游业并使之长久地可持续发展，则需要对罗田县当地的森林资源进行充分合理保护。罗田县为此建立了国有林场保护及转型升级的战略对策，申报全国首批森林公园——罗田大别山国家森林公园[1]，并投入大量财政资金，对部分景区实行全面禁伐的管理制度。

（二）大力发展森林生态旅游业

罗田县依托优异的森林自然资源禀赋大力对生态旅游业实施有针对性的开发和建设，通过多元化的融资途径，从政府渠道、群众渠道、资本市场融得大量资金投入景区的基础设施建设，建成118公里的大别山红色特色生态旅游线路。同时，罗田县政府还投入资金以改善二级公路、三级公路和乡村小路的基本状况，将主要景区串联成片，打造集群的规模效应，增加整体经济收益。

对于具有代表性的天堂寨和薄刀峰景区，罗田县政府投入财政资金对当地森林资源实行全面禁伐，充分保护当地生态旅游资源赖以生存的基础，在发展生态旅游经济的同时大量投入资金以保护生态环境，走具有当地特色的可持续发展之路。

6.2.2.3　罗田县森林生态旅游建设存在的问题

（一）基础配套设施不全

缺乏基础配套设施主要表现在交通、酒店住宿等方面。通常来说森林旅

[1] 秦新平．依托森林旅游引领罗田绿色崛起——湖北省黄冈市罗田县成功创建全国森林旅游示范县纪略［J］．领导科学论坛，2015（24）：36－37.

游的地点一般都离市区较远，尽管其具备优异的自然资源，但是由于地理位置的原因，很难与主要的交通线连接起来，交通设施的落后导致进入景区不方便，甚至难以进入，越是处于这种情况，越容易导致管理不完善，景区内卫生环境差、餐饮条件差、物价极其昂贵等问题也就随之凸显出来。由于基础设施建设的不完善，难以满足不同类型游客的要求，加之交通滞后等问题严重限制着森林旅游的发展。没有配套的酒店、停车场等设施，或是基础设施等级不高，无法达到旅游者的心理预期。基础设施配套不全可能会降低罗田县森林生态旅游业的口碑，无法提升其知名度，阻碍其进一步打开市场。

（二）旅游产品结构单一

旅游产品开发力度不够，罗田县旅游特色产品种类稀少，暂时还没有发掘罗田县森林生态旅游业的潜力和特色，目前主要以度假观光为主，难以满足游客各方面的需求，比如购物需求、教育需求、心理需求等。产品结构的单一不仅影响了罗田县森林生态旅游业的吸引力，而且影响同质市场上的竞争力，不利于旅游业的可持续发展。

（三）旅游品牌尚未建立

虽然近年来罗田县政府加大了旅游的宣传力度和品牌树立，例如通过制作名为《美丽中国乡村行——走进罗田》的特约节目、在央视播放宣传广告、组织各类独具特色的文化活动等方式进行宣传，企图能够提高自身的知名度与影响力。但就目前情况来说，罗田县森林生态旅游业的品牌知名度、普及度在湖北省内都不高，在全国范围内更是默默无闻。发展旅游，首先要让消费群体知道罗田县森林生态旅游业的存在，突出特色，发扬品牌。要打开国内、省内市场，宣传力度仍然远远不够，还需要进一步创新宣传方式，加大宣传力度，树立更鲜明的品牌形象。

（四）从业人员素质不高

目前，很多景区都存在这样的问题，接待人员专业素质低、服务不周到。缺乏专业的森林景区工作人员，很多从业人员从未接受过系统的教育与培训，不熟悉景区内的景点、不具备森林旅游知识、没有过硬的野外突发情况应变技能等是比较突出的问题。另外，部分从业人员没有很好的服务意识，难以为游客提供质量较高的旅游服务。从业人员的人才来源匮乏，培养高质量人才的院校或职业培训基地较少。显然，这一系列问题的存在导致罗田县很难达到当今社会对森林旅游的要求，旅游业发展速度受到了严重的限制。

（五）周边相似景点多，竞争激烈

随着全国范围内消费群体对生态旅游的热情不断上升，各地区都在极力发展生态旅游。罗田县的森林生态旅游资源与大别山片区内的安徽省、河南省相比，不仅森林风光的相似度高，而且历史文化也相似。例如，位于大别山腹地的河南商城黄柏山国家森林公园，林区面积40.1km^2，森林覆盖率达97%，各类珍稀动物达2000多种；位于潜山市境内的安徽天柱山国家森林公园，面积304.02km^2，森林覆盖率达97%以上，园内有维管束植物1638种，种子植物300种，各种动物140余种。此外，湖北省内也有湖北神农架国家森林公园等竞争对手。罗田县自身的特色不够突出，基础设施、经济实力也不够拔尖，受周边森林生态旅游区替代性竞争的挑战。

（六）生态保护与旅游业发展的矛盾

即使在生态旅游区，由于过度开发以及游客不文明的行为而导致自然资源遭到破坏的情况仍有发生。部分开发商过度追求眼前的经济利益，全然不顾景区的容纳能力，大量地接待游客；另外，为了更好地吸引游客，大肆建造人工设施，这些都是非常容易造成自然资源破坏的做法。除此之外，部分游客素质较差，缺乏对生态环境的保护意识，例如随意丢弃垃圾，在景区内的古树等自然资源上乱涂乱画，这些不文明的行为都会对珍贵的自然资源造成破坏。生态环境和资源的破坏又会反过来对森林生态旅游业产生负面影响，阻碍可持续发展，形成恶性循环。

6.2.2.4　经验总结

（一）划定生态保护线，建立合理的森林资源保护制度

森林作为不可再生资源，在规划保护时应着手采取量化的手段和指标，现在常用的办法是划定山体保护分界线，以山体森林资源的生态保护问题为核心，充分尊重大自然的规律，根据旅游风景区、自然保护区等不同的标准，结合当地省委省政府、市委市政府等各级决策部门的实际情况，为景区划定不同级别的山体保护分界线，从而避免盲目开发对山地造成的破坏。

（二）处理好保护生态环境与旅游业的关系

森林资源是发展森林旅游业的基础，森林生态旅游的可持续发展必须建立在森林资源可持续发展的基础之上。罗田县要在全省森林旅游总体规划的指导下，制定相应的区域性实施规划。各森林公园和森林旅游区，要按照旅游发展规划要求，以生态经济理论为指导，因地制宜、高起点、高标准地规

划森林旅游项目，突出森林景观和地方特色，并进行科学论证，避免重复建设。在景观资源利用上，要突出生态旅游的特点，以保护为主，保护与合理开发相结合。绝对不能犯先污染后治理的错误，保护生态环境的完整性是基本要求。为了发展旅游业而破坏生态平衡，就是违背了森林生态旅游业的初衷，会进入“环境恶化造成旅游业衰落、旅游业衰落推动环境进一步恶化”的恶性循环，是绝对不可行的。

（三）在森林生态资源之外挖掘当地的特色历史文化资源

有特色的历史文化资源是森林生态旅游发展过程中的一个亮点，罗田县可以在发展森林生态旅游的区域尝试建设特色旅游街、特色旅游村、特色旅游镇以及特色景区等，注重将森林生态旅游与特色文化结合起来，对其进行综合开发，这将会对旅游发展起到积极的促进作用。例如“刘邓大军挺进大别山”的红色文化、“爵主庙遗迹”的佛教文化、历史悠久的古寨遗迹等，都可以和旅游业结合在一起，互相促进，互相宣传，形成良性循环。

（四）完善森林景区的基础设施配置

就目前来说，各项体制还不够健全，因此这类工作需要在政府的统筹之下进行，采取多种多样的方式，尽力推进基础设施的建设和景区的开发。在开发的过程中，要协调好林业部门与其他主管部门、建设部门等之间的关系，只有各个部门之间相互理解支持，通力合作，才能真正地将旅游业发展起来。另外，从资金的筹集上来说，可以通过政府拨款、银行借贷、社会集资、引进外资等多种渠道共同进行，争取在尽可能短的时间内解决资金短缺的问题。基础配套设施不仅仅包含景区内的硬件基础，还需要鼓励民间进行宾馆、酒店的投资建设，从罗田县的情况来看，可以鼓励农民开展农家乐，这样一方面可以完善景区配套设施不足的情况，另一方面可以促进农民增收，产生正面的社会效益，也可以推动景区发展。

交通是经济发展的前提，尤其是针对旅游发展，交通建设更是重中之重。发展旅游业，特别是相对偏远的森林地区发展旅游业，政府应该加大道路建设投入，为游客提供便利的交通，增加景区的吸引力。罗田县近年来在交通建设上大力投资，先后建成并通车了多条高速公路，与此同时，关于围绕核心景区的专用、快速道路也在进一步的策划之中。这是打通森林生态旅游业“最后一公里”的必要措施。相信不断改善的交通情况必然会给旅游业的发展带来充足的动力，为取得进一步的成功助力。

（五）提高景区从业人员素质

从某种程度上来说，从业人员的基本素质会对景区的发展前景产生决定性的影响。高素质的人才，可以提升森林旅游各个方面的水平，也能够在吸引更多游客方面起到十分重大的作用。在人才培养上面，首先可以通过与高校合作的方式进行，开办森林旅游专业，培养这方面的专业人才。其次，可以外派现有的人员到国内一些发展较好的森林旅游景区去交流学习，引进相关的先进管理经验。同时，可以加大上岗前的职业培训力度，让从业人员在就业前有充分的准备和足够的资格，在工作过程中，景区也应该加强管理，规范从业人员行为，避免出现服务上的失误，提高整个行业的服务质量，为罗田县森林生态旅游业树立良好的口碑。

（六）旅游产品创新

在旅游产品方面，需要基于自身的特点，对自然森林资源进行深度开发，使相关的旅游产品摆脱单一化的现状，这样才能真正满足现代游客多样化的需求，进而使森林旅游产业得到持续性的发展。除此之外，要积极进行创新，不能一味地模仿其他旅游景区的产品种类与模式，要打造真正属于自己的旅游产品，这样才能对游客产生足够的吸引力，为引来更大的游客群起到积极的作用。可以借鉴乡村旅游、休闲农业等新产业新形式，推出多样化的旅游产品，例如林业产品采摘、树木种植、特色生物展览等，既可以满足游客的观光需求，又可以满足教育学习需求、购物需求等。旅游产品的多样化创新能保证罗田县森林生态旅游业在市场上的竞争力和吸引力，是发展的必备措施。

（七）加大宣传，树立品牌

抓好大众媒体传播。通过财政拨款渠道每年为罗田县的森林生态旅游业划拨一定数额的宣传经费，森林旅游开发景区自筹一定宣传资金。通过摄制专题风光片、旅游纪念品广告、电视节目等手段，对自然风光、民族文化等特色旅游资源，以森林旅游开发为主导进行宣传。紧跟时代潮流，创新营销方式和渠道，借助诸如微博、微信公众号等新媒体平台发表原创宣传片、文章，或者与众多微博旅游博主、知名旅游公众号合作，通过在网络社区的宣传，提高罗田县森林生态旅游的知名度，加大针对年轻一代消费者的宣传力度。针对不同的消费群体，采取不同策略的宣传方式，提高罗田森林生态旅游在各个群体中的知名度和影响力。

（八）合作共赢

发展森林生态旅游业不完全是与其他景区的竞争，区域合作也可以共赢。政府可以通过开发大别山主峰区天堂寨、薄刀峰景区、南武当山景区以及浠水三角山、团风大崎山、黄州东坡赤壁、白潭湖等景区，形成绿色生态旅游联动，推出系列化、精品化、特色化的旅游产品与线路，形成完整的城市旅游业网络，增强区域旅游的便捷度和完整度，提高整个区域对游客的吸引力，各大景区相互促进，从而进一步带动罗田县森林生态旅游的发展。

6.2.3 案例介绍——乡村生态旅游业

6.2.3.1 黄冈乡村生态旅游资源现状

（一）自然资源相对丰富，但过度消耗，且利用率低

由于黄冈市地理位置较好，湖泊众多，因此在黄冈市的乡村中适宜耕地面积较广，农业资源浪费成本较小，代价不易显现，当地农业发展初期节约意识不到位，未走循环利用道路。长此以往，农业技术支持率低，农民多以传统的耕耘形式延续，多数可循环利用的农业废弃物则被遗弃或搁置。例如关于秸秆处理，农民通常直接焚烧作为燃料，不但利用率过低，还极易造成空气污染问题；对于牲畜粪便、粪水等则随意排放或作简单处理，违背了农业可持续发展理念。这些传统农业粗放经营模式造成的影响在短期内往往难以显现，但长此以往，其对自然生态环境造成的恶劣影响则是巨大的、不可逆的。

（二）生态环境基础好，但农业污染问题严重

在传统观念中，黄冈市山清水秀，森林面积超过1100万亩，森林覆盖率高达46%，曾被评为“国家园林城市”“省级环保模范城市”等，本不需要过分关注环境问题。但通过深入走访黄冈市农地发现，农业污染问题仍然较为严重，且已初见端倪。根据黄冈市环境监测数据和环保督察结果，黄冈市部分区域空气质量在全省排名靠后，水质也逐年下降，截至2018年，长江流域仍有4个断面水质不达标，这与农业用水污染密切相关。黄冈市作为一个农业大市，本就容易出现化肥、农药等过度使用造成各种农业污染问题，以及废物处理不彻底等农业生态问题。另外，受传统观念和经济发展水平限制，当地农业以粗放经营为主，生产劳动者对农膜、农药和化肥往往过度使用，从而产生大量白色垃圾，给当地带来严重的土地污染、大气污染和水污染问

题；农药的过度使用，导致农作物对农药的依赖度提高，产生抗药性，使农药的使用更为严重，成为新的污染源；农作物本身亦受到影响，品质大大下降；农民为提高农作物产量和减少生产周期，在治理土地过程中过度使用化肥，使土地肥力下降，违背大自然的规律，污染问题也愈加严重。环境污染对农村居民的健康造成严重的威胁。总体来说，黄冈市由于地理位置的原因，生态环境基础较好，但在传统农业长期粗放式经营下，乡村自然生态环境在发展旅游业时势必存在更大隐患。

（三）现有条件优厚，乡村生态旅游发展基础良好

黄冈市位于湖北省东部、大别山南麓、长江中游北岸。南与鄂州、黄石、九江隔长江相望，东连安徽，北接河南。黄冈是农业大市，第一产业农业占比大，第二、三产业相对占比较小，农业相对发达，特色农产品渐成规模与体系，打造出一批闻名全国的“板栗之乡”“菊花之乡”“油茶之乡”“茯苓之乡”“甜柿之乡”“茶叶之乡”“药材之乡”，形成了一大批具有浓厚地域特征和品质特色的地理标志农产品，乡村旅游自然资源十分丰富。除此之外，黄冈市历史文化源远流长，坐拥大别山革命老区，乡村人文旅游资源也储备丰富。

近年来，随着经济的不断发展，国民收入的持续增长，交通体系的逐渐完善，人民休闲娱乐方式的多样化，乡村旅游越来越受到偏爱。黄冈全市有全国休闲农业与乡村旅游示范县2个、湖北旅游强县4个、旅游名镇4个、旅游名村15个。就地区而言，武穴市、黄梅县、大别山区都具有十分丰富的乡村旅游资源，全市具有多处乡村旅游目的地，风景优美。

（四）乡村生态旅游带动经济增长效果初显

黄冈乡村旅游经济发展较快，乡村旅游品牌的数量占湖北省1/6强，数量多、质量优，在湖北省名列前茅。根据黄冈市政府数据，2017年，全市乡村旅游接待游客超过1000万人次，实现旅游收入60多亿元，约占旅游总收入的30%，乡村旅游带动乡村经济发展，转移农村剩余劳动力，增加农民收入，带来了十分积极的作用，还培育了一批全国乡村旅游模范村、模范户和致富带头人。乡村旅游经济不断发展，产业不断完善扩大。

6.2.3.2　黄冈乡村生态旅游发展的具体实践

（一）把乡村生态旅游作为村民脱贫致富的重要途径

黄冈市高度重视旅游业的发展，尤其把发展乡村旅游作为农村经济发展、农民增收的重要方式。用旅游业来带动农村经济的发展，延伸到农产品加工

业、农业转型等领域，促进城乡一体化发展和城乡统筹发展。现阶段，黄冈市农业旅游已经开始从以农家乐为主的传统农村生活体验旅游发展到农业生态文化体验、农产品采摘、农业耕作体验、农产品销售等各方面。努力打造农村生态乡土文化。打造避暑胜地旅游、农业采摘旅游等多种农业旅游产品，加以推广，吸引城市居民以及外地游客参与体验。努力打造“旅游+农业”模式，着重关注农业与旅游的结合，将农村耕作文化与现代化旅游业相结合。黄冈市已建立两家全国休闲农业与乡村旅游基地。黄冈市乡村旅游的发展基础深厚，为其农业生态旅游的进一步发展准备了重要条件。

（二）不断创新乡村旅游生态发展理念

乡村旅游发展需要相应自然、人文景观与旅游产品的开发，配套设施的补充完善。盲目开发运营必然伴随破坏，而生态文明建设理念可以为乡村旅游的发展提供科学指导和技术支持：生态文明理念助推乡村旅游的可持续发展，生态开发运营优化乡村旅游要素组合配置，使乡村旅游发展更加长久。同时，促进资源节约型和环境友好型乡村建设，优化社会环境，有利于保持乡村自然人文景观与生态，并在此基础上最大限度持久发挥其经济效能，促进乡村旅游的优化升级。此外，相应的生态技术可以为乡村旅游开发提供技术支持，一方面修补以往粗放开发造成的破坏，另一方面指导尚未完成的乡村旅游开发，促进在开发中保护，在保护中开发。

生态化的乡村旅游业态会促进生态文明建设和乡村经济的协调融合发展。乡村旅游生态化转型在保护农村环境、节约资源的同时，带动农村经济发展与结构优化。有统筹计划的乡村旅游开发及其体系构成生态文明建设的一部分，优良生态的乡村旅游产业亦是生态文明产业类型的典范，对于推进生态文明建设，培育生态文明产业具有示范作用。在乡村旅游生态化的推广中实践了生态文明建设理念，宣扬了环保思想及意识，启发提高了利益相关者及普通民众的环保意识。

（三）领导者统筹规划，发展战略明确切实

近年来，黄冈市委、市政府高度重视旅游工作，把乡村旅游的发展摆在突出位置，把乡村旅游视为推进城乡统筹发展、助力乡村振兴的重要抓手。探讨研究乡村旅游资源优势及组合，加强统筹协调，推行“旅游+”融合，持续打造具有黄冈特色的乡村旅游品牌。希望通过旅游品牌的树立，推动黄冈乡村旅游的长效发展。

乡村旅游经营理念也逐渐从早期的“吃农家饭、住农家院”向赏花采摘、漂流避暑、乡村度假和乡土文化体验等全业态发展慢慢转变，逐渐认识到旅游业可以成为与现代农业、体育运动、健康养生、文化创意等多产业融合的新业态，经营发展理念有所创新。

此外，黄冈市政府不断出台文件指导乡村旅游发展，出台《关于加快乡村旅游发展的意见》，编制《黄冈市旅游业发展“十三五”规划》，重视标准引领，实施“旅游+”战略，期望促进乡村旅游产业可持续发展。

6.2.3.3　黄冈乡村生态旅游建设存在的问题

（一）农业旅游基础设施不足

首先，黄冈市生态休闲农业旅游基础设施落后，政府支持扶持力度较小，发展起步较晚，整体产业发展程度还较低，基础设施并不完善；其次，从事生态休闲农业旅游的主体为农民，以个体经营为主，资本积累较小，发展能力不足，导致其在农业生态基础设施上各自发展，水平不一，总体落后；再次，新型农业发展领域接受社会投资较少，缺少大规模经济来源，在道路建设、保护措施、人员雇佣等各种基础设施方面投资小；最后，生态农业旅游产业作为第一产业和第三产业的结合，服务主体主要是第一产业职业素质较低的劳动力，其未曾经过专业第三产业及旅游培训，知识水平和服务水平较低。

（二）乡村生态环境保护意识淡薄

乡村生态环境保护是生态农业发展的重要条件，但是长期以来，黄冈市居民在生态环境保护方面意识较为薄弱。一方面，我国生态环境整体形势不容乐观，环境整体质量较差，黄冈市在生态保护方面措施力度较小，在长江经济带建设、沿江生态保护、龙感湖环境治理等方面还存在部分漏洞；另一方面，群众生态环境保护意识淡薄，对环境保护了解程度、支持力度、参与度不高。保护环境意识淡薄很有可能造成居民对生态农业的热情不足，对黄冈市生态农业旅游的客源量也会产生重大限制和影响。环境的恶化以及居民淡薄的生态保护意识可能成为生态农业旅游发展的阻碍。

（三）乡村旅游与生态文明建设发展不同步，出现“反生态化”

一方面，乡村旅游经济与生态文明理念发展不同步。在乡村旅游发展历史中，旅游经济发展长期快于生态理念进步，大众普遍生态保护意识淡薄。且实施乡村旅游开发实际上多为当地村民的自发行为，参与享受乡村旅游项目的多为普通市民，受到受教育水平及自身理念的影响，往往不注重环境保护与可持续发展，在开发与享受乡村旅游的过程中破坏了生态环境，造成环境污染，阻挠乡村旅游产业的生态化转型。

另一方面，乡村旅游行为本质属于市场行为，利益相关者受到经济利益导向的影响，多注重投入产出。往往可能出现盲目侧重经济效益的产出，对乡村原有的生态旅游资源粗暴开发运营，导致原有土地、水源及空气等遭到破坏和污染，只顾经济效益而忽视生态效益及社会效益。部分村落乡村旅游经济尚处于初级阶段，旅游经济收入快速增长但发展极不平衡，乡村旅游经济快速发展兴盛但却伴随对生态环境的超负荷破坏，部分乡村因为旅游开发过分商业化，丧失乡村原有的自然人文生态系统，在丧失自身特色的同时打破生态平衡，“反生态化”现象严重。

（四）乡村旅游缺乏统筹管理的机制

就政府而言，黄冈乡村旅游发展及生态化转型缺乏有计划的统筹规划、系统性政府政策指导，相应监督管理体系也不完善。近年来，黄冈市政府虽比较重视乡村旅游的发展，陆续出台相应政策，如《湖北省实施十项行动提升旅游发展质量》《黄冈市旅游发展委员会2018年度部门预算公开》等虽有推动乡村旅游可持续发展的理念，也在政府工作报告中数次提到了乡村旅游发展，但文件多为纲领性和目标性文件，少有涉及乡村旅游具体规划、统筹安排及实施细则的指导性文件。现实中，乡村旅游的开发运营大多在当地村干部或乡政府领导下“各自为政”，对乡村旅游转型发展支持有限，乡村旅游仍缺乏政府层面系统性的引导布局与支持。同时，缺乏针对乡村旅游的监督管理体系，特别是对于乡村生态旅游，一方面因为涉及资源保护、经济开发等可能分属不同部门管辖的多重议题，缺乏部门间沟通和行之有效的监督管理体系，不利于乡村旅游的协调发展；另一方面评价指标与标准体系尚不完善，相关项目指标难有参照，阻挠了乡村旅游专业化、精细化发展，细化管理体系与标准尚有很长的路要走。

就乡村旅游经营者而言，他们多以自发开发经营农家乐及周边项目为主，分布较为分散且难以联合，专业公司或乡镇企业参与少，缺乏高效的经营与管理策略，实施精细化管理困难。各个乡村旅游项目间非但没有统筹管理、优化组合、发挥效能，反而存在彼此争夺资源、利益相关者之间矛盾突出的现象。单个乡村旅游项目规模普遍较小，组织松散，效率低下，竞争优势难以发挥，特色难以突出，品牌效应构建困难。

6.2.3.4 经验总结

（一）乡村旅游生态化转型缺乏生态技术与人才支持

乡村旅游转型升级需要人力与技术投入，生态文明建设能为乡村旅游转型提供技术支持。一方面，以往乡村旅游的开发中存在导致乡村土地闲置荒芜、生态环境遭到破坏恶化、传统农村产业流失、生态负荷过重和承载力不足的问题，这些问题的解决需要依赖于绿色理念及技术；另一方面，在乡村旅游生态化开发运营中也需要生态技术提供污水排放、土地保护、生态循环等的技术支持。同时，乡村旅游的发展离不开优秀人力资本的投入，推动乡村旅游业态的创新与管理。就黄冈市乡村旅游目前的发展状况而言，以黄梅谦益农场为例，人才流动大，生态技术多用于农业种植，而相应的乡村旅游却缺乏技术人力。大多数乡村旅游的开发处在初级阶段，生态技术应用鲜有，同时人才较少，限制乡村旅游转型升级。

（二）应发挥大学生实习基地人才竞争力优势，合理制定农业生态旅游发展计划

黄冈市推进“市校合作”计划。全力打造招才引智平台，与近60所国内外知名高校、科研院所和众创空间开展合作。吸引全国400多所高校，5.8万名大学生实习实训，并且引进1.5万名大学生到黄冈就业创业。从高校科研院所转化科技成果173项，衍生科研平台142个，聘请智库专家92位。黄冈市作为中国大学生实习基地，拥有巨大人才储备潜力，要合理利用高校大学生资源，让其为生态农业旅游资源开发建言献策，让高校大学生资源、高校科研成果、高校智库平台建立促进黄冈市生态旅游研究调研专项，在实习访问过程中偏重农业和旅游业结合的新型农业的研究。此外，在大学生就业吸引方面为新型生态农业旅游产业招收、引进人才，在管理产业、融资投资、宣传招商等方面，通过利用黄冈市的大学生市校合作计划来促进旅游管理体系高效化、合理化。

（三）要坚持绿色发展，保护农业生态环境

黄冈市若要发展农业生态旅游，首先要做好保护环境、调整农业产业结构的基础性工作。保护农业生态环境需要坚持绿色发展理念，努力建立建设绿色生态农业、绿色生态城市。提高居民环境保护意识，鼓励绿色生活方式。同时，政府部门应加大环境保护投入力度，尤其着重注意农业生态保护。建立农业生态示范区、农业生态环境保护园区等，鼓励个别地区带头，养成整个地区的农业生态保护风尚。大力发展绿色健康农业，并且努力宣传绿色健

康农业及绿色生活方式，吸引游客参与体验绿色健康农业，体验绿色健康生活，为黄冈市农业生态旅游吸引游客。调整农业产业结构，让传统农业转型发展，向现代化生态农业转变，实施发展“农业+”战略，努力促进“农业+旅游”项目的深入发展。

（四）学会整合生态农业资源，促进现代农业转型发展

黄冈市要加快现代农业提质发展。要坚持农业改革，建设现代化新型农业，主力打造黄冈市品牌农业，建立黄冈市自己的特色农业平台。要加快土地集聚，发展规模农业，通过农业的规模经营来打好农业基础，在规模农业的基础上建设农业生态旅游，通过规模农业的较强资金基础以及较合理的企业化管理体系，促进农村生态旅游业的发展，更加有助于农业、生态和旅游业的有机结合。发展生态农业旅游时要注重绿色发展、标准化发展，着力提高环境保护水平和农业发展水平。在提高农业产量的同时着力保护环境，营造保护环境的文化氛围。在发展过程中农产品安全问题不容忽视，在旅游、住宿、饮食等服务过程中也要注重安全保障和质量保障，保证游客的旅游体验，保证游客的人身安全。农业生态改革中要注重农民的增收，提高农民生活水平，增加农民经济收入，提高农民参与农业生态旅游建设的积极性。建立建设农业生态园区，通过园区的规范化管理合理促进农业和生态旅游的发展，也更加有利于吸引外来投资。

（五）加大宣传力度，促进产业品牌营销

为使黄冈市农业生态旅游产业进一步发展，必须将农业生态旅游品牌推向全省，推向全国。在投资过程中，必须增加营销投入，增加媒体宣传投入，利用各种渠道进行宣传，利用如网络广告、电视广告、报纸杂志、自媒体、交通广播电台等多种媒体进行推广。新型农业生态旅游产业要树立自身品牌，创立农业旅游知名品牌，利用品牌效应，宣传吸引游客。同时要加强与旅行社、旅游公司、旅游网站等第三方中介公司的合作，建立自身旅游网络平台，为当地农业生态旅游提供方便。此外，利用与生态环境保护和农业旅游有关的各种活动和节日，通过节日促销、节日宣传等方式建立农业生态旅游文化，通过文化传播来吸引游客、留住游客。

（六）加强对乡村旅游发展的政策管理，以政府为主导促进乡村旅游系统统筹开发

政府需从黄冈市乡村旅游的整体布局出发，统筹规划协调全市乡村旅游

的开发运营。重视乡村旅游及其生态化转型在乡村经济发展、劳动力转移、建设美丽乡村中的重要作用。在纲要文件的基础上，整合分类全市的乡村旅游资源，制定符合黄冈乡村旅游发展的道路，针对不同类型的乡村旅游资源进行重新规划组合，在保持各村原有特点的基础上规划系统可行性政策，为黄冈乡村旅游整体性开发运营提供方向性建议，在资金、税收、政策、人力等方面提供支持。例如欧盟专门针对欧洲乡村旅游的发展制定了欧盟第五框架协议，该协议提出了欧洲综合乡村旅游管理方针，并在资金、政策、教育培训等多方面给予乡村旅游发展大力支持。同时，建立定量化的生态标准，细化行业标准和规范，组建“绿色”监督机构。乡村生态化旅游的良性发展离不开适时的监管，目前在生态标准、行业标准与规范方面尚不明确，这给引导乡村旅游良性发展制造了障碍，加之没有统一的监管机构，特别是乡村生态旅游可能出现各部门权责不明的情况，因此建立系统有效的“绿色”监管机构对促进乡村旅游发展必不可少。整体政策布局引导乡村旅游资源合理开发，政府政策充分支持发展，监管机制健全，促进乡村旅游各要素资源优化，促进这一“朝阳产业”的良性可持续发展。

（七）创新业态形式，建立生态补偿机制

当前以观光、休闲、餐饮、住宿的农家乐旅游为主的旅游形式较为单一，需要创新旅游理念及业态，充分利用乡村旅游系统内的各要素，深化系统内创新要素与系统外创新机制的互动，推进乡村经营体系各环节之间的实质性有机融合与良性互动，助力形成旅游业与现代农业、体育运动、健康养生、文化创意等多产业融合的新业态，促进乡村旅游的提质增效。扩展乡村游，逐渐丰富乡村生态旅游的形式，充分利用黄冈市丰富的旅游资源，同时利用多种营销宣传手段，创新更多乡村旅游的优良项目，突出自身特色。

在乡村旅游项目开发及后期运营中，难免会加重当地生态负担，破坏部分景观环境，给乡村生态文明建设带来损失。在通过植树造林、生态维护、宣传教育等活动修护被破坏的环境的过程中，组织活动的团体或个人又难免会有相应经济利益的流出。因此需要建立生态补偿机制，使乡村旅游的开发者和经营者、参与游客甚至有关部门等生态利益既得者作出生态补偿。采取相关措施，如依托当地政府或有关管理部门设立的生态保护公共基金，适度给予生态合作创新补偿，来有效调节产学研之间的利益分配，促进实现“帕累托最优”均衡；政府规制下“强污染惩处，适度环保宣传”的政策组合等措施也可以借鉴。

6.2.4 案例介绍——水域生态旅游业

6.2.4.1 黄冈市水域状况

黄冈地区水资源丰富，与其在地理位置方面的优势有着十分密切的关系：黄冈位于长江中游北岸，长江流经辖区总长216千米，是长江流域水生态文明建设的重要城市；另外，黄冈区域内有倒水、举水、巴河、浠水、蕲水、华阳河六大水系，大小支流3731条，总长约12268千米，水资源总量丰富。黄冈地区西南部被长江环绕，东南部为长江中游重要的一级支流巴河，而巴河的各支流也分布于黄冈境内。截至2017年，黄冈境内有大小湖泊260余个，面积183平方千米，500亩以上的湖泊38个，其中纳入湖北省湖泊保护名录的114个。

从水质状况来看，根据“地表水环境质量标准”，黄冈市地表水水质明显提高。黄冈市地表水环境包括19条河流、6个湖泊、9个水库和14个饮用水源。主要河流水质自2012年起保持100%的达标率，仅2017年下降至94.7%，河流污染情况较轻。饮用水源水质也基本保持100%的达标率。主要湖库的水质达标率大幅提高，从50%到80%，提高30%。其中，水库水质达标率达到100%。湖泊水是地表水受污染主体，污染源为工业废水及排放物，但总体上看，黄冈市针对企业的排污整改成效显著。

表6-7 2012—2017年黄冈市水质达标情况

年份	主要河流水质达标率（%）	主要湖库水质达标率（%）	饮用水源地水质达标率（%）
2012	100	58.3	100
2013	100	50	100
2014	100	66.7	99.8
2015	100	75	100
2016	100	80	100
2017	94.7	80	100

黄冈水环境现状总体不容乐观。长江水质符合国家《地表水环境质量标准》中Ⅲ类水标准，部分近岸水域存在岸边污染带。六大水系参评的河长为

812千米，其中达Ⅲ类水标准的河长占83.8%，受污染的Ⅳ类以上占16.2%。湖泊受到不同程度污染，水质总体较差，富营养化趋势加重。2013年，全市年污水排放总量约4.5×10^8立方米，且逐年增加。由于大量不达标的废水污水直接排入水体，污染了长江近岸水域、支流水域，湖库富营养化严重，威胁到水生态安全，影响到饮水安全。2013年，全市22个重点水功能区监测评价达标率仅68%，低于湖北省定“三条红线”达标率80%的考核指标。❶

6.2.4.2　黄冈市建设水域生态旅游业的具体实践

在水生态治理过程中，水域生态旅游业也同时发展了起来，水污染治理有所改善的同时水域旅游业也得益于此。例如遗爱湖公园、大别山主峰风景区、黄州东坡赤壁，都是黄冈市著名的几个旅游景点。这些景点有的依水而建，因水而兴。一旦水资源环境受到严重破坏或水资源遭到污染，将对黄冈市旅游业的发展造成不小冲击。

以遗爱湖为例。遗爱湖是一个集生态保护、休闲娱乐、文化传承于一体的苏东坡文化主题公园，有“城中之湖”的美称，曾入选湖北省十大最美湖泊。遗爱湖位于黄冈市黄州区的城市中央，由东湖、西湖、菱角湖三湖组成，遗爱湖风景区东起新港大道，西至东坡大道，北临赤壁大道，南到黄州大道❷。

20世纪80年代中期，黄冈经济建设与城市化建设正处于转型阶段，黄州也在急剧转型升级，正由县城急剧发展为中等城市，此时遗爱湖湖边也建起大量企业，这些企业将未经处理的工业废水直接排入湖中，并且当时的一些居民尚未有环保意识，将生活污水等也排入湖中。随着城区的扩建，遗爱湖逐渐成了人们眼中的污水塘。1999年黄冈市环保局的资料显示，遗爱湖沿湖共有近1400家中小企业，日均产生的533吨废水没有经过任何处理，直接排入湖中。除了这些工业废水外，遗爱湖还接收了黄州城区23万人产生的污水。湖中微生物、有机物富集，沿岸都是绿油油的浮萍❸。昔日水乡“踏歌人去山阴道，载酒船来镜水中”的意境全无，与之相关的便是居民居住环境的

---

❶ 阎梅，严林浩，谢俊峰．黄冈市水生态环境现状与保护探讨［J］．资源节约与环保，2014（10）：169．

❷ 熊渤．以黄州遗爱湖为例的城市湖泊治理浅探［J］．中国水利，2014（22）：31－32．

❸ 郑宝清．黄冈市遗爱湖水体营养化状况及其防治措施［J］．现代农业科技，2009（8）：237－238．

恶化，城市形象的破坏，最后导致了旅游业的发展落后于湖北省其他城市。

6.2.4.3 黄冈市水域生态旅游业发展存在的问题

（一）管理体制机制不健全

流域生态保护是一项要求多部门参与、多专业协作的系统工程，需要政府主抓、部门间协作配合，但在实际工作中，这种统筹协调机制还不健全。黄冈市政府出台了市中心城区重点水域“河湖库长制”实施方案，但是在执行过程中，部门联动机制并未有效形成，相关部门配合意识不强，存在“谁都有责，谁都不担责”“谁都在管，谁都管不到位”的不良现象。在县市区，水库、河流、湖泊保护机构不全、人员不足、经费短缺的局面较为普遍，环保、水利等部门在履行河湖库生态保护职责方面有一定困难，水域保护面临着很多矛盾和问题，许多管理工作还不能真正规范有序地开展。

（二）水环境压力继续加大，居民生态环境保护意识淡薄

农业面源污染和乡镇工业、畜禽养殖、生活污水直接排入河湖库，污染严重；一些水域中存在非法围栏（围网）养殖、投肥养殖的现象；填湖损湖、侵占河道和非法采砂等现象时有发生。全市水环境污染得不到有效遏制，生态保护形势严峻。

（三）基础设施建设及基础性工作滞后

湖泊河流堤防防洪标准普遍偏低，外排能力不足，工程体系不配套，水系连通、河道整治等建设滞后。城镇污水处理厂、生活垃圾无害化处理场的建设进度缓慢，城镇污水管网、乡村垃圾收集及中转站点建设任务较重。水环境监控设施不完善，河流湖泊常规监测站比较少，监测指标不全，对水生态状况掌握不够。除长江干堤、白莲河水库等少数江河湖库外，全市绝大多数水域岸线未进行确权划界和明确管理范围，也没有编制水域岸线保护和开发利用规划及综合治理规划。

（四）投入机制不健全

地方配套资金不到位，吸收社会资本机制不够灵活，流域水环境治理建设资金短缺。县市区政府拨给水利、环保和林业等部门的资金没能很好地整合和统筹调配利用，项目资金使用效果不好，绩效不高。

6.2.4.4 经验总结

（一）应继续落实“河湖库长制”

黄冈市委、市政府已经成立黄冈市河湖库长制办公室，并出台《黄冈市

全面推行河湖库长制工作实施方案》，要继续落实政策，发挥组织作用，认真总结近几年市中心城区水域保护工作经验，建立河湖库长制体制、机制和制度框架，实现制度全覆盖、管理常态化和工作任务具体化。

（二）要建立长效稳定的投入机制

要抓住国家加大生态建设的投入机遇，积极争取国家基础设施建设、环境治理和生态修复项目资金。同时要积极创新投融资方式，采用PPP或BT模式，吸收更多社会资本参与生态项目建设，构建政府、企业、社会多元化投入格局，解决黄冈市环境治理和生态修复投入资金不足的问题。

（三）做好水生态保护基础性工作

市县政府要组织财政、水利等多个与水生态保护工作相关的部门，协调配合工作，尽快完成全市大中型水库确权划界，设置界桩、界碑，明确管理范围。将防洪排涝、灌溉供水、水污染防治、水土保持等规划“多规合一”，并且积极组织各部门科学编制倒水、举水等六大流域综合规划。

（四）大力加强执法监管力度

政府要建立多部门联合执法监管机制，明确执法监管责任主体，对六大水域的水资源保护做到落实人员、设备以及经费，使流域治理有法可依，有责可寻。同时要建立完善日常监管巡查制度，增加巡查频次，严厉打击非法排污、设障、捕捞、养殖、采砂、侵占水岸线等活动，起到打击一次、震慑一方的效果。

（五）加大教育和宣传力度

以世界环境日、世界水日、世界湿地日、中国水周等为宣传契机，加强生态保护宣传教育，提高全社会“保护优先，绿色发展”的意识。让环境保护知识进学校、进家庭，使人们认识到环境污染、生态破坏可能导致的严重后果，增加危机感，进而形成保护生态环境的良好社会风尚，提高全社会对生态保护工作的责任感和参与度，进一步推进生态保护工作的顺利开展。

（六）应大力推进生态旅游产业的发展

旅游业一直是各个地区推崇的朝阳产业，各地往往通过打造绿色生态环境来发展旅游业。黄冈市有着得天独厚的优美地理环境，也应注重旅游业的发展，提高经济效益。遵循可持续发展战略，以绿色生态为前提，综合开发，不断带动与旅游相关的娱乐、餐饮产业。在发展旅游业时，保护生态是前提，开发的广度和深度都要遵循“尊重自然、顺应自然、敬畏自然”的原则。以市场为导向，政府扶持为手段，发展绿色生态旅游业。政府定期跟踪调查，避免过度开发，破坏原有生态环境，尤其是景区的固体废弃物和污水处理及关于生态环境的基础设施建设，要采取相应措施来降低景区人为污染及环境破坏。

黄冈市是一个历史悠久的文明古城，在发展经济时应当注重保护生态。转变经济发展战略，推进低碳发展，结合黄冈本地的实情适时采取一定的强制性手段逼停不合法的高污染高排放超标企业，大力扶持如“稻花香”“太子奶”等绿色工业，对污染比较大的水泥、石材企业进行超标检测，以市场为导向优胜劣汰，在政府和市民的共同努力下使黄冈工业结构进一步优化，使黄冈经济实现绿色发展。

第7章　协调性研究

7.1　经济发展与生态环境协调性研究背景

7.1.1　社会背景

我国提出了经济新常态的说法，这一态势成为我国未来相当长的一段时间内经济发展的主要态势，这是我国经济发展方式的重要转变，意味着国家经济增长速度放缓，经济发展的重心转向经济发展质量，更加注重产业结构的优化、经济发展制度环境的变化以及经济发展动力的转变。其实，自步入21世纪以来，人们便逐渐意识到生态破坏带来的生存压力：工业革命时代片面追求高速度，忽视对生态的保护，如今资源短缺、水土流失等问题加剧，开始影响国家经济建设乃至人民的生活。经济发展与生态保护，向来是发展中国家建设道路上的一对矛盾，中国作为世界上最大的发展中国家，正不断尝试生态经济协调性的有效模式。党的十九大提出“大力推进生态文明建设”，把生态文明建设放在突出地位，2018年1—7月，生态保护和环境治理业投资同比增长34.1%；其中，生态保护业投资增长58.2%，环境治理业投资增长29.5%。在肯定我国生态保护成就的同时，也要看到当前存在的生态和经济不协调问题，坚持人与自然和谐共生仍是我国坚持和发展中国特色社会主义的基本方略之一，当前我国生态经济协调发展的阻碍主要体现在以下几方面。

7.1.1.1　传统观念根深蒂固，不良习俗积重难返

过去人们为追求经济的快速增长，忽视环境问题，甚至将环境置于发展的对立面，以掠夺的方式向自然索取资源。回顾世界强国的“黄金时代”，无不是以环境污染、生态破坏为代价实现的。按以往的观念，“要金山银山，不要绿水青山”，高增长的背后是对环境不可逆转的破坏。为此，习近平同志在

党的十九大报告中指出，必须树立和践行绿水青山就是金山银山的理念。以马克思主义辩证观点为依据，转变原来的错误观念，正确处理发展经济和保护生态之间的关系，成为保护生态的当务之急。

7.1.1.2　产业转型升级缓慢，技术革新速度有待提高

当前我国仍处于第一、第二产业向第三产业转型的过程中，过去粗放型经济依赖原料型产业的发展，一方面对煤、石油等原材料进行过度开采，导致土壤恶化、资源枯竭等生态问题，另一方面将污水、废气不加处理地排放，引发水污染、空气污染等环境问题，对自然造成双重破坏。即使当前政府已建立了针对企业的环境保护社会责任机制，由于缺乏相应的产业升级技术，企业仍面临发展与环保的艰难抉择。因此，环境保护机制与环保技术革新“双管齐下”，才能促进生态经济协调发展。

7.1.1.3　地方政府环保投资比重失衡，顾此失彼

反观我国历年环境污染治理投资数额，总体呈上升趋势，随着国家政策的调整及“新常态”经济的号召，中央与地方对生态环境的重视程度有所提高，然而，仍存在地方政府环保投资比重不平衡、不全面的现象。以湖北省为例，2018 年湖北节能环保的财政拨款支出预算为 43597.26 万元，而用于“自然生态保护”项目支出为 260 万元，仅占 0.596% 。有些地方政府只把焦点放在主要环境问题上，忽视了生态检测与防治机制，实属“拆东墙补西墙”。生态经济协调发展，考验政府科学预算的能力，预防、监测、治理，环环相扣，要合理分配各环节财政投入，建立全面的环保节能体系，把握生态经济的宏观动向。

综上所述，我国生态经济发展还存在不协调、不均衡的问题，政府举措、企业结构、个人观念亟待改进，需要国家针对不同主体“因材施教”。“美丽中国”已被列入 2035 建设规划，下一步便是从环保宣传方式、产业结构升级及科学预算决策等具体角度细化目标，实现生态经济协调发展。

7.1.2　学术背景

在中外学者关于生态文明与经济发展协调问题的研究中，主要成果之一是世界环境与发展委员会于 1987 年在发表的报告《我们共同的未来》中提出的可持续发展理论。核心观点为人类要发展，但发展要有限度。中国根据本国国情进一步发展可持续发展理论，实施《中国 21 世纪议程》中规划的可持

续发展战略，建立节约资源的绿色经济体系，改变过度消耗资源的传统发展模式。而针对不同发展阶段中实现效益最大化的研究，目前尚无显著成果。

中西方对于生态环境与经济协调发展的研究大致如下。

7.1.2.1　西方：起步早、较成熟，理论体系趋于完善

西方对生态经济的关注最早可以追溯到亚当·斯密的《国富论》及帕累托就资源配置效率提出的“帕累托最优”理论，但当时经济学家更多研究的是资源如何更高效地为经济服务，忽视了对自然本身的关注。1962 年，美国经济学家蕾切尔·卡逊的《寂静的春天》问世，以生态学原理解释化学杀虫剂对生态系统的危害，引发人们对生态问题的深思，由此生态经济开始得到广泛的关注。1966 年，肯尼思·博尔丁发表《经济循环和循环经济》，提出“宇宙飞船经济理论”，把人与地球的关系比作宇航员与宇宙飞船，对外封闭，且容量有限，可以通过珍惜每一寸空间，回收利用各类资源，建立起良性循环的生态系统。1967 年，米香的《经济增长的代价》揭示社会福利的主要来源并非经济增长本身，而是经济增长的模式。1973 年，舒马赫出版《小的是美好的》，书中表达对西方经济目标是否值得向往的质疑，倡导以人为主要资源，有效运用工业资源的新生产方式。此后生态经济理论不断深化，逐步登上国际舞台。20 世纪 70 年代，联合国人类环境会议通过了《人类环境宣言》，引导和鼓励全世界人民保护和改善人类环境。随着全球性环境问题和突发性污染事件的出现，引发了社会公众更深远的关注，各国政府也着手采取积极的政策应对环境、生态问题。1992 年，《21 世纪议程》制定了“世界范围内可持续发展行动计划”，成为各政府、组织在环境保护方面的行动蓝图。

7.1.2.2　中国：逐渐重视、迅速发展，对传统理论作补充说明

我国对生态经济的重视最开始体现在顶层设计上。1973 年，国务院环境保护领导小组将《关于环境保护的 10 年规划意见》和具体要求印发给各省；1978 年五届全国人大会议对环境保护作出明确规定，“国家保护环境和自然资源”。为响应联合国环境与发展大会的号召，我国于 1994 年发布《中国 21 世纪议程》，确定 21 世纪可持续发展的总体战略目标框架和各个领域的主要目标，通过中央的宏观规划，层层传递到地方，实现污染防治与生态保护由点及面的全覆盖。

近年来专门针对黄冈农业生态文明建设与经济协同发展的研究也有了一定的成果。

仅从农业生态文明建设的研究成果来看，2016年鲍宏礼、鲁丽荣在《大别山区域生态农业建设基本指标及实践研究——以湖北省黄冈市为例》一文中运用“20个指标”作为参数，明确了黄冈生态农业建设的重中之重，在于生态宣传教育、技术开发、工业排废处理等，并在论文中针对生态农业建设具体指标提出了相应措施。

就农业经济可持续发展而言，2000年钟彬彬就在《黄冈农业可持续发展面临的挑战与对策》一文中提出了黄冈市农业经济可持续发展所要面对的四大挑战，并据此提出了六大对策。

从经济发展角度来看，2014年汪佩在《试析黄冈地区可持续发展战略》一文中进一步阐述了生态农业的现状，将生态文明更加细化为生态农业、绿色工业、生态旅游，并结合黄冈市政策措施，从绿色经济、生态效益、社会效益等角度分析可持续发展对经济的影响。

而从农业生态文明建设与经济协同发展的角度来看，上述文献均有涉及，并且除了《推进黄冈生态文明建设》《共同推进黄冈生态环保合作》等协议类文献外，《农村经济与农业生态环境协调发展水平评价——以湖北省黄冈市为例》一文较为细致地研究了农业经济与农业生态环境之间的关系与相互影响，在《湖北黄冈农村改革三十年回顾与农业发展展望》一文中，也从农业产业化角度反推黄冈现代农业发展路径，以及如何发展生态农业以完成经济发展目标。

综上所述，国内外学者对生态环境与经济发展的协调性都有一定程度的研究，这为本书研究黄冈市这两者的协调性提供了借鉴。

7.2 黄冈市经济发展与生态文明协调性现状

黄冈市作为农业大市，十分看重农业生态文明建设与经济发展的相互作用。2000年钟彬彬在《黄冈农业可持续发展面临的挑战与对策》一文中阐明黄冈经济的发展离不开农业的可持续发展，黄冈市开发潜力极大，但因为是老旧城区，自然灾害抵抗能力差、资金投入不足，其农业可持续发展的进程一直受到制约，一定程度上影响了经济的发展。2010年，湖北省环境保护厅与黄冈市人民政府签署《共同推进黄冈生态环保合作》的协议，把生态环保建设列为工作重点。2013年，黄冈市环境保护局局长朱建国在《推进黄冈生态文明建设》一文中提到，要绿色、循环和低碳发展，切实转变经济发展模式，突出生态文明建设的必要性。2014年，汪佩在《试析黄冈地区可持续发展战略》一文中强调经济发展要与环境保护同步进行，生态文明建设与可持续发展是经济发展的必然要求，生态农业被列入可持续发展的内容，更从生态效益、绿色经济等角度分析了生态文明建设的影响。2016年，鲍宏礼、鲁丽荣在《大别山区域生态农业建设基本指标及实践研究——以湖北省黄冈市为例》一文中，阐述了自"十二五"以来，黄冈区域农业不断升级发展，生产方式更倡导与经济、社会效益协同发展，生态环境过于脆弱的问题也得到改善，但鉴于生态农业建设仍存在资金投入不足、科学研究不够深入、技术普及有限等问题，黄冈市农业生态文明建设仍处于初级阶段，对经济的影响与促进作用也没有最大化。

黄冈市的经济发展与农业生态文明建设不相匹配的现象已经持续了很久，各相关部门也对此问题采取了一定措施，并取得了显著的成果。但是黄冈市作为农业大市，对于经济发展与农业生态文明之间的相互作用不应停留在表面的认识与讨论，而应当建立科学的评价体系，从内在方面讨论二者之间蕴含的关系，获得正确科学的认识，从而指导黄冈市及其下辖各县市区开展相应的工作。

7.3 经济发展与生态环境协调性研究综述

7.3.1 不同学派的生态经济系统理论

21世纪以来，学者关于生态经济系统研究的理论趋于多样化，他们依据研究的理论背景，选择不同的数学模型进行探索。

7.3.1.1 生态经济系统协调发展的新古典增长模型

在研究经济发展与生态保护的关系中，有些学者从资源的消耗角度入手，考虑的是资源枯竭对经济发展的制约。Stiglitz（1974年）认为资源的枯竭将阻碍经济的增长，要保证经济的持续发展，就应提高科学技术，分析资源开发与利用的最佳途径，实现效率最大化。Gradus和Smulders（1993年）通过分析生态破坏对经济的负面影响，提出应控制污染扩散速率，并研究了具体的控制技术及其对长期环境的影响。Richard（2000年）以环境资源为投入，经济规模为产出，建立投入－产出模型，从而得出保护生态资源，提高科学技术可以促进经济产出的持续增长。

7.3.1.2　生态经济系统协调发展的内生经济增长模型

内生增长模型将环境要素作为内生变量进行研究，Lucas（1988 年）通过将环境污染指数引入内生增长模型，研究自然环境约束下如何有效利用资源实现经济的持续增长。Bovenberg 和 Smulders（1996 年）认为实施保护生态、减少污染的举措，如果减少科学技术这一内生变量的投资，将导致短期产出水平的下降，但长期产出增长率会上升。内生增长模型主要研究的是技术进步等内生变量作用于环境改善的效果及其带来的经济效益。

7.3.1.3　生态经济系统协调发展的实证分析

主要通过研究经济增长与生态保护的相互关系分析生态经济系统的协调程度，这也是本研究的理论研究基础。1995 年 Grossman 和 Krueger 在《经济增长与环境》中，以水、空气污染等生态因子为因变量，人均收入、平均收入等经济因子为自变量，利用多元回归方程分析经济增长与生态保护的相互关系。赵菲菲利用全国及省际数据测算了经济增长与能源碳排放之间的脱钩关系，对经济增长与生态环境协调发展进行分析。[1] 呼和涛力、袁浩然、赵黛青等利用层次分析法，构建 4E 发展评价指标体系，并计算出 4E 系统之间的综合耦合协调度。通过实证研究为生态文明建设提供参考依据。[2] 曹诗颂、王艳慧、段福洲等则深入贫困地区，以 14 个连片特困区 714 个贫困县为例，基于敏感性－恢复力－压力度概念模型，构建生态脆弱性评价指标体系。[3]

7.3.2　生态经济系统协调性的研究方法

当前研究生态经济系统协调性的方法有环境库兹涅茨模型、耦合协调度模型、空间杜宾模型、Lotka－Volterra 模型等。国外学者对生态环境与经济增长相互影响以及协调发展关系的实证研究，总体上都是通过实证验证是否存

[1] 赵菲菲．“新常态”下经济增长与生态环境协调发展研究——基于全国及省际面板数据的脱钩分析［J］．财经理论研究，2015（5）：47－58.

[2] 呼和涛力，袁浩然，赵黛青，等．生态文明建设与能源、经济、环境和生态协调发展研究［J］．中国工程科学，2015，17（8）：54－61.

[3] 曹诗颂，王艳慧，段福洲，等．中国贫困地区生态环境脆弱性与经济贫困的耦合关系——基于连片特困区 714 个贫困县的实证分析［J］．应用生态学报，2016，27（8）：2614－2622.

在环境库兹涅茨曲线的假设，并且从不同角度进行理论或政策解释的。❶ 1991年，美国环境学家 Grossman 和 Krueger 首次将环境库兹涅茨曲线引入经济增长和环境污染关系研究，得到倒“U”型散点曲线。1992 年，Bandyopadhyay 和 Shafik 运用环境库兹涅茨理论对不同国家的经济增长和环境质量关系进行对比研究。我国基于此理论的生态经济协调研究虽起步较晚，但也为理论的实际应用提供了许多创新性思路。宋樟星通过环境库兹涅茨理论及计量工具得出经济增长与环境污染的关系是复杂多样的，并非唯一的倒“U”型。❷ 秦宪文和关昊男在证明环境库兹涅茨理论特征后，着重论述了拐点后经济水平的提高不但不会加剧环境的破坏，反而会促进环境的治理。❸ 学者往往利用耦合度模型对生态和经济的互促发展进行评价，史亚琪、朱晓东、孙翔等在沿用耦合理论探究方法的同时，创造性地以发展潜力作为重要变量，建立协调性评价体系，并利用 GM 模型对连云港区域经济－环境生态系统进行合理预测。❹ 空间杜宾模型从空间计量经济学的视角，着重分析环保投资的区域内效应与区域间溢出效应。黄生权、赵金灿以 Moran's I 指数为空间杜宾模型的数学语言，了解环保投资行为的空间相关性与相关程度。❺ Lotka－Volterra 模型起初用来表示种群之间的竞争关系，后也应用于产业间耦合关系、经济增长与能源消耗关系等研究。周甜甜等利用 Lotka－Volterra 模型对面板数据进行标准化处理，建立对应的体系标准，总结出不同类型城市经济与生态的相互关系。❻ 杨红娟、胡峻豪则是通过采集云南各地区生态环境数据，建立L－V协

---

❶ 张瑞萍．生态环境与经济增长协调发展研究综述［J］．经济问题探索，2016（12）：179－183.

❷ 宋樟星．湖南省经济发展与环境保护——基于环境库兹涅茨理论的分析［J］．特区经济，2014（2）：110－111.

❸ 秦宪文，关昊男．天津市经济发展与环境污染的关系探究——基于环境库兹涅茨理论的计量分析［G］// 中国环境科学学会．2017 中国环境科学学会科学与技术年会论文集（第一卷）．中国环境科学学会，2017：6.

❹ 史亚琪，朱晓东，孙翔，等．区域经济－环境复合生态系统协调发展动态评价——以连云港为例［J］．生态学报，2010，30（15）：4119－4128.

❺ 黄生权，赵金灿．环保投资能带动就业吗？——基于空间杜宾模型的分析［J］．生态经济，2018，34（3）：57－62.

❻ 周甜甜，王文平．基于 Lotka－Volterra 模型的省域产业生态经济系统协调性研究［J］．中国管理科学，2014，22（S1）：240－246.

调度的神经网络模型设计，以此考量各要素贡献度。[1]

7.3.3 生态经济系统协调性指标的构建原则

7.3.3.1 以经济发展与环境承载力为收集方向的指标体系

经济发展包括经济规模与经济结构，环境承载力包括环境容量与环保举措，也有的分为自然资源供给类指标、社会条件支持类指标、污染承受能力类指标。经济发展与环境承载力指标体系贴合研究主题，考虑到两个主体作用因子的影响，形成一个动态的有机整体。同时也能将生态经济系统微观化，通过分析具体因子的作用，了解生态经济系统的传导模式，有利于政府决策。由于经济指标与环境指标内含庞大而复杂的数据，该指标体系目前仍处于不断完善中。

7.3.3.2 基于效益费用思想的评价指标

其建立的关键在于以货币的形式确立环境质量的变化情况，如联合国统计局的“综合环境经济核算体系”。该指标的好处是利用货币数量表示环境质量，则经济投入与环境产出的单位统一，将生态经济发展问题化解成一般数学问题，可通过建立模型等数据分析手段，找到生态经济协调发展的最优方案，但其主要难点在于生态系统之间相互作用复杂，往往难以用具体货币数值衡量产出情况。

7.3.3.3 具体的生物物理衡量指标

例如 Wackernagel 等提出的“生态足迹”模型，指的是能够容纳人类所排放废物的、具有生物生产力的地域面积。该指标从自然资源的角度探索生态系统的运作效率，目前正处于不断发展阶段。高阳等学者从能值的角度，将人类活动等因素加入生态足迹模型，补充和发展了生态足迹理论。[2] 赵先贵等则是将生态足迹具体为生态足迹、碳足迹、水足迹等进行综合计算，完善了生态足迹指标体系。[3]

---

[1] 杨红娟，胡峻豪．基于 Lotka - Volterra 模型的云南少数民族地区生态经济系统协调度研究［J］．生态经济，2018，34（5）：60 - 65.

[2] 高阳，冯喆，王羊，等．基于能值改进生态足迹模型的全国省区生态经济系统分析［J］．北京大学学报·自然科学版，2011（6）：1089 - 1096.

[3] 赵先贵，赵晶，马彩虹，等．基于足迹家族的云南省资源与环境压力评价［J］．生态学报，2016（12）：3714 - 3722.

7.4 耦合协调模型的建立

7.4.1 模型概述

“耦合”一词的概念源于物理学，指两个及以上的物质的输入与输出之间存在关联和影响，并通过内在的相互作用传输能量的行为。[1] 任继周（1994年）认为耦合即两个或以上性质类似的物体，能够通过一定的条件转换为一个新的、更高一级的“结构-功能体”，作为一个系统进行分析。当前“耦合”这一概念延伸到各个领域，主要指不同系统之间相互作用、相互影响的状态。在本章中，黄冈市生态环境状况与黄冈经济的耦合主要指农业生态文明建设情况与黄冈市经济两个系统，通过内在要素的相互影响及相互作用，在一定条件下成为更高一级的发展系统所形成的作用机制，构造形成耦合协调模型。

耦合协调并不是一个概念，而是两个完全独立的概念。耦合是可以用数字来表示的，通过耦合度来表示系统之间关联的强弱——高耦合度指系统之间的相互影响较强，低耦合度指系统之间的相互作用较弱。此外，当耦合度过高时表示系统的独立性较弱，相互依存。所以在这样的情况下，不只要考虑耦合情况，也要考虑协调关系。“协调”指系统或系统要素的和谐统一、配合得当，体现出系统及其要素的良性互动。因此耦合协调模型的建立正是用以描述黄冈市农业生态环境状况与经济发展状况的耦合关系，且当耦合度不足以度量二者之间的关系时，用协调度实现进一步的解释。

7.4.2 理论依据

在通过耦合协调模型对黄冈市农业生态文明建设现状与经济发展程度进行定量分析时，需要首先确定模型评价体系中各个指标的权重。确定权重的方法主要有专家评分法、模糊评价法、熵值法等，为了尽可能避免主观因素的影响，本节选取熵值法来确定旅游经济系统和生态环境系统中各指标的权重值。

熵值法是基于各指标之间的差异来确定指标间的权重系数，从而反映各个评价指标在所构建的评价体系中重要性的方法。其具体计算步骤如下：

（1）对研究对象选取 m 个指标，n 个评价年度作为原始数据，用 x_{ij} 表示，

---

[1] 吴大进，曹力，陈立华．协同学原理和应用［M］．武汉：华中理工大学出版社，1990：9-17.

研究对象第 i 项指标第 j 年的数值，其中 $1 \leqslant i \leqslant m$，$1 \leqslant j \leqslant n$；

（2）其次对原始数据进行标准化处理，得到 r_{ij}，并计算得到比重：

$$f_{ij} = \frac{r_{ij}}{\sum_{j=1}^{n} r_{ij}} \quad (i = 1,2, \cdots, m)$$

（3）利用熵值法确定权重：在有 m 个指标，n 个评价年度的前提下，

$$H(x_i) = -k \sum_{j=1}^{n} z_{ij} \ln z_{ij} \quad (i = 1,2,\cdots,m)$$

$$w_i = \frac{1 - H(x_i)}{m - \sum_{i=1}^{m} H(x_i)} \quad (i = 1,2,\cdots,m)$$

其中：$H(x_i)$ 为第 i 个指标的熵值，w_i 为熵权，k 为调节系数。

且有：$k = \frac{1}{\ln n}$，$\sum_{i=1}^{m} w_i = 1$。

在计算过程中，有：$y_{ij} = 0$，则 $z_{ij} = 0$，且 $\lim_{z_{ij} \to 0} z_{ij} \ln z_{ij} = 0$。

即研究的是当 $y_{ij} = 0$ 时，对 $z_{ij} \ln z_{ij}$ 求极限的运算。

（4）由上述公式所求得综合评价指数

$$f(t) = \sum_{i=1}^{m} y_{ij} \times w_i$$

其中：y_{ij}代表评价对象第 i 项指标第 j 年的功效贡献值，w_i 代表评价对象中第 i 项指标的权重（熵权）。

7.4.3 数据来源

为了确保数据来源的可靠性和准确性，保证对黄冈市农业生态文明与经济发展系统作出科学评价，本节所采用的数据均来源于 2010—2016 年间各个年份的《黄冈统计年鉴》《湖北统计年鉴》《黄冈市国民经济和社会发展统计公报》。

7.4.4 模型指标体系的构建

本节构建了黄冈市农业生态文明与经济发展状况的耦合协调模型，该模型由黄冈市农业生态文明系统和经济发展系统构成，而这两个系统又由多种因素组合而成。在选取用以评价二者基本情况与发展状况的指标时，应充分保证指标选取的合理性，同时保证两个系统之间指标的相关性和数据的准确性。

通过阅读已有文献，考虑到黄冈市相应统计数据可获取性，本节以黄冈市农业生态文明建设与经济增长之间的耦合协调关系作为整个模型评价体系的目标层，分别选取农业生态文明建设、黄冈市经济发展作为评价体系中的一级指标。对于农业生态文明建设，本节选取人类驱动、农业生态环境效益作为二级指标对其进行评价，其中人类驱动的评价选取了农用化肥使用量、农用塑料膜使用量、农用柴油使用量、农药使用量四个指标，农业生态环境效益选取了灌溉水水质达标率、农田大气质量达标率、单位生产总值能耗下降、农业生态文明指数四个指标。

此外，对于黄冈市经济发展系统的评价，本节选取了经济增长和技术创新作为二级指标。其中就经济增长而言，本节选取地区生产总值（地区 GDP）、人均地区生产总值（人均 GDP）、城镇居民人均可支配收入、农村居民人均可支配收入、城镇家庭恩格尔系数、农村家庭恩格尔系数、居民消费价格指数来评价。对于技术创新，本节选取国家财政性教育经费占 GDP 的比重进行评价。

黄冈市农业生态文明与经济发展状况的耦合协调模型评价指标选取见表7－1。

表7－1 黄冈市农业生态文明与经济发展状况的耦合协调模型评价指标

<table>
<tr><th>目标层</th><th>一级指标</th><th>二级指标</th><th>三级指标</th><th>单位</th><th>功效性</th></tr>
<tr><td rowspan="16">黄冈市农业生态文明建设与经济增长之间的耦合协调关系</td><td rowspan="8">农业生态文明建设</td><td rowspan="4">人类驱动</td><td>农用化肥使用量</td><td>吨</td><td>负功效</td></tr>
<tr><td>农用塑料膜使用量</td><td>吨</td><td>负功效</td></tr>
<tr><td>农用柴油使用量</td><td>吨</td><td>负功效</td></tr>
<tr><td>农药使用量</td><td>吨</td><td>负功效</td></tr>
<tr><td rowspan="4">农业生态环境效益</td><td>灌溉水水质达标率</td><td>%</td><td>正功效</td></tr>
<tr><td>农田大气质量达标率</td><td>%</td><td>正功效</td></tr>
<tr><td>单位生产总值能耗下降</td><td>%</td><td>正功效</td></tr>
<tr><td>农业生态文明指数</td><td>—</td><td>正功效</td></tr>
<tr><td rowspan="8">经济发展</td><td rowspan="7">经济增长</td><td>地区生产总值（地区 GDP）</td><td>元</td><td>正功效</td></tr>
<tr><td>人均地区生产总值（人均 GDP）</td><td>元</td><td>正功效</td></tr>
<tr><td>城镇居民人均可支配收入</td><td>元</td><td>正功效</td></tr>
<tr><td>农村居民人均可支配收入</td><td>元</td><td>正功效</td></tr>
<tr><td>城镇家庭恩格尔系数</td><td>%</td><td>负功效</td></tr>
<tr><td>农村家庭恩格尔系数</td><td>%</td><td>负功效</td></tr>
<tr><td>居民消费价格指数</td><td>%</td><td>正功效</td></tr>
<tr><td>技术创新</td><td>国家财政性教育经费占 GDP 的比重</td><td>%</td><td>正功效</td></tr>
</table>

7.4.5 耦合协调模型的构建

7.4.5.1 权重的确定

根据上述评价指标查找《黄冈统计年鉴》《湖北统计年鉴》等文献资料，得到2010—2016年的相应数据，并根据熵权法计算得到农业生态文明建设和经济发展系统的各项指标的权重得分，如表7-2所示。

表7-2 黄冈市农业生态文明建设和经济发展系统各项指标的权重得分

系统名	指标名	k	$H(x_i)$	$1-H(x_i)$	w_i
农业生态文明建设	农用化肥使用量	-0.51	0.80	0.20	0.16
	农用塑料膜使用量	-0.51	0.77	0.23	0.18
	农用柴油使用量	-0.51	0.84	0.16	0.12
	农药使用量	-0.51	0.87	0.13	0.10
	灌溉水水质达标率	-0.51	0.86	0.14	0.11
	农田大气质量达标率	-0.51	0.69	0.31	0.24
	单位生产总值能耗下降	-0.51	0.87	0.13	0.10
经济发展	地区生产总值（地区GDP）	-0.51	0.87	0.13	0.07
	人均地区生产总值（人均GDP）	-0.51	0.88	0.12	0.07
	城镇居民人均可支配收入	-0.51	0.85	0.15	0.08
	农村居民人均可支配收入	-0.51	0.82	0.18	0.10
	城镇家庭恩格尔系数	-0.51	0.72	0.28	0.15
	农村家庭恩格尔系数	-0.51	0.58	0.42	0.22
	居民消费价格指数	-0.51	0.69	0.31	0.17
	国家财政性教育经费占GDP的比重	-0.51	0.74	0.26	0.14

7.4.5.2 综合评价指数的计算

根据下式分别计算得出各个年份黄冈市生态文明建设和经济发展系统的综合评价指数：

$$f(t) = \sum_{i=1}^{m} y_{ij} \times w_i$$

结果如表7-3所示。

表7-3 2010—2016年黄冈市农业生态文明建设和经济发展系统综合评价指数

评价指数	2010	2011	2012	2013	2014	2015	2016
农业生态文明建设系统综合评价指数（%）	-1.83	-2.17	-2.57	-2.10	0.45	-0.47	-2.38
经济发展系统综合评价指数（%）	1.11	1.81	3.23	3.07	4.59	4.07	4.02

7.4.5.3 系统间耦合度与协调发展度的计算

在获得黄冈市农业生态文明建设和经济发展耦合系统的各指标权重和各系统的综合评价指数后，借鉴物理学中的容量耦合概念及容量耦合系数模型继续建立协调度和协调发展度模型，用以对黄冈市相应情况进行更加具体和深入的分析。令耦合度为 $C(t)$，协调发展度为 $D(t)$。

令 $f(1, t)$、$f(2, t)$ 分别表示经济发展和农业生态文明建设在 t 年度的综合评价指数，则有：

$$C(t) = 2 \times \sqrt{\frac{f(1,t) \times f(2,t)}{[f(1,t) + f(2,t)]^2}}$$

且有 $C(t) \in [0, 1]$，同时，当 $C(t) = 1$ 时，两系统为最佳协调状态，即为最优的协同发展状态，$C(t)$ 越小，则两系统之间越不协调。

$$D(t) = \sqrt{C(t) \times F}$$

$$F = \alpha f(1,t) + \beta f(2,t)$$

特别要指出的是，在建立此模型时认为农业生态文明建设与经济发展同等重要，即 $f(1, t)$、$f(2, t)$ 同等重要，即二者占整体权重相同，即 $\alpha = \beta = 0.5$。

根据上述公式可计算出黄冈市农业生态文明建设系统与经济发展系统的协调度与协调发展程度。

根据已有数据结果可知，黄冈市农业生态文明系统综合评价指数存在负值，为方便计算故取绝对值，并且此项改动不会影响计算和调研结果，该数值取绝对值后的数值越小说明农业生态文明系统建设越好，与此同时，由于将农业生态文明系统综合评价指数中的负值取正，所以相应协调度与协调发展度计算公式所反映的结果与对应结论要作出相应变动。

最终通过计算得到的黄冈市农业生态文明建设系统与经济发展系统的耦合度与协调发展程度结果如表7-4所示，其中耦合度为 $C(t)$，协调

发展度为 $D(t)$。

表 7-4 2010—2016 年黄冈市农业生态文明建设和经济发展系统耦合度与协调发展度（%）

指数	2010	2011	2012	2013	2014	2015	2016
$f(1, t)$	1.83	2.17	2.57	2.10	0.45	0.47	2.38
$f(2, t)$	1.11	1.81	3.23	3.07	4.59	4.07	4.62
$C(t)$	96.91	99.60	99.35	98.21	57.02	60.92	94.75
F	1.47	1.99	2.90	2.59	2.52	2.27	3.50
$D(t)$	11.93	14.08	16.98	15.94	11.99	11.76	18.21

将 2010—2016 年黄冈市农业生态文明建设和经济发展系统的耦合度 $C(t)$、协调发展度 $D(t)$、综合发展指数 F 做成折线统计图，如图 7-1 所示。

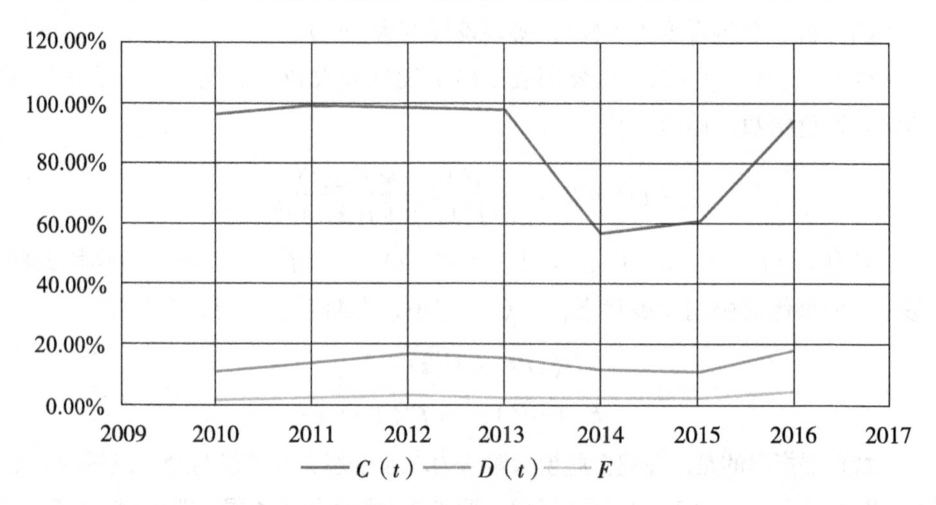

图 7-1 黄冈市农业生态文明建设和经济发展系统的耦合度、协调发展度、综合发展指数

7.5 黄冈市经济-生态协调发展的具体实践

7.5.1 英山县打造绿色崛起增长点

一是理念先行，致力绿色振兴“定盘子”。创新绿色发展模式，致力经济效益、生态效益“双赢”。先后编制完成多项绿色发展规划。建立长效的生态环境保护保障机制，加大对生态文明建设的资金投入。

二是生态优先，推进绿满英山“打底子”，持续开展“绿满英山”行动。2015—2018年，完成荒山造林10万亩，封山育林项目6万亩，森林抚育任务12万亩。全面开展淘汰燃煤小型锅炉专项整治，扎实推进煤改气、煤改电等清洁能源替代工作，持续推进河流治理，大力整治规范河道采砂行为，对矿山、河道、畜牧养殖全面综合整治。大力实施节能减排、污染治理，推动产业集约发展和工业改造升级，严格执行项目开发环评制度，严格执行节能减排刚性约束指标。

三是产业主导，坚持富民强县。坚持以“市场+”引领产业发展，截至2017年末，该县茶园总面积达到25.8万亩，药材种植面积达到20.8万亩，果桑面积达到1000多亩，建成茶叶专业镇10个，茶叶、蚕桑、药材等专业村171个，成功打造出国家4A级景区2个，3A级景区4个，省级以上休闲农业示范点7个、省级旅游名村2个、乡村旅游基地20多个。2017年，共接待游客603万人次，同比增长33%，实现旅游综合收入36.2亿元，同比增长29%。大力发展茶叶、中药材、特色养殖、乡村旅游、电子商务等特色产业。

7.5.2　浠水县四大举措建设“秀美浠水”

一是加大环境整治力度，深入开展中央环保督察反馈问题整改及“回头看”。狠抓畜禽养殖污染整治。启动实施总投资23亿元的浠水河生态综合整治工程。实施河道黄砂禁采，对引水工程开展生态整治。加大饮用水水源地保护力度。严格执行生态保护红线、环境质量底线、资源利用上线和环境准入负面清单，淘汰落后产能。加大港口码头和长江岸线整治力度。

二是持续巩固整治效果。坚持用钉钉子精神抓整改，近三年共整合资金3.5亿元，用于农村环境整治和城乡污水垃圾处理工程。关停域内所有的采石场。2017年，累计拆除燃煤小锅炉76台，淘汰黄标车901辆。完成精准灭荒2万亩，累计绿化面积3.2万亩，整顿关闭矿山17处。改建农村户厕514户、村级公厕107座。坚决惩治环境违法行为，加大对非法采砂行为打击力度。

三是压紧压实工作责任。认真落实环境保护党政同责，形成齐抓共管合力。建立完善县、乡、村、组四级河湖库长制度。加大责任追究力度，约谈党政领导干部33人，通报批评24人。

四是落细落小工作要求。擦亮长江经济带国家级转型升级示范开发区招牌，对招商项目实行环评“一票否决”。实施“腾笼换鸟”，采取租赁盘活一批、协议回购一批、集中清退一批、依法处置一批、转型升级一批，盘活闲置厂房和闲置土地资源，加大存量招商力度。抢抓湖北国际物流核心枢纽重大建设机遇，主动融入黄冈临空经济区建设。

7.5.3 黄冈市关于推进农业可持续发展以及供给侧结构性改革的措施

一是立足增效，调优农业结构。加大生态高效种养模式推广力度。按照稳粮、优经、扩饲的要求，主推一种两收、稻田综合种养、油菜多功能开发、林草畜复合、林下套种套养五大模式，加快构建粮经饲统筹、种养加一体、农牧渔结合的现代农业产业体系。粮食作物以稳定水稻为主，截至2017年，推广香稻－再生稻、粳稻－再生稻100万亩，打造湖北再生稻第一市。推广稻虾、稻鳅、稻蟹等稻田综合种养模式80万亩，推动稳粮增效。油料作物以双低油菜生产保护区为重点，推广菜用、花用、油用、饲料用、肥用油菜专用品种，积极发展木本油料。粮经饲统筹要在稳定生猪生产、大力发展草食畜牧业的基础上，以养带种。截至2017年，推广青贮玉米、青贮小麦、优质牧草60万亩，以草换肉换奶。在北部山区和中部丘陵地区推广林药、林菌等林下种植，适度发展林畜、林禽、林蜂等林下养殖，发展林下经济，提升林地综合效益。抓住国家建设特色农产品优势区的机遇，持续推进茶叶、中药材板块和水产苗种大市建设，因地制宜发展地标农产品、优质杂粮、精品果菜、花卉苗木等生产基地，促进产业提档升级，把土特产、小品种做成大产业。

支持绿色生态品牌创建。将2017年确定为“农业品牌推进年”。推进农产品商标注册便利化，强化品牌保护。支持新型农业经营主体发展设施农业、渔业，开展农产品标准化生产示范和质量认证，加强农产品质量标识管理，建立一批地理标志农产品、森林生态标志产品和原产地保护基地。推进英山云雾茶+、罗田板栗+、麻城福白菊+、蕲艾+、麻城黑山羊+等区域性农产品公用品牌建设，建立农产品“三品”认证和名牌创建奖励制度。充分利用国内外展示展销平台，加强与央视的公益扶贫合作，打包推介一批农产品品牌。鼓励筹组以地标农产品开发为主的企业集团，推进地标产品加工园区建设。

二是立足增收，促进融合发展。做大做强农产品加工业。把深入推进

“个十百千”工程建设与农产品加工“四个一批”工程结合起来，围绕粮食、油料、畜禽、水产、中药材、茶叶、森工等十大产业，加快形成一个产业一家大龙头、一条过百亿产业链、十大产业总体规模超千亿的加工格局。落实财政、土地、税收、贷款、担保等配套支持政策，大力发展精深加工和副产品综合利用，加大招商引资力度，抓好晨鸣林浆纤纱、伊利酸奶、襄大农牧等在建项目的协调服务，推进产能过剩行业重组整合，扶持与重点企业配套、具有鲜明产品特色的小微企业发展，重点建设蕲春、黄梅、麻城、浠水、黄州等5个过200亿元和武穴、红安等2个过150亿元的加工大县（市、区），重点支持黄冈伊利乳业、中粮粮油、襄大农牧、康宏粮油、中禾粮油、东坡粮油、黄冈晨鸣、馥雅食品、索菲亚家具、李时珍医药、斯多塞尚服饰、燕加隆板材、红安娃哈哈等企业向百亿集团迈进，重点培植食品饮料、森工制造、中医药及大健康等产业集群，2020年实现规模以上农产品加工企业总数、产值比2016年翻一番，加工产值与农业总产值之比提高到3∶1以上，年均提高0.4个百分点。

三是立足增收，补齐农村短板。继续推进绿满黄冈行动。统筹推进荒山造林、绿色产业富民工程、村庄绿化、生态景观林带建设，继续开展林业生态示范县、森林城镇、绿色示范乡村创建，完成27.9万亩的造林任务，实现三年绿色全覆盖的目标。加大林业生态资源管理执法力度，强化森林公园、自然保护区、湿地公园生态保护与修复，启动天然林保护工程，继续实施林业重点生态工程，大力发展生态林业产业，加快构建长江生态安全屏障。

加强农村面源污染治理。严守耕地保护红线，加强原生态产品、地理标志农产品产地保护。全面实施化肥农药零增长行动，扩大测土配方施肥应用面积，开展农业可持续发展示范区、农业废弃物资源化利用示范县创建。结合“雷霆行动”，认真落实畜禽养殖“三区”规划，实施规模化养殖场粪污治理“一场一策”整县推进，坚决取缔、关闭禁养区和粪污治理不达标场（厂），推进全域畜牧业绿色发展。依法查处秸秆露天焚烧行为，建立秸秆多元化利用补贴机制。加强粪污、地膜、秸秆的资源化利用，推进生物质能源利用和规模化沼气工程建设，开展生态能源示范村创建。继续开展水产健康养殖示范场、示范县建设，加大渔业增殖放流力度，坚持长江禁渔期制度，全面取缔河湖库围网拦网网箱养殖，全面禁止河湖库投肥养殖，推进渔业减量增效。落实最严格的水资源管理，推进“六水同治”和江河湖连通工程建设，加强小流域水土流失综合治理和重点水域生态修复，全面推行市县乡村四级河湖库长制。继续推进白莲河生态保护和绿色发展示范区建设。

扎实推进美丽乡村建设。强化规划引领，推进“一带一片”规划的落地实施。以农村人居环境治理为切入点，以“一带一片”为重点，开展厕所革命和扫帚行动，全面整治露天旱厕，建立农村生活垃圾收集清运体系，加快24个重点乡镇生活污水集中处理厂建设。深入开展农村“四好公路”建设，积极推进城乡公交一体化。实施农村安全饮水巩固提升工程和新一轮农村电网改造升级工程。

7.5.4 以黄冈市“百亿奶业”为例

黄冈市北部和东部为大别山低山丘陵，中部为丘陵岗地，南部为冲积平原。农业以种植业为主，畜牧业发展所需要的环境与气候均不足，尤其不适宜发展不耐高温潮湿的奶牛养殖业。因此，2006年以前，黄冈市的畜牧业分布零散，以家猪为主，奶牛存栏率与产奶率均很低，投入与产出不成正比，无规模趋势。就全国奶业发展情况来看，“北奶南调”为解决南方牛奶供应的主要措施，但南方逐渐扩大的牛奶市场与有限的供应速度相互矛盾，创造出了巨大的原奶市场需求，既是南方奶业发展的瓶颈，也是推广南方奶牛养殖的良好契机。对于经济发展较为落后的南方地区包括黄冈在内，依托企业发展奶业成为最好的选择。为了振兴黄冈产业，强市富民，黄冈市政府紧紧抓住这个巨大的机遇，通过全面考察黄冈市畜牧发展现状、可供奶牛养殖的土地等，注资8亿元修缮养殖基地，提高养殖生产技术，利用大量的优惠政策将伊利集团牧场及加工厂引入黄冈，实现企业带动农业的集约化生态化奶业发展模式，进一步带动黄冈经济的可持续发展。

2006年，黄冈市政府展开针对牧场可用土地、饲料种植可用土地、当前养殖场状况的全面调查，向伊利集团提出在黄冈发展奶牛养殖业的规划以求响应广大的市场需求，突破“北纬34度以南地区不适宜奶牛养殖”的常规认知。在获得伊利集团的技术支持后，黄冈市展开了现代化养殖基地的建设，并在5年间取得了较好的成绩。2012年，黄冈市奶牛存栏量从2007年不到1000头，发展到2012年2.2万头，日产奶200吨，建成了规模化养殖的奶源基地。与此同时，伊利集团于2006年7月正式在黄冈建厂；2007年底，液态奶、冷饮车间正式投产，建成了1500吨的超高温奶，250吨冷饮产品及300

吨PET熟装乳生产线，成为伊利集团旗下规模最大、功能最完善的工厂之一。2014年，黄冈伊利公司已成为黄冈市龙头企业，是伊利集团全国单个规模最大的现代化乳品企业，伊利集团已在黄冈投资13亿元，市场产值24亿元，仅次于内蒙古总部。但黄冈市的产奶量却仍然无法满足伊利集团日需600吨的要求，且养殖遇技术瓶颈，6家牧场停产，奶业下滑严重，环境污染加剧，急需全新政策助推黄冈市奶业规划目标的实现：2020年，全市奶牛存栏达到10万头，日产奶量达到1000吨，奶业产值达到100亿元，龙头企业税收达到5亿元。在此情况下，“百亿奶业”项目应运而生。

在开拓养殖潜力方面，针对融资难的问题，“百亿奶业”建设了专门的养殖融资平台；针对技术难的问题，利用招商引资引入专业奶牛养殖企业；针对污染严重的问题，各县深入推广循环经济如牛粪养蚯蚓等科学处理手段；针对资源浪费严重、不易管理的问题，推进规模化养殖，采取措施补足空栏，盘活停产牧场。多方位综合发力，最大限度开拓养殖潜力。在保障养殖持久动力方面，黄冈市政府推行大量优惠政策：市县分税政策、奶牛饲料奖补政策、贷款贴息政策、市政府奶牛奖励机制和大别山产业发展基金扶持政策、县（市、区）奖补政策、两病奶牛监测处置政策及保险政策。全方位保障养殖户利益与各区县发展养殖的积极性。

最后，“百亿奶业”聚焦奶业发展的价值提升和供给侧改革下的结构调整，大力整改产区环境，积极引入更高利润更符合可持续发展需求的酸奶加工厂。而酸奶的生产对周边环境的要求十分严格，土地、空气的污染都会对品质产生影响，这就要求当地政府以治理环境污染为首要任务。又由于牛奶长途运输时其品质与数量会损失严重，养殖场与加工厂之间的距离要在考虑其他区位优势的前提下尽量缩短，因此养殖场的污染治理从被动监管逐渐转化为主动出击，对整个区域的生态保护与污染防治起到了很好的示范带头作用。

7.6　研究结论

2010—2016年黄冈市农业生态文明系统与经济发展系统的耦合度［即$C(t)$指数］整体处于较高的状态，即大部分耦合度（以百分比计量）在90%以上，处于高水平耦合状态，两个系统之间共振状况良好。其中2014年与

2015 年两年的协调度数值较其他年份明显较低，呈现出系统间磨合状态，存在较大提升空间。

耦合度体现了黄冈市农业生态文明系统与经济发展系统之间的共振情况，但是关于两个系统之间协同效应的讨论，还需继续观测协调发展度［即 $D(t)$ 指数］。对于二者间的相互协调发展度来说，由 $D(t)$ 数据观察可得二者协调发展程度较低，没有太过明显的变化，且始终处于较低水平，均在 10%—20%。而结合二者分别的综合评价指数可知，其中的原因在于，黄冈市生态文明建设评分几乎全部处于 0 以下，获得负分的评分；相比较下，黄冈市经济发展评分虽然较低，但高于生态文明建设的评分，说明在黄冈市经济得到快速发展的同时，农业生态文明建设却没有完全跟上经济的快速发展，甚至从某种程度上来说还拖缓了经济发展的速度。因此，黄冈市农业生态文明建设与经济发展之间的协同作用较差，现有的生态文明建设水平对于经济的促进与发展作用不足。

第8章　黄冈市推进生态文明建设和经济发展的建议

8.1　黄冈市推进生态文明建设的整体思路

8.1.1　黄冈市生态文明建设的主要任务

黄冈市委、市政府出台的《黄冈市环境保护重点工作三年行动方案》（2016）提出，在2018年底，实现黄冈市区环境空气主要污染物年均浓度值达到国家二级标准，环境空气优良天数达到255天以上。全市列入湖北省政府功能区划定名录的重点水体按功能区达标；其他重点水体水质优良（达到或优于Ⅲ类）比例总体达到80%以上；各县市区主要水体达到或优于Ⅳ类，基本消灭黑臭水体。

8.1.2　黄冈市生态文明建设的基础任务

黄冈市从大力开展改善大气环境质量、全面实施水环境治理、产业结构调整等六个方面提出了主要工作措施，具体规划有以下几方面。

8.1.2.1　改善大气环境质量

近些年来，从《京都议定书》到《哥本哈根协议》再到《巴黎协定》，在国际环境保护的行动中少不了中国的身影，中国已经体会到“先污染后治理”带来的问题，治理环境污染迫在眉睫。经济新常态下，放慢增长的脚步，与传统的不平衡、不协调、不可持续的粗放增长模式告别，倡导“资源节约型”与“环境友好型”发展机制。进入“十三五”以来，国家高度重视环境保护，结合全国生态保护形势，以《国家环境保护“十三五”规划基本思路》为指导，对各地区重点污染源提出要求，建立了环境质量改善和污染物总量控制的双重体系。对于大气污染更是专门提出煤改气、脱硫脱硝等系列解决措施，致力于改善大气状况。

黄冈市是武汉城市圈的重要城市，目前第二产业仍居于重要地位。其工业、建筑业发展迅速，由此产生了严重的大气污染问题。以臭氧（O_3）、二氧化硫（SO_2）、细颗粒物（PM2.5）、可吸入颗粒物（PM10）等为代表的大气污染物浓度时常居高不下，威胁着黄冈市民的健康安全。自 2015 年起，黄冈市加强环境保护，积极推进宜居城市建设。出台《黄冈市大气污染防治工作考核评价办法》，将区域空气质量纳入党政领导班子目标责任制考核，并且实时汇报大气污染监测数据，使大气状况透明化。自 2015 年倡导“两型社会”以来，全市化学需氧量、氨氮、二氧化硫、氮氧化物 4 项主要污染物减少，城市空气质量指数（AQI）逐年下降，同时城市空气日污染指数（API）一步步改善。从全年来看，汇总黄冈 API 达到优良（二级标准）的天数，2015 年为 241 天，2016 年为 252 天，优良率都超过 65%，全年将近 70% 的天数空气质量在优良水平。AQI 指数的平均值从 2.32 降到 2.15，表明在环境保护工作的开展下，全市空气质量正由“轻度污染”向“良”方向调整。

为促进黄冈市大气质量的提升，减少大气污染，黄冈市政府从工业污染、机动车污染、扬尘污染、产业结构调整等多方面开展大气污染防治行动。在工业污染方面，加强燃煤锅炉整治改造，加快推进“煤改气”“煤改电”工程建设。此外，加强挥发性有机物污染防治，推进溶剂使用过程的污染治理；在机动车污染治理方面，鼓励选用节能环保车型，推广使用天然气、新能源汽车，推动油品配套升级，全面供应国 V 车用汽柴油；在针对扬尘的面源污染防治上，推行城市道路机械化清扫以减少道路扬尘，积极推进粉煤灰、炉渣、矿渣的综合利用，并且开展餐饮油烟综合治理，加强油烟治理设施运行监管；在产业结构调整上，大力发展循环经济，推进能源梯级利用、水资源循环利用、废物综合利用，同时，优化能源消费结构，控制煤炭消费总量，加大天然气等清洁能源供应，积极开发利用风能、太阳能、生物质能。

8.1.2.2 水环境治理

湖北省人民政府发布的《湖北省水污染防治行动计划工作方案》（鄂政发〔2016〕3 号）文件中指出，水污染治理工作的总体目标：“到 2020 年，全省水环境质量得到阶段性改善，优良水体比例增加，污染严重水体较大幅度减少，饮用水安全保障水平持续提升，地下水污染趋势得到基本控制。到 2030 年，力争全省水环境质量明显改善，水生态系统功能基本良好。到本世纪中叶，全省水生态环境质量全面改善，生态系统实现良性循环。”其中，涉及的主要指标有：“到2020年，全省地表水水质优良（达到或优于Ⅲ类）比例总体达到88.6%，丧失使用功能（劣于Ⅴ类）的水体断面比例控制在6.1%以内，县级及以上城市集中式饮用水水源水质达标率达到100%，地级及以上城市建成区黑臭水体均控制在10%以内，地下水质量考核点位水质级别保持稳定。”

对照《湖北省环境保护督察反馈具体问题整改清单》列出的84个具体问题，黄冈市政府认真梳理出黄冈市需要整改落实的问题共35个。其中，单独指出黄冈存在的具体问题2个，共同指出的具体问题5个，湖北各市州共性存在的具体问题28个。针对出现的水质断面问题，根据《湖北省水污染防治行动计划工作方案》，湖北省环保厅对2017年1—9月地表水考核断面水质情况进行了监测评估，截止到2017年9月，对黄冈市9处断面处进行考核，达标断面处为8处，达标率为88.9%，不达标断面出现在倒水冯集。

8.1.2.3　产业结构调整

根据《黄冈统计年鉴》信息显示，在黄冈市第一产业中，农业产值贡献最强，2016年其产值贡献率为47.05%，而林业为1.72%，渔业为12.25%，说明黄冈市第一产业内部结构失衡较严重。林业可以调节生态气候、涵养水源、防止水土流失，对生态系统平衡有维护作用。特别是黄冈市地处长江防护林建设带，应加大对林业的建设与保护，提高林业在第一产业中的地位。

黄冈市第二产业中轻、重工业比重基本持平，2016年工业产值贡献最大的前十个行业中，重工业主要有金属制品制造业（3.33%）、非金属矿物制品业（20.26%）及汽车制造业（2.83%），比重高达35.45%。而轻工业则有农副食品加工业（12.84%）、纺织业（8.52%）、医药制造业（6.43%）等。总体来看，重工业中重污染行业所占比重较大，对生态文明产生负面影响，且主要以传统工业为主，新型工业如计算机等设备制造业（0.63%）所占比重较低。精密工业如仪表仪器制造业（0.56%）等贡献不大。综上分析可得出，黄冈市重工业仍以传统的环境破坏型、资源开采型工业为主，且工业产品结构层次较低。

黄冈市第三产业内部结构中，传统服务业如交通运输业、批发零售业等占第三产业总产值比重逐年下降，而金融业占比逐渐增加，但批发、零售业仍处于优势地位。说明黄冈市逐渐重视知识密集型高端服务业，不断调整第三产业内部结构，合理利用人才优势。

依法淘汰落后产能和化解产能过剩。对列入国家落后产能淘汰目录的行业和生产线，一律纳入年度计划予以淘汰；对存在超过单位产品能耗限额标准用能、超过污染物排放标准或超过重点污染物排放总量控制指标，产品质量不合格、不符合安全生产法律法规和强制性标准要求、工艺技术装备落后的生产线，由各级主管部门责令限期整改，经整改仍不合格的，由黄冈市主管部门纳市政府年度淘汰计划予以淘汰；未完成淘汰任务的地区，暂停审批和核准其相关行业新建项目；鼓励县市区政府根据本地区实际，制定更高淘汰标准，由县市区政府向省政府报告后，按计划进行淘汰。

8.1.2.4　革命老区振兴发展

（一）大别山革命老区的区域特点

黄冈是湖北省农业大市，农业资源极为丰富，全市的粮食、油料、棉花、茶叶、蚕桑、中药材、畜禽等大宗农产品产量居全省前列，涌现出一批全省乃至全国的粮食大县、油料大县、水产大县等特色产业大县，同时全市的农业产业化整体水平不高、三农工作的任务也十分艰巨和繁重。2015 年，《大别山革命老区振兴发展规划》（以下简称《规划》）出台，涉及黄冈市 11 个县（市、区）全境，1.74 万平方公里的范围。文件中多方面提出做好三农工作的新要求和新政策，特别是就发展现代农业、促进城乡一体化发展以及农业发展机制体制创新等方面提出了非常明确的政策措施。根据文件内容，大别山革命老区的区域特点可以总结为五个方面：经济发展速度加快，但扶贫攻坚任务依然艰巨；区位优势独特，但交通建设依然滞后；产业特色突出，但工业发展水平依然落后；生态地位重要，但局部地区生态依然脆弱；旅游资源丰富，但开发水平总体不高。

（二）《大别山革命老区振兴发展规划》提出的发展目标与主要规划目标

从《规划》可以看出，大别山革命老区振兴发展的目标为：2020 年，实现经济持续健康稳定发展，具备地方特色的产业体系初步形成；扶贫攻坚取得重要阶段性成果，贫困地区与其他地区发展差距扩大趋势得到扭转，绝对贫困现象全面消除，城乡居民收入增长与经济发展同步，农民人均收入增长幅度高于全国平均水平；基础设施建设取得重要进展，交通、能源、水利、信息设施的支撑能力进一步增强；生态建设和环境保护取得显著成效，节能减排、资源综合利用取得阶段性成果；城镇化水平和质量稳步提升，城乡发展一体化步伐加快；突出民生问题得到有效解决，基本公共服务体系更加完善；有利于科学发展的体制机制不断健全，经济社会发展活力迸发，与全国同步实现全面建成小康社会的奋斗目标。振兴发展的主要规划目标：共有 11 项指标，以 2014 年为基期，2020 年实现县城以上城镇生活垃圾无害化处理率由 79% 提高到 88%；城镇污水集中处理率由 79% 提高到 86%；水土流失治理面积 6 年累计 10000 平方公里；林木蓄积量由 15500 万立方米增加到 18000 万立方米。

（三）大力发展特色农林业

大力发展特色农林业，着力推进长江流域优质油菜产业带建设，重点发展“双低”油菜。加快发展现代畜牧业，推进畜禽标准化规模养殖场（小区）建设，高起点建设生猪、肉牛和禽类产业集聚区，完善动物疫病防控和良种繁育体系，建设优质安全畜禽产品生产基地。推进优质无公害水产基地建设。着力发展茶产业，重点发展无性系生态有机茶，打造茶产业集群示范区。支持优质药材、蚕桑、蔬菜、花木、林果、食用菌等特色农产品规模化发展，建设一批农业标准化示范区，培育具有大别山地理标志的农产品品牌。充分利用森林和林地空间资源，大力发展林下经济和森工产业。完善农业生产保障体系，将特色农产品保险纳入政策性农业保险范围，扩大农业保险覆盖面。同时，加大特色农业基地建设：（1）畜禽（水产品）：提高禽类和水产品竞争力，加快黄冈奶牛等产业化基地建设；（2）茶叶：大力发展无性系生态有机茶，壮大精品茶叶主产区；（3）油料：重点发展“双低”油菜、花生、芝麻、油茶，引进油用牡丹种植；（4）中药材：重点发展天麻、茯苓、西洋参等产品，推广中药材规范化种植技术和仿野生种植模式；（5）蚕桑：改造提升英山、罗田等桑蚕基地，适度扩大生产规模，推动桑蚕产业规模化、效益化、品牌化；（6）果蔬：实施蔬菜标准化生产，建设一批无公害、绿色和有机蔬菜生产基地，建立冬枣、葡萄、石榴等林果基地。针对各地特色农业基地建设，县市区政府以最大力度鼓励符合条件的地区申报现代农业示范区。

以浠水县为例，打造浠水特色生态农业体系应当立足传统优势，稳定农业生产。继续加强蔬菜及经济作物示范园区建设，结合建设国家生态主体功能示范区规划，以国家地理标志农产品巴河莲藕、散花藜蒿为主建设好浠水县沿江水生蔬菜、绿杨山野菜等特色蔬菜休闲观光产业园。着力培育和建立具有浠水特色的渔业优势产业和主导产业，调整优化全县渔业养殖构成，以生态健康养殖为主导技术，稳定滤食性鱼类养殖。发展家庭牧场，建立规模养殖场和种植业大户合作机制，推行种养结合模式，大力推广畜禽养殖粪污还田还地，实现资源化利用，大力推行畜禽养殖粪污“第三方处理机制”，强化养殖场户污染治理的主体责任。[1]

8.1.2.5 完善生态文明建设制度，健全组织管理机构

高污染、高能耗行业的产业结构升级，仅靠单纯的生态文明宣传是远远不够的，必须建立相应的政策体系及法律体系，加强对企业的监督管理。近年来，黄冈市出台了一系列相关法规来限制企业排污、耗能，但还未形成统一的法规体系，同时在执行监管过程中也出现偏差。所以，一方面，黄冈市要健全法律法规体系，对生产过程损害生态环境的企业采取经济、法律和必要的行政手段；另一方面，黄冈市要加强监督监管，遵循严格的环境标准对企业进行监管，定期公布不良企业，强化社会公众舆论监督，严厉查处不良企业，从源头制止高污染、高能耗产品生产。走上法制、规范、科学的生态文明发展道路。

8.1.2.6 加大生态文明建设，坚持推进“雷霆行动”

绿色发展“雷霆行动”是为了解决一些环境突出问题而产生的。它是黄冈独有的生态保护品牌，被纳入湖北省委、省政府考核市州党委政府的特色工作项目。这一专项整治行动最初于2016年5月启动，十大任务包括整治工业污染、整治环保违规建设项目、整治保护饮用水水源地、整治重点水域排污口和河道采砂行为、整治保护重点湖泊生态环境、整治长江沿线违规码头、整治畜禽养殖污染、整治生活污水垃圾污染等。

2017年2月，黄冈推出“雷霆行动”升级版，除对2016年未全部完成的5项任务继续巩固外，新增白莲河水库生态保护和绿色发展、湿地公园及自然保护区、江河湖库围栏围网和网箱养殖、淘汰黄标车、淘汰燃煤小锅炉五大专项整治行动。截至2017年12月20日，十大专项整治任务全部按期完成年度目标。在湖北省委、省政府特色工作考核中，“雷霆行动”得分99.7分，在市州生态保护特色项目中排名第一。黄冈新一轮“雷霆行动”又确定了十大任务，包括整治违法排污企业、乡镇生活污水治理、污水处理厂提标改造、

[1] 浠水县人民政府．浠水县创建省级生态文明建设示范县规划（2016—2022）[EB/OL]．[2018-06-27]．http：//xxgk. hg. gov. /xxgk/jcms_files/jcms1/web69/site/art/2018/6/27/art_6423_76601. html.

整治白莲河水库周边环境、整治港口码头、厕所革命、整治重点河湖库水域、河道采砂治理、矿山地质环境恢复和综合治理、精准灭荒等。下面以白莲河为例进行介绍。

由于历史原因，白莲河湿地公园曾一度出现库区管理秩序混乱、生态环境破坏严重、水体污染日益加剧、航运功能基本丧失等情形，在这样的背景下，黄冈市人民政府作出了全面建立白莲河湿地公园管理体制的决定，历时四年，收回了闸门管理权，统一了水资源的调度管理；进行了水库 104.9 米管理范围确权划界，为规范库区管理提供了法定依据。2012 年 12 月，湖北省人民政府批复同意白莲河工程管理局在白莲河湿地公园管理和保护范围内开展相对集中行政处罚权，集中行使水利、水产、交通港航、林业、环保、国土、旅游、治安、城乡规划等 9 个管理方面法律、法规和规章规定的行政处罚权，成立白莲河综合执法支队，行使原属 9 个部门的执法职能。2015 年初，黄冈市公安局在白莲河设立专门公安机构，成立了市公安局治安支队白莲河直属大队，行政执法加上公安执法的综合执法模式开创了全省水库管理和保护的先河，为白莲河湿地公园水生态文明建设和管理提供切实有效的法律保障。[1]

8.2　黄冈市推进生态文明建设的对策和建议

2010 年底，国务院出台了《全国主体功能区规划》文件，以长沙、南昌、武汉为核心的“长江中游城市群地区”被列为国家重点开发区域，因此，国家出台了一系列政策扶持整个长江中游城市群的发展，为区域的一体化发展创造了有利的条件和良好的外部环境。党的十八大报告将生态文明建设放到战略地位，并围绕区域的生态文明建设制定了“五位一体”的总体布局，党的十八届四中全会强调要用严格的法规体制来保障生态环境的质量。“十三五”规划建议提出“五大发展理念”，将绿色发展作为引领经济社会发展、全面节约和高效利用资源、加大环境治理力度、筑牢安全屏障的理念。[2] 2015

---

[1] 吴复新，吴怀升．浅谈白莲河湿地公园水生态文明建设实践［J］．湖北林业科技，2017，46（1）：82 – 84.

[2] 中共中央关于制定国民经济和社会发展第十三个五年规划的建议［J］．共产党员（河北），2015（27）：7 – 19.

年5月，《长江中游城市群发展规划》对共建生态文明提出要求，提出“建立健全跨区域生态文明建设联动机制，编制实施城市群环境总体规划，严格按照主体功能定位推进生态环境领域的一体化建设，加大综合性整治力度，促进整个区域的绿色发展，确保经济、社会与生态效益协调发展”。另外，习近平总书记在重庆考察时，对长江流域地区发展作出了战略部署，长江作为一个独特的生态系统，在经济发展的过程中，要重点保护长江流域的生态环境质量，基于保护性的前提下进行科学合理的开发。长江中游城市群地区作为长江经济带的重要组成部分，以绿色发展理念为引领，转变粗放的增长模式与发展方式，加强生态文明建设已经刻不容缓。

8.2.1 强化思想认识

8.2.1.1 深入学习生态文明建设和环境保护的决策部署

近年来，我国经济发展进入快速发展时期，取得了十分显著的成就。发展的同时，最不能忽视的是生态环境问题。很明显，我国的生态环境目前处于严重破坏状态，也出现了对资源过度开发和环境遭到持续破坏的问题，我国生态环境面临的形势确实是十分严峻的。如果经济的快速发展，带来的代价是生态环境遭到严重破坏，那么，这样的发展一定是负向发展，从而更加不利于社会的发展。我们当前最为紧迫的是应该寻求一种人类与自然和谐生存的发展方式，缓解目前已经出现的生态环境严峻的问题。我国十分重视“绿色发展”的理念，党的十九大报告中，习近平总书记提出要“建设美丽中国”“推进绿色发展”“发展绿色金融”“绿水青山就是金山银山”等目标和发展理念，《关于全面加强生态环境保护坚决打好污染防治攻坚战的意见》《关于构建绿色金融体系的指导意见》等关于“绿色发展”的文件也陆续出台，明确规定发展应该以保护生态环境为前提条件。

树立打大仗、打苦仗、打硬仗的思想意识，切实落实好黄冈市生态环境保护各项工作任务。各地和各相关部门要坚决贯彻落实在浠水召开的环保突出问题整改现场推进会精神，对照整改任务清单，细化实化工作举措，扎实推进整改落实。要进一步提升治理能力，加强改革创新，建立权责明确、保障有力、权威高效的生态环境保护工作机制，高效率抓好中央环保督察整改，

高质量推进黄冈绿色发展。❶

8.2.1.2　强化责任追究

要想真正管理上述提到的各项任务与目标，各级领导应当有一定的压力。针对各级领导人员制定考核评价制度是十分有效的对策。首先，根据已有文件与经验确定考核评价制度应有的各项指标，并按不同级别制定有差异的考核评价制度，通过各级领导行为与各项指标的对比，对于损害生态环境和环境保护的行为进行责任追究，严重时给予一定程度的惩罚。

8.2.1.3　加强绿色发展教育，培养多方位发展人才

无数实践证明，科技发展进步中最核心因素是人才。当今世界，国家之间、地区之间、企业之间的竞争最主要的就是人才的竞争，人才资源是推动经济社会发展的最宝贵资源，所以必须用战略的眼光审视人才资源。绿色人才是实践绿色发展的重要路径之一。黄冈市绿色科技的发展与创新需要有强大绿色科技人才资源作保证。黄冈地区要继续实践好绿色发展，必须大力引进、培养绿色科技人才，以拥有强大的绿色人才资源作保障。这就要求黄冈必须彻底改变绿色人才资源匮乏的现状，必须在引进和培养大量的绿色科技人才上下大功夫，努力为绿色科技人才创造良好的工作环境，不断推动绿色科技的发展与创新。具体措施体现在以下两个方面。

一方面是要大量引进绿色人才。这是填补黄冈地区绿色人才匮乏的最快捷、最有效的方式。各级政府部门要尽快建立和形成育才、引才、聚才、用才、留才的良好环境和优惠政策，大力实施绿色人才强市战略，大量引进各类绿色人才，为黄冈地区绿色发展提供可靠的人才保障。

另一方面就是要大量培养绿色人才。这是填补黄冈地区绿色人才匮乏的最根本的方式。时代发展很快，人力在一段时间内确实面临着巨大的压力，在精心策划后，对绿色发展人才进行培训，针对各级政府官员和普通老百姓进行不同层次的宣讲教育，同时，除了基本理论宣讲培训、外单位交流外，还应该趁热打铁，进行竞赛等实际操作项目，这样才能真正加深对绿色发展的理解。借鉴云南少数民族地区的经验，可以从以下两方面解释。一是把现有的人才培养好，如公务员、事业单位人员、企业管理和生产人员，尤其是

❶ 张晓宇．深入学习贯彻习近平生态文明建设思想　高质量推进黄冈绿色发展［N］．黄冈日报，2018－07－12（1）．

那些与经济发展、环境保护直接相关的各类人员，都要努力把他们培养成拥有绿色发展意识或技能的人才。二是通过大中专学校培养符合黄冈地区需要的各类绿色人才。虽然通过自身培养耗时长、见效慢、成本高，但是这是解决黄冈地区绿色人才困境的长久之计和根本之道，只有这样，黄冈地区的绿色发展才能得到充足的绿色人才支撑。[1]

8.2.2 优化产业结构

8.2.2.1 严把项目入门门槛

认真落实湖北省政府出台的《关于加快推进传统产业改造升级的若干意见》，制定出台全市《加快推进工业企业技术改造实施方案》，严控高能耗、高排放行业发展和低水平重复建设，严把项目准入关。严格控制钢铁、水泥、电解铝、平板玻璃等“两高”行业新增产能，新、改、扩建项目实行产能等量或减量置换。严格控制长江干流及其主要支流周边高耗水、高污染行业发展，从严审批产生有毒有害污染物的新建和改扩建项目。

8.2.2.2 打造公平竞争条件

为绿色产业创造公平竞争的环境，并适当鼓励。绿色经济最需要的不是补贴和扶持，而是同非绿色经济活动公平竞争的环境。“向污染宣战”，将非绿色产品的外部成本最大限度地内部化，是促进绿色创新和绿色经济活动最直接有效的手段。可以通过制定严格的环境监管和执法，尤其是借助移动互联技术、无人机和分散的监督机制，大大降低环境法律的执行成本，提高法律的可执行性。

8.2.2.3 加快淘汰落后产能

开展淘汰落后产能、打击“地条钢”等专项整治。对未按期完成淘汰任务的地区，严格控制国家、湖北省安排的投资项目布局。进一步加强对涉钢企业和已退出产能企业的梳理排查和监管巡查，防止违法生产行为死灰复燃。

8.2.2.4 实施绿色低碳循环发展

积极发展风能、太阳能、天然气、生物质能等新能源，稳步发展水电，提高清洁能源的规模和比重。严格控制煤炭消费总量，2020 年将全市煤炭消

---

[1] 潘文良，张国平．云南民族地区推进绿色发展的科技人才路径依赖［J］．科技创新导报，2018（2）．

费比重控制在 54% 以内，全市单位生产总值能耗指标完成国家和湖北省下达的任务。实行资源消耗总量和强度双控行动，发展低碳循环经济，推行企业循环式生产、产业循环式组合、园区循环式改造。推进工业废气、废水、废物的综合治理和回收再利用，大力推进环保产业发展。

8.2.3　加强水环境治理

8.2.3.1　加强工业废水治理

加快工业园区污水处理设施配套管网建设。2018 年底，已基本完成全市（工业园区）污水管网建设项目，提高了工业园区污水收集率。加快推进执行“综合一级”排放标准的工业园区污水处理厂提标改造。规范园区污水产排企业排污口设置，安装自动在线监控设施，按照批准的纳管标准排放污水。完善污水处理运行机制，按照不同的纳管标准和污水处理难易程度实行差别化的收费政策。

8.2.3.2　加强城镇生活污水处理

结合新城区建设、棚户区和旧城改造等，推进城镇污水处理厂配套管网建设和雨污分流改造，全面启动市区和县（市、区）污水处理厂污泥处理无害化；全市乡镇（街办）生活污水处理项目前期工作全面完成，具备开工条件。

8.2.3.3　加强农业农村污染防治

全面推进畜禽养殖禁养区、限养区和可养区“三区”划定。禁养区划定后，完成确需关闭或搬迁的养殖场、养殖小区的关闭或搬迁。加强畜禽养殖污染控制，2020 年底全市规模化畜禽养殖场（小区）配套建设粪便污水贮存、处理、利用设施比例达到 80% 。控制农业面源污染，开展化肥和农药使用减量行动，2020 年底全市肥料、农药利用率均达到 40% 。

8.2.3.4　加强饮用水水源地保护

严格实施《黄冈市饮用水水源地保护条例》，巩固县级以上集中式饮用水水源地保护成果，建成运行县级以上集中式饮用水水源地自动监控体系，推进乡镇级饮用水水源地保护工作，切实保护群众饮水安全。全面推行河湖库长制，加强湖泊生态治理，全面启动退垸还湖工作，实行最严格的水资源管理制度，开展以治污水、防洪水、通下水、排涝水、保供水、抓节水为主要内容的“治水革命”，推进“六水同治”。

8.2.4 坚持绿色发展，大力发展绿色金融

迈入新时代，在全面建成小康社会的进程中，发展绿色金融就是助力绿色发展的重要方式，《关于构建绿色金融体系的指导意见》文件中明确指出，改善环境、应对气候变化和资源节约高效利用的经济活动是发展绿色金融的重要目的。在发展过程中，我国绿色金融的发展将会不断完善，最终会对实现我国可持续发展战略发挥特有的作用。面对目前绿色金融发展现状，提出以下几点对策建议。

8.2.4.1 构建和完善法律制度和政策

发展完善激励制度，是目前探索的重要方向。在政府出台政策文件后，应该根据各银行机构特点，确定激励指标，逐步建立起完整的激励制度。[1] 由于相关部门监管不严出现的问题，很大原因是法律制度规定不够清晰、明确，完善法律制度也是发展的关键步骤。

8.2.4.2 绿色信贷标准仍需不断探索

绿色信贷基本标准包括环境规划、环境技术、环境市场、环境管理、环境风险、环境产品和企业环境效能等。各银行机构根据自身特点，对不同种类或者不同方式发展的信贷项目进行不同标准的侧重处理。对环境友好型企业和不友好型企业，采取不同的治理方式。通过增加或降低贷款额度，降低或者提高利率等手段，完成对效益的提升。

8.2.4.3 完善绿色共享机制

对于存在的信息不对称问题，加强管理部门与政府部门的信息共享是必需的步骤，对能够采集到的信息进行分析、评估，确保其精准程度。在共享过程中，建立评价机制也很重要，不同银行机构应该确认适合发展自己的指标，确立评分机制，双方互评，起到互相监督的作用，对一些不及时或者不该有的行为及时披露，才能真正改善信息不对称问题。

8.2.4.4 培养绿色发展人才，提升自身办事能力

对绿色发展人才进行培训，内容除了基本理论培训、外单位交流，还应该趁热打铁，进行竞赛等实际操作项目。必要时，要及时引进既懂金融业务，

---

[1] 杨帆，邵超峰，鞠美庭．我国绿色金融发展面临的机遇、挑战与对策分析［J］．生态经济（中文版），2015，31（11）：85－87.

也懂环境保护政策的复合型人才，注入新鲜血液。

8.2.4.5　加大对绿色金融的创新力度，缓解产品单一的现状

银行机构绿色金融发展的侧重点大多在绿色信贷方面，优化绿色信贷投入，因地制宜地发展，支持生态特色产业发展。例如，发展绿色中草药产业、绿色发展试验区、绿色出行市场等特色产业。针对一些单一的政策性产品，产品创新是突破单一现状的有效方式。

8.2.5　坚持特色项目，持续推进“雷霆行动”

2017年，“雷霆行动”进一步升级，截至6月中旬，黄冈全市十大专项整治总体完成进度超过年度任务60%。黄冈市委、市政府成立以市委、市政府主要领导挂帅的“雷霆行动”领导小组，市“雷霆行动”领导小组办公室建立一天一动态、一项一督办、半月一通报、一月一碰头、一季一会议、半年一考评、年终一结账的“七个一”机制，每半月对每个专项、每个县市区实行量化排位。各县（市、区）“雷霆行动”升级版原计划投入74.57亿元，截至2017年5月底，已投入28.61亿元，尤其是湖北省出境水质考察断面——长江中官铺水质考核断面，由于其总磷含量超标而被评为Ⅲ级，2017年已升为Ⅱ级，白莲河水库水质也大幅度改善。除此之外，还有其他成果，截至2017年6月，全市完成137个违法排污突出环境问题整治；已关停、取缔养殖场131家，完成了1608家养殖场综合治理、6527家养殖场的整治“回头看”和“再整治”，淘汰和改造燃煤小型锅炉463台，淘汰黄标车5970辆；白莲河水库完成170口网箱、12处网拦库汊、82座哨所、167座土拦库汊的拆除工作，62只“三无”船只拆解上岸，已取缔拆除7426.5亩围网围栏和网箱养殖。虽然完成度在不断提高，但依然存在问题需要改进，可从以下三方面入手。

8.2.5.1　提高公众参与度

大体上，“雷霆行动”对于环境问题的整改主要通过政府对企业的督促，参与主体具有较大的社会影响力和功能，行政手段的运用频次较多。然而，此类系统性的社会民生工程，更需要的是政府、社会团体、公众的共同努力。其中，公众理应是此类活动的主力军。政府所引导的民生工程造福公众，从公众中来，到公众中去，不应该仅仅依靠政府财政、行政力量，以及对社会团体、公司、企业等的规范和督促，而应落实到每一个人，树立“人人有责”

的主动观念，积极投身此类行动，莫以善小而不为，积小事成就大变化。公众愿意参与“雷霆行动”，正视社会所赋予的环境权益，并且积极捍卫，更有利于促进 1 +1 >2 理想效果的实现。但改变目前公众参与无力、惰怠的现状亦非易事。在“雷霆行动”的定期工作日程汇报中，可以发现政府也在有意识地引导群众投身此类民生建设，例如在高校、社区举办相关讲座，加强对环境保护意识的宣传和培养等。然而意识的培养远非一朝一夕，必须坚持不懈才可带来社会风气、全体意识的变化。

8.2.5.2　解决环保项目资金问题

为解决环保项目的资金问题，可以尝试从融资模式入手，将 BOT 模式与城市环保结合。[1] 所谓 BOT，即建设、经营、转让，是一种利用外资和民营资本兴建基础设施的新兴融资模式，其实质是一种股权和债券相混合的产权形式。BOT 的基本思路是财团或者投资人从某国政府或者所属机构处获得某些基础设施的建设经营特许权，然后其独立或者联合其他方组建的项目公司，负责项目的融资、设计、建造和运营。在整个特许期内，项目公司可通过项目的运营来获取利润、偿还债务等。特许期满后，整个项目由项目公司无偿或以较少的名义价格转交给东道国政府。相较于传统的承包模式，BOT 模式的特点主要表现在：一是更多地适用于城市环保项目；二是能减少政府的直接财政负担，减少政府的借款负债义务；三是有利于转移和降低风险；四是有利于项目的高效运作；五是可以提前满足社会和大众的需求；六是对推进国际经济融合有作用。同样，从城市环保运用 BOT 模式的可行性来看，近年来，外资在环保领域的占比逐渐降低，民营企业崛起，且当下主打的城市环保项目对技术和资金要求相对较低，如处理城市工业废水、生活垃圾等，对于民营企业的现状、水平以及能力都是十分适宜的。再者 BOT 环保项目操作的方式日益趋向规范化，增加了对 BOT 环保项目的直接投资者和经营者及贷款银行的吸引力。

由此，BOT 融资模式在城市环保项目的运用上潜力无限。把 BOT 环保项目引入黄冈“雷霆行动”，可以大大减轻政府负担，并且缓解可能的政府财政资金不足、私人资本限制、环保欠账多的情形。在城市环保项目的后期阶段，规范市场推动建设，也解决了政府部门后力不足的短板，推动“雷霆行动”

[1] 郭践勋，郝志敏．BOT 融资模式在城市环保项目中的应用［J］．煤炭技术，2007，26（3）：150－152.

长期稳定进行。另外，BOT模式的实行对于融投资数量的增加效果是十分显著的。稳健的环保项目市场和积极乐观的环保投资人，对于当地GDP的发展也起到了一定的推进作用。当然，在BOT模式推广的同时，也应当注意其本土化。政府部门应制定适宜的法律法规以规范BOT模式的操作流程，确保公平公正公开，稳定城市环保建设体系，明确项目评判标准、市场前景预测评估标准，确保项目特许权协议的全面施行。

8.2.5.3　提高技术效率

“雷霆行动”中的技术效率仍然有较大的进步空间。在“雷霆行动”阶段性汇总报告中可以看到，大部分的整治项目对于科技的要求较低，尤其是水库治理方面，大多是基础设施建设和完善；少部分的整治项目针对企业技术创新节能减排、生产结构创新调整等，实施进度较缓，战线较长。此外则是在运行机制的设计上，县市区上报，各单位分版块整理，上级归总下放至各个部门及县市区政府，由县市区政府下达命令，上级定期督办等，责任到岗分明、保质保量的同时，部分工作也难免烦冗，同样限制了技术效率的提升。

在现阶段我国发展循环经济的战略目标和建设“资源节约型、环境友好型”社会目标下，针对技术效率的研究，对提高环保行业科技效率提出如下建议：一是推动环保产业的市场化、企业化运作，扩大环保产业规模，提高整体规模效益；二是在经济发展过程中，把环境影响计入成本投入，计算到成本；三是健全环境管理监督机制，鼓励公众参与环保监督；四是加强节能环保领域的金融服务，环保部门和金融部门应建立环境信息通报制度。[1] 除此以外，环保工作运行机制设计应当符合系统化、整体性、综合性和最优化，环保部门运行机制设计原则遵循定量化、市场化、相关性、动态性、结构性，推进完善城市环保运行机制的形成，从而提高环保项目的科技效率。[2] 此外，在技术层面的探讨上，数据包络分析（DEA）对于城市环保中各个因素的分析作用，可以较为准确地对城市环境保护作出有效性评价，有利于整个城市环保体系对其不足之处的整改。[3] 可参考扬州市相关经验，扬州提出了关于环

---

[1] 王家庭，张俊韬．中国城市环保行业的技术效率研究——以35个大中城市为例［J］．统计与信息论坛，2010，25（12）：57－63.

[2] 陈汝龙．城市环保运行机制的设计原则［J］．环境保护科学，1996（3）：37－40.

[3] 李涛．数据包络分析在城市环保中的应用［J］．安徽农业科学，2007，35（1）：180－181.

保系统性操作的新构想并付诸实践，建立了环境基础信息数据库，实现了全局范围内的空间数据和环境专题数据的共享，并结合了扬州市环保业务的实际需求，建立了包括环保 GIS 基础信息共享平台和污染源管理子系统的扬州环保信息系统。[1] 扬州由此实现了环境信息的空间化和可视化管理，以及沿河污染源分析、河流水质预测等一系列高级分析功能，为扬州市环境保护工作提供了科学的决策依据。为解决更复杂的环境问题，该系统日后依然存在改进空间，如在共享数据和平台的基础上，进一步开发其他应用子系统，同时引入预测、分析功能更强大的环境模型，分析污染物的迁移和扩散等规律，使环境管理和规划决策更为科学、快捷、准确，城市环保项目的实施更加高效，扬州市组件式 GIS 城市环保信息系统的成功运用给黄冈市带来了改革的信心。

提高城市环保效率，固守旧法易被时代淘汰，现实中的迫切需求也在督促我们从科技层面寻找突破口，机制的科学设计能够避繁就简，高效运行，为城市环保项目“雷霆行动”提供有力制度保障，还应该在项目的实施中，多引入科技含量高的办法和产品，不应囿于减排技术，而是从各个环节，各个方面寻找入手点，尤其是在系统性规划评估的部分，快速地把握重点和薄弱点对于项目的整体运作是十分重要的。当然不可否认的是，新技术的运用成本是巨大的，同时时机也应该是有所抉择的，不应盲目引进，项目实施前也需要仔细斟酌。

8.2.6 严格环境监管执法

8.2.6.1 开展环保大检查“回头看”行动

2018 年，第一批中央环境保护督察“回头看”全面启动。当时组建了 6 个中央环境保护督察组，陆续实施督察进驻。进驻期间，各督察组分别设立了联系电话和邮政信箱，受理被督察省份生态环境保护方面的来信来电举报。在环保政策逐步推进落实的同时，畜禽养殖“拆迁潮”也持续不断。多地环保部门出动“无人机”，对当地环保情况进行巡检，查违规养殖场，如果卖饲料给“拆迁场”会被吊销执照，污染场将当日接受整改。[2] 2018 年 3 月，在

---

[1] 梁寒冬，乔彦友，赵健，等．基于组件式 GIS 的城市环保信息系统研制与应用——以扬州市环保局为例［G］．第十五届全国遥感技术学会交流会论文摘要集，2005.

[2] 佚名．多地开展环保督查“回头看”，为落实环保，各地“放大招”［J］．家禽科学，2018(6).

黄冈市龙感湖风电场、龙感湖缓冲区、实验区内各企业拆除现场、畜禽养殖污染整治现场等地，采取定点查看与随机抽查的方式，对管理区环保整改工作进行现场督察。对照中央环保督察反馈意见，管理区共认领29项整改任务，截止到2018年3月22日，已整改到位26个，基本整改到位1个，剩余2项均达到整改时序进度。

8.2.6.2 加大监管执法力度

实行大气污染防治、水环境治理、绿色发展等，实现各项治理的关键就在于政府监管。政府部门应当不断加大日常监管力度，采取日常巡查、突击检查、随机抽查、鼓励举报等措施，制定出相关文件，保持严管高压态势。除此之外，加大惩处力度，根据文件具体内容，综合运用按日计罚、限产限排、停产整治、停业关闭、查封扣押、行政拘留、信用惩戒等措施，依法严厉惩处恶意违法行为。加大行政执法与司法联动力度，对涉嫌环境刑事犯罪案件，及时移交司法机关依法追究刑事责任。

参考文献

[1] 中共中央文献研究室．十八大以来重要文献选编（上）[M]．北京：中央文献出版社，2014.

[2] 兰明慧，廖福霖，罗栋燊．生态文明研究综述 [J]．绿色科技，2012（12）.

[3] 廖福霖．生态文明建设理论与实践 [M]．北京：中国林业出版社，2001.

[4] 查尔斯·P. 金德尔伯格．经济发展 [M]．上海：上海译文出版社，1986.

[5] 鲁迪格·多恩布什，斯坦利·费希尔．宏观经济学 [M]．北京：中国人民大学出版社，1997.

[6] 保罗·萨缪尔森．经济学 [M]．北京：中国发展出版社，1996.

[7] 张德生，傅国华．现代经济增长理论述评 [J]．惠州学院学报·社会科学版，2005（2）.

[8] 邓小平文选（第2卷）[M]．北京：人民出版社，1994.

[9] 叶笃初，卢先福．党的建设辞典 [M]．北京：中共中央党校出版社，2009.

[10] 习近平．决胜全面建成小康社会　夺取新时代中国特色社会主义伟大胜利——在中国共产党第十九次全国代表大会上的报告 [N]．人民日报，2017-10-18.

[11] 邓小平文选（第3卷）[M]．北京：人民出版社，1993.

[12] 李桂花，张建光．中国特色社会主义生态文明建设的基本内涵及其相互关系 [J]．理论学刊，2011（2）.

[13] 崔亚雪．生态文明建设的意义及策略探究 [J]．湖北函授大学学报，2015，28（23）.

[14] 江泽民文选（1—3）[M]．北京：人民出版社，2006.

[15] 江泽民论有中国特色社会主义（专题摘编）[M]．北京：中央文献出版社，2002.

[16] 尤占海．牢固树立并切实贯彻协调发展理念——中央党校学员“新发展理念”系列访谈之二 [EB/OL]．[2017-06-28]．http://theory.people.com.cn/n1/2017/0628/c40531-29367324.html.

[17] 新华网．习近平：走生态优先绿色发展之路让中华民族母亲河永葆生机活力 [EB/OL]．http://news.xinhuanet.com/politics/201601/07/c_1117704361.html.

[18] 中国政府网．推动长江经济带发展领导小组办公室负责人就长江经济带发展有关问题答记者 [EB/OL]．http://www.gov.cn/xinwen/2016-09/11/content_5107449.html.

［19］陈福义，等．中国主要旅游客源国与目的地国概况［M］．北京：清华大学出版社，2007.
［20］高俊峰，等．中国五大淡水湖保护与发展［M］．北京：科学出版社，2012.
［21］梅雪芹．“泰晤士老爹”的落魄与新生［J］．国际瞭望，2007（7）.
［22］蔡守秋．河流伦理与河流立法［M］．郑州：黄河水利出版社，2007.
［23］韩佳希．德国莱茵河流域生态经济发展的经验对我国长江生态经济发展的启示［D］．大连：东北财经大学，2007.
［24］董哲仁．莱茵河——治理保护与国际合作［M］．郑州：黄河水利出版社，2005.
［25］杜娟．构建澜沧江—湄公河流域水域污染防治机制［D］．昆明：昆明理工大学，2010.
［26］刘得生．世界自然地理［M］．北京：高等教育出版社，1986.
［27］杰弗里·W. 雅各布斯，朱晓红．密西西比河与湄公河流域开发经验的比较［J］．水利水电快报，2000（8）.
［28］后立胜，许学工．密西西比河流域治理的措施及启示［J］．人民黄河，2001（1）.
［29］严黎，吴门伍，李杰．密西西比河的防洪经验及其启示［J］．中国水利，2010（5）.
［30］滋賀大学教育学部附属環境教育湖沼実習センター．びわ湖から学び－人々のくらしと環境［M］．岡山：株式会社大学教育出版，1999.
［31］滋賀県琵琶湖環境科学研究センター．琵琶湖の概要［EB/OL］．滋贺県：滋賀県琵琶湖環境科学研究センター，2013［2013－02－06］．http：//www. lberi. jp/root/jp/13biwakogaiyo/bkjhindex. htm.
［32］吉良竜夫．地球環境のなかの琵琶湖［M］．京都：人文書院，1990.
［33］宋国君，徐莎，李佩洁．日本对琵琶湖的全面综合保护［J］．环境保护，2007（14）.
［34］余辉．日本琵琶湖流域生态系统的修复与重建［J］．环境科学研究，2016，29（1）.
［35］李允熙．韩国首尔市清溪川复兴改造工程的经验借鉴［J］．中国行政管理，2012（3）.
［36］张蕊．韩国清溪川是怎么复归清溪的？［J］．中国生态文明，2016（3）.
［37］陈可石，杨天翼．城市河流改造及景观设计探析——以首尔清溪川改造为例［J］．生态经济，2013（8）.
［38］王军，王淑燕，李海燕，等．韩国清溪川的生态化整治对中国河道治理的启示［J］．中国发展，2009，9（3）.
［39］A. K. 米斯拉，朱庆云．城市化对印度恒河流域水文水资源的影响［J］．水利水电快报，2011，32（8）.
［40］梅竹．恒河的污染治理［J］．世界知识，1987（3）.
［41］杜江，罗珺．我国农业面源污染的经济成因透析［J］．中国农业资源与区划，2013，34（4）.

[42] 张韵．陕西农村居住地生态环境影响因素分析［J］．中国农业资源与区划，2018，39（4）．
[43] 李建国，梅兰芝，叶波，等．新形势下黄陂区粮食生产转型升级的实践与思考［J］．湖北农业科学，2016（z1）．
[44] 吴海峰．推进农业供给侧结构性改革的思考［J］．中州学刊，2016（5）．
[45] 郑华斌，贺慧，姚林，等．稻田饲养动物的生态经济效应及其应用前景［J］．湿地科学，2015，13（4）．
[46] 王磊．关于黄冈经济结构转型升级的几点思考［J］．财会学习，2015（17）．
[47] 熊璐．区域经济发展中的可再生能源利用研究［D］．武汉：湖北工业大学，2011.
[48] 况永．旅游业发展对传统工业城市经济转型的影响［J］．中国商论，2016（15）．
[49] 陶刚．工业化后期我国发展绿色生产方式问题探讨［J］．理论导刊，2017（6）．
[50] 饶水林，王朝晖．黄冈市新型工业化对策初探［J］．湖北社会科学，2008（4）．
[51] 田金平，刘巍，臧娜，等．中国生态工业园区发展现状与展望［J］．生态学报，2016（22）．
[52] 牛西，张新芝，李小红．绿色发展背景下江西新型工业化与园区可持续发展［J］．企业经济，2016（6）．
[53] 李承光．黄冈市文化产业现存问题与发展对策研究［D］．武汉：华中科技大学，2017.
[54] 贾爱顺．农业生态旅游与经济协调发展研究［J］．农业经济，2018（8）．
[55] 亚·尼玛，刘呈艳．探索“农业＋文化＋生态旅游”新模式［J］．人民论坛，2018（24）．
[56] 王凤才．生态文明：生态治理与绿色发展［J］．学习与探索，2018（6）．
[57] 刘湘溶．十九大报告对生态文明思想的创新［J］．理论视野，2018（2）．
[58] 娄伟．中国生态文明建设的针对性政策体系研究［J］．生态经济，2016（5）．
[59] 吕立．多头并举推进生态文明建设［J］．人民论坛，2018（15）．
[60] 阎梅，严林浩，谢俊峰．黄冈市水生态环境现状与保护探讨［J］．资源节约与环保，2014（10）．
[61] 陆虹．中国环境问题与经济发展的关系分析——以大气污染为例［J］．财经研究，2000（10）．
[62] 王星．雾霾与经济发展——基于脱钩与 EKC 理论的实证分析［J］．兰州学刊，2015（12）．
[63] 何娟．泰州市环境质量与经济的库兹涅茨曲线模拟研究［J］．环境科学与管理，2016，41（10）．
[64] 魏智勇，卢建玲．黑龙江省经济增长与水环境质量之间的关系研究［J］．环境科学

与管理，2017，42（9）.
［65］吴珺，李浩，曹德菊，等．安徽省经济发展与农业污染的关联分析［J］．安全与环境学报，2014，14（5）.
［66］王媛，李传桐．基于 EKC 的农业污染与经济增长的关系分析——以潍坊市为例［J］．山东工商学院学报，2014，28（1）.
［67］尚杰，李新，邓雁云．基于 EKC 的农业经济增长与农业面源污染的关系分析——以黑龙江省为例［J］．生态经济，2017，33（6）.
［68］周星宇，郑段雅．山体三级保护线划定技术探索与实践——以湖北省罗田县和浠水县为例［J］．规划师，2016，32（4）.
［69］李文胜．森林公园规划设计探讨［J］．现代农业科技，2009（12）.
［70］何尤刚．江西省发展森林旅游的 SWOT 分析与对策［J］．林业经济问题，2010，30（2）.
［71］王庆，柯珍堂．黄冈市乡村旅游发展的战略思考［J］．黄冈师范学院学报，2010，30（4）.
［72］卢小丽，成宇行，王立伟．国内外乡村旅游研究热点——近 20 年文献回顾［J］．资源科学，2014，36（1）.
［73］郑耀星，刘国平，张菲菲．基于生态文明视角对福建乡村旅游转型升级的思考［J］．广东农业科学，2013，40（7）.
［74］翁伯琦，黄颖，赵雅静，等．试论生态文明建设与乡村旅游发展［J］．发展研究，2015（9）.
［75］陈海鹰，曾小红，黄崇利，等．乡村生态文明建设与乡村旅游协调发展路径研究——以海口周边乡村地域为例［J］．热带农业科学，2016，36（2）.
［76］游达明，宋姿庆．政府规制对产学研生态技术合作创新及扩散的影响研究［J］．软科学，2018，32（1）.
［77］赵菲菲．“新常态”下经济增长与生态环境协调发展研究——基于全国及省际面板数据的脱钩分析［J］．财经理论研究，2015（5）.
［78］李龙熙．对可持续发展理论的诠释与解析［J］．行政与法（吉林省行政学院学报），2005（1）.
［79］赵国良，黄理平．中国可持续发展战略的基本框架及其实施［J］．中共天津市委党校学报，2000（3）.
［80］陈多娇．吉林省农村循环经济模式研究［D］．长春：长春理工大学，2010.
［81］井然哲．面向循环经济的企业集群系统进化模式研究［C］．中国科学学与科技政策研究会学术年会论文集，2008.
［82］梁洁，张孝德．生态经济学在西方的兴起及演化发展［J］．经济研究参考，2014（42）.
［83］鲍宏礼，鲁丽荣．大别山区域生态农业建设基本指标及实践研究——以湖北省黄冈

市为例［J］. 湖北农业科学，2016，55（18）.
［84］钟彬杉. 黄冈农业可持续发展面临的挑战与对策［J］. 黄冈职业技术学院学报，2000，2（1）.
［85］汪佩. 试析黄冈地区可持续发展战略［J］. 学周刊，2014（36）.
［86］马迎霜，陈芳，王庆. 农村经济与农业生态环境协调发展水平评价——以湖北省黄冈市为例［J］. 江苏农业科学，2016（5）.
［87］汪秀芬. 湖北黄冈农村改革三十年回顾与农业发展展望［C］. 湖湘三农论坛，2008.
［88］汪佩. 试析黄冈地区可持续发展战略［J］. 学周刊理论与实践，2014，12（1）.
［89］任继周，万长贵. 系统耦合与荒漠—绿洲草地农业系统——以祁连山—临泽剖面为例［J］. 草业学报，1994，3（3）.
［90］郭凤凤. 习近平生态文明建设思想研究［D］. 长春：吉林大学，2017.
［91］吴复新，吴怀升. 浅谈白莲河湿地公园水生态文明建设实践［J］. 湖北林业科技，2017，46（1）.
［92］中共中央关于制定国民经济和社会发展第十三个五年规划的建议［J］. 共产党员（河北），2015（27）.
［93］潘文良，张国平. 云南民族地区推进绿色发展的科技人才路径依赖［J］. 科技创新导报，2018（2）.
［94］杨帆，邵超峰，鞠美庭. 我国绿色金融发展面临的机遇、挑战与对策分析［J］. 生态经济（中文版），2015，31（11）.
［95］郭践勋，郝志敏. BOT 融资模式在城市环保项目中的应用［J］. 煤炭技术，2007，26（3）.
［96］王家庭，张俊韬. 中国城市环保行业的技术效率研究——以 35 个大中城市为例［J］. 统计与信息论坛，2010，25（12）.
［97］陈汝龙. 城市环保运行机制的设计原则［J］. 环境保护科学，1996（3）.
［98］李涛. 数据包络分析在城市环保中的应用［J］. 安徽农业科学，2007，35（1）.
［99］梁寒冬，乔彦友，赵健，等. 基于组件式 GIS 的城市环保信息系统研制与应用——以扬州市环保局为例［G］. 第十五届全国遥感技术学会交流会论文摘要集，2005.
［100］Kwon Young - Gyu，Kwon Won - Yong. Comparative Study on the Policy Processes of Cheonggyecheon and Bièvre in Ile - de - France［J］. City Administration Academic Newspaper of Korea Institute of Urban Administration，2008（2）.
［101］G. M. Grossman，A. B. Krueger. Environmental Impacts of a North American Free Trade Agreement［R］. NBER Working Paper，No 3914，1991.
［102］T. Panayotou. Empirical Tests and Policy Analysis of Development［R］. ILO Technology and Employment Program Working Paper，1993（238）.

[103] S. Dinda. Environmental Kuznets Curve Hypothesis: A Survey [J]. Ecological Economics, 2004, 49 (4).

[104] G. M. Grossman, A. B. Krueger. Environmental Impacts of a North American Free Trade Agreement [M]. Cambridge: MIT Press, 1994.

[105] Dale S. Rothman. Environmental Kuznets curves—real progress or passing the buck? [J]. Ecological Economics, 1998, 25 (2).

[106] Anil Rupasingha, Stephan J. Goetz, David L. Debertin, Angelos Pagoulatos. The environmental Kuznets curve for US counties: A spatial econometric analysis with extensions [J]. Papers in Regional Science, 2004, 83 (2).